U0809102

鄂尔多斯盆地煤层气富集规律

牛海青 著

中国石化出版社

图书在版编目(CIP)数据

鄂尔多斯盆地煤层气富集规律/牛海青著. —北京：中国石化出版社，2022.11
ISBN 978-7-5114-6863-5

Ⅰ.①鄂…　Ⅱ.①牛…　Ⅲ.①鄂尔多斯盆地-煤层-地下气化煤气-富集　Ⅳ.①P618.110.1

中国版本图书馆 CIP 数据核字(2022)第194413号

中国石化出版社出版发行
地址:北京市东城区安定门外大街58号
邮编:100011　电话:(010)57512500
发行部电话:(010)57512575
http://www.sinopec-press.com
E-mail:press@sinopec.com
北京柏力行彩印有限公司印刷
全国各地新华书店经销
*
710×1000毫米 16开本 11.75印张 231千字
2023年5月第1版　2023年5月第1次印刷
定价: 68.00元

前　言

煤层气是近一二十年在世界上崛起的新型洁净能源，是重要的非常规天然气资源。据统计，我国煤层气地质资源量位居世界第三，仅次于俄罗斯、美国，占世界煤层气总量的12%。在当今我国能源结构不合理的情况下，加快煤层气的勘探、开发和利用，对于优化我国的能源结构、减少温室气体排放、减轻大气污染，从根本上解决煤矿安全问题以及实现我国国民经济的可持续发展均具有重大意义。

鄂尔多斯盆地赋存极丰富的煤炭资源与煤层气资源。煤的变质类型多样，分布齐全。盆地东缘石炭—二叠系主力煤层热演化程度高，以中高阶变质的焦煤、瘦煤、贫煤为主，煤储层裂隙发育，富煤中心确定，单层厚度大，生气和储气的物质基础雄厚，煤层气成藏受构造、煤层顶、底板岩性、水文地质条件等多种因素的控制。鄂尔多斯盆地石炭—二叠系煤层形成之后经过多次抬升、剥蚀，成藏过程复杂，成藏主控因素需要进一步明确。延安组煤层气藏形成的物质基础雄厚，分布范围广及巨厚的多煤层结构使得煤层气藏具有较好的勘探前景，但是主力煤层煤岩热演化程度低，生气量有限，煤岩、煤质特征不及石炭—二叠系，存在较高的勘探风险。盆地中存在3种不同热演化程度的主力煤层，不同地质背景下的高、中、低煤阶煤层气富集成藏的模式存在差异，需要针对每种煤层气藏的成藏特点进行详细分析和描述，总结煤层气富集规律。

为此，基于鄂尔多斯盆地的实际地质情况，从煤层气富集成藏核心内容出发，采用多种技术手段，对其主力煤层的聚煤规律、煤层气的成藏地质条件及成藏过程进行了深入分析和研究，明确了鄂尔多斯盆地煤层气富集成藏的基本地质规律，以期为煤层气的有效勘探开发提供指导。

本书的出版获咸阳职业技术学院博士科研基金项目（2019BK002）的资助和咸阳职业技术学院科研创新团队（CX202101）的支持。感谢咸阳职业技术学院博士科研基金项目！感谢咸阳职业技术学院科研创新团队的大力支持！感谢科研创新团队王莹老师、孟苗越老师、任小赛老师、李祯老师、柯苗老师、张婧老师在本书撰写过程中提供的无私帮助！本书编写过程中得到了中国石油大学陈世悦教授的支持与帮助，在此深表感谢！同时，也对书中所引用文献的作者深表感谢！由于作者学识有限，加之时间仓促，文中有些观点、见解难免存在不当之处，恳请广大读者批评指正。

希望本书的出版能够为地质类高等院校师生以及从事相关专业的科研人员提供技术支撑和借鉴依据，为我国非常规油气的高效开发提供有益参考。

目　　录

第一章　绪　论

国外煤层气的地质研究和开发始于20世纪50年代(赵庆波、刘兵等，1998；王新民、傅长生、石璟等，1998)，特别是自80年代煤层气在美国投入大规模开采以来，煤层气的地质研究及勘探评价工作已引起世界许多国家的重视。我国煤层气地质研究始于20世纪80年代，并于90年代初开始投入勘探，经过20多年的地质研究和勘探实践，已取得了较大进展，初步形成了一套煤层气富集地质理论和选区评价技术(孙万禄，2005；杨起、刘大锰、黄文辉等，2005)。

鄂尔多斯盆地含煤地层主要为石炭—二叠系和侏罗系，煤层气资源丰富，地质资源量达$919\times10^{12}m^3$，占全国的27%，开发潜力巨大。当前，鄂尔多斯盆地不仅在东部和南部的石炭—二叠系煤田进行了广泛的勘探开发试验，还在西部、西南部的侏罗系煤田进行了勘探部署，其成果均显示出良好的煤层气开发前景，其良好的地质条件和开发基础，已引起国家的高度重视。许多学者也对鄂尔多斯煤层气进行了系统的研究，但以往的研究多集中在鄂尔多斯东缘石炭—二叠系中、高煤阶煤层气的基础地质和目标评价方面(张胜利、李宝芳，1996；冯三利、叶建平等，2002)，对煤层气富集因素研究较薄弱，关于侏罗系低煤阶煤层气的相关资料及文献更是寥寥无几，为此，本书通过系统分析，研究鄂尔多斯煤层气富集成藏因素，以期为煤层气进一步的勘探实践提供指导。

第一节　国外煤层气地质研究进展

1976年，美国第一口商业性的煤层气井成功投产。20世纪80年代初，美国在西部落基山造山带和东部阿巴拉契亚造山带相关的13个含煤盆地群启动了全面的煤层气成藏条件探索，并取得煤层气“排水—解压—解吸—扩散—渗流”产出过程的认识突破，1984年在圣胡安盆地和黑勇士盆地地面垂直井开发的煤层气年产量将近3亿m^3，并得出美国许多地区具有煤层气生产可能性的重要推论。以此为依据，随后扩大到皮申斯、尤因塔等6个含煤盆地，经过理论研究与勘探开发时间的多轮相互反馈，提出了北美西部落基山高产走廊的煤层气成藏模式，形成以煤储层双孔隙导流、中煤阶煤生储优势与成藏优势、低渗透极限与高煤阶煤产气缺陷、多井干扰、煤储层数值模拟等为核心的煤层气勘探开发理论体系，并于1995年将地面垂直井煤层气年产量升至$275\times10^8m^3$，大大超过了我国同期的天然气总产量。90年代以来，美国又提出“生物型或次生煤层气成藏理论”，实现了自身煤层气地质理论突破，并于1998年在低煤阶煤的粉河盆地成功实现了煤层气商业性开发。目前已形成煤层气生产规模的盆地有圣胡安盆地、黑勇士盆地、粉河盆地，煤层气勘探开发的新区包括尤因塔盆地、拉顿盆地、中阿巴拉契亚盆地，对于其他具有开发潜力的盆地也正在积极开展煤层气勘探工作。盆地分布如图1－1所示。

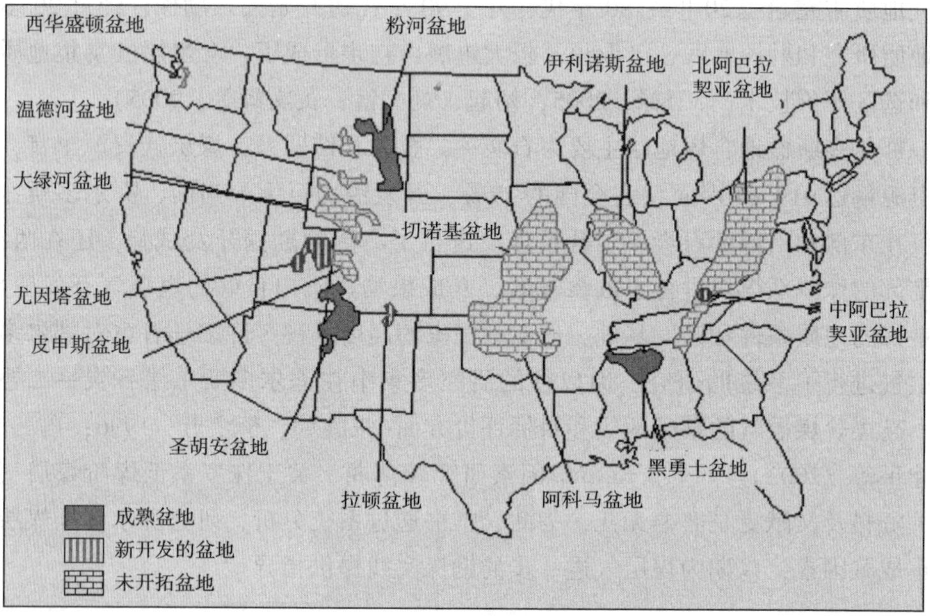

图1－1　美国主要含煤及煤层气盆地分布示意图

美国煤层气商业性开发的成功，带动澳、加、德、英、波、印、俄等近30个重要产煤国家或地区启动了煤层气的研究与发展。加拿大与北美大陆地质条件相近，在直接引用美国相关理论与技术的同时，进一步证实了美国煤层气理论的适用性。澳大利亚结合本国煤储层的低渗透特点发展了地应力评价理论，并在开发出水平井高压水射流改造技术后获得产气突破。

近几年来，国外煤层气主要在以下方面取得重大进展：(1)基于有机地球化学，特别是同位素研究，广泛开展了煤层气成因和来源分析，认为加拿大和美国阿拉斯加州的含煤盆地内煤层气按成因可分为早期生物气、中期热裂解气和晚期次生生物气3种来源。同一盆地不同部位，有时1种成因占主导地位，有时两种成因共存，有时甚至3种成因混合。(2)澳大利亚Gunnedah盆地研究表明，受岩浆岩影响的煤储层具有典型的微孔结构和裂隙，且含气量高，甲烷浓度高达95%。(3)对褐煤和低煤化烟煤，煤层气勘探开发深度已突破1500m，如美国阿拉斯加州的煤盆地内勘探开发深度已达1981m。(4)广泛开展了地质构造对煤储层割理、煤层气含量以及煤层气、水产能的影响的研究。(5)基于核磁共振技术(GMI)，研究甲烷气体分子在煤孔隙中的流动。(6)储层测试分析和数值模拟技术则日趋完善，创新性提出瞬变流法甲烷扩散系数测试技术，开展了煤储层渗透率与压应力、孔隙压力关系实验，修正了相对渗透率实验，尤其是广泛开展了同相多组分(CO_2、CH_4、N_2)定成分膨胀或定体积压缩吸附/解吸实验，讨论了CO_2和N_2不同注入速度和不同注入期对甲烷生产的影响，并在煤层气排采实验中进行了大量应用(CO_2—ECBM或N_2—ECBM)；在数值模拟方面创建平衡吸附模型和非平衡吸附模型，开发了煤层气产能模拟新的模型和软件。

第二节 国内煤层气地质研究进展

1989年，联合国环保署援助项目“中国煤层气资源开发”的实施正式拉开了我国煤层气地面开发研究的序幕。在“七五”至“八五”期间，提出了“五类生储盖组合形式”“有效盖层厚度控气”的观点，在河北大城和山西柳林取得地面采气试验的突破。

自“九五”以来，根据我国煤层气自身的地质特点，对中国煤层气理论开展了广泛的探索，提出了“中国煤层气聚集区划”，据此对我国煤层气富集分布规律进行探讨，并开展了区域性煤层气成藏条件综合研究，初步提出我国构造、沉积、水文地质条件的控气作用类型；对煤层气开采性标志和控制因素进行了较为深入的研究，提出了“煤化作用阶跃式控气”“地应力与煤储层渗透性定向耦合”等新的学术思想。在国际上率先建立煤层气地质演化史反演模型，探讨了煤—水—气三相耦合岩石力学与渗流力学的机理，初步剖析了煤储层中甲烷—CO_2—N_2三元气体吸附的物理化学实质，提出了煤层气有利区带“递阶优选”理论和数学模型以及经济评价的新思路，开展了对煤层气地面开采技术的理论探讨。这些探索尽管尚欠完善且有待于深入和系统化，但为探寻我国煤层气成藏规律和高效开采奠定了必要基础，并在沁水、柳林、韩城、铁法等地区煤层气勘探突破中发挥了重要的引导作用。尤其是在沁水盆地南部高煤阶煤储层中获得高产煤层气流，不仅揭示了我国煤层气资源开发具有的巨大潜力，而且昭示了我国煤层气富集成藏过程所蕴含的复杂性和特殊性。目前我国煤层非均一性高，渗透率、储层压力、含气、水饱和度低等特点是各方面专家的共识；同时还在煤层物质组成、脱吸附性、力学性质及渗透性研究等方面取得一系列进展。

目前，我国煤层气资源勘探主要集中分布在鄂尔多斯盆地以及相邻的山西周边地带、新疆准噶尔盆地以及我国东北的中新生代煤盆地(群)，其次是我国西南的古生代煤区。而煤层气开发主要集中在沁水盆地的晋城无烟煤区，东北的中新生代阜新盆地刘家区也有少量煤层气生产井，但是规模有限。进入21世纪以来，我国煤层气勘探开发活动更为活跃，进一步厘定了全国煤层气资源量，在2000年以前30余个勘探或开发实验区的基础上，进一步扩展了新的区块，目前正在进行作业的区块达到20余个，全国登记的煤层气区块64个，各方参与煤层气勘探开发的热情空前高涨(表1－1)。经过20多年的研发和实践，我国已形成从煤层气资源评价、地质选区、勘探到地面开发的完整技术方法体系，并在①基于动力学条件的有利区带优选技术；②煤层气地震勘探技术；③空气/雾化钻井技术；④多分支水平井钻井、排采技术；⑤注入 CO_2 增产技术及氮气泡沫压裂技术等关键技术上取得了新的突破。

表1－1　陇东地区侏罗系煤层气井资料来源

单位	钻井/口	其中探井/口	投产井/口	日产气/万 m^3	单井日产气/m^3
中国石油	1344＋80口水平井	230	758	110	1000－55000
中联煤	400＋2口水平井	155	205	30	2000－5000
格瑞克	42＋1口水平井	18	16	0.5	500－3000
中国石化	30＋1口水平井	30			1600－2560
晋煤、阳煤、潞煤集团	2500＋2口水平井	46	1450	200	1500－10000
中煤地质局	25	25			
阜新、铁法、抚顺、沈北	73	24	36	11	2000－16000
联合国开发署	12	12			
亚美、焦作、美中能源、奥瑞安、富地、远东、寺河	84＋38口水平井	55	41	23	5000－100000
其他国企、外资、民营	180＋6口水平井	160		22.5	900－2000
合计	4690＋130口水平井	755	2506	397	

第三节 鄂尔多斯盆地煤层气勘探开发现状

当前，鄂尔多斯盆地是中国煤层气勘探开发的热点地区之一，不仅在东部和南部的石炭—二叠系煤田进行了广泛的勘探开发试验，而且在西部、西南部的侏罗纪煤田也进行了勘探部署，勘探成果初步显示出该盆地具有良好的煤层气开发前景。

一、石炭—二叠系

鄂尔多斯石炭—二叠纪盆地范围广阔，勘探面积为 $28 \times 10^4 km^2$，盆地开展煤层气勘探较早，集中在盆地东缘晋西挠曲带。20 世纪 90 年代初，地矿系统和煤炭工业部门即以石炭—二叠系含煤岩系为目标层位在盆地东缘进行煤层气勘探。原地矿部华北石油地质局 1993 ~ 1996 年实施“深层煤层气勘探”项目（UNDP），在柳林地区煤层气勘探开发试验区成功进行 7 口井井网的排采。华晋焦煤公司与美国安然公司（ENRON）合作在三交镇开展煤层气勘探，施钻数口勘探井。90 年代中期，华北石油局与澳大利亚略伟尔公司（LO—WELL）合作在柳林勘探区施钻 HWL1 井、L1B 井、HWL2 井共 3 口勘探井，在渭北勘探区施钻澄合 1 井，同时与安然、阿莫科（AMOCO）（美国）、阿科（ARCO）（美国）公司合作在晋西挠曲带中南部实施多口勘探井。中国石油集团在吴堡地区施钻吴试 1 井。华北石油局与阿莫科公司合作，于 1995 ~ 1996 年在晋西挠曲带南部蒲县施钻 HDW1 井、HDW2 井两口勘探井。90 年代后期中国石油集团在吉县施钻 5 口试验井。1997 ~ 1998 年中国煤炭集团与美国菲利普斯公司（PHILIPS）在晋西挠曲带北部兴县施钻煤层气勘探井 4 口。20 世纪 90 年代后期至 21 世纪初期，中联煤层气有限责任公司及中国新星石油公司华北石油局、中国煤炭集团华晋公司与阿科公司合作，包括早期合作勘探井共施钻 26 口勘探、试验井，形成了由 9 口井组成的三交林家坪试验区和 5 口井组成的碛口试验区。至此，鄂尔多斯盆地东缘晋西挠曲带及南缘的渭北隆起带共施钻 52 口井，形成 3 个煤层气勘探开发试验区。

鄂尔多斯盆地以石炭—二叠系含煤岩系为目标层位的煤层气勘探，集中在盆地东缘晋西挠褶带及盆地南缘渭北隆起带东部，在晋西挠褶带北段保德—临县构造带兴县一带施钻煤层气勘探井 10 口。在晋西挠褶带中段柳林构造带离鼻状隆起的南翼柳林杨家坪试验区，施钻 7 口试验井（ML1 ~ ML7），取得了小井网排采成功，单井最高日产气量为 $7050m^3$。在鼻状隆起北翼碛口试验区，施钻 5 口试验井（SJ14 井、SJ16 ~ SJ19 井），试获单井最高产量为 5500m^3/d；在鼻状隆起北翼三交林家坪试验区，施钻了 9 口试验井（SJ5 ~ SJ13 井），试获单井最高日产气量为 7000m^3。晋西挠褶带中南段石楼—大宁构造带，施钻 7 口勘探井（SJ1 ~ SJ7 井），试获单井最高日产气量为 1260m^3。晋西挠褶带南段大宁—乡宁构造带，曾在蒲县施钻 2 口煤层气勘探井（HDW1 ~ HDW2 井），吉县又施钻了 5 口煤层气试验井（吉试 1 ~ 吉试 5 井），并取得了一些新的认识。在鄂尔多斯盆地南缘渭北隆起带，仅在其东段合阳北施钻澄合 1 井，韩城施钻韩试 1 ~ 韩试 3 井共 3 口煤层气试验井。通过鄂尔多斯盆地石炭—二叠系含煤岩系煤层气赋存条件的初步勘探，基本证实了鄂尔多斯盆地东缘煤层气勘探开发的前景。

二、侏罗系

鄂尔多斯盆地中生界侏罗系延安组煤层气勘探始于 1994 年，阿莫科东方石油公司与我国石油、煤炭系统合作对盆地南部侏罗系延安组煤层气潜力进行了初步评价，认为煤层气潜力尚佳，具有建立商业性生产的可能性。1998 年，澳大利亚略伟尔公司与我国某公司合作，在彬县—长武地区钻探的两口煤层气勘探井，含气量分别为 0m^3/t 和 1.99m^3/t。1998 ~ 1999 年中国石油长庆油田公司勘探开发研究院与廊坊分院煤层气勘探项目经理部合作，专门对全盆地侏罗系延安组煤层气形成的地质条件进行综合研究，经过整体分析，初步优选出了黄陵地区、合水—宁县地区和乌审旗地区 3 个煤层气勘探有利目标。

1999 年，长庆油田公司对合水—宁县地区常规油气探井固 4 井进行煤层气老井试气，发现侏罗系延安组煤层气保存条件、水文条件和含气显示效果均较好。2000 年，在黄陵地区钻探煤层气试验探井黄试 1 井，该井延安组主力煤层埋深约为 450m，含气量为 6m^3/t。煤层气勘探试验进一步证明侏罗系延安组煤层气是除石炭—二叠系之外的又一套具有勘探前景的煤层气勘探层位。

截至目前，陇东（合水—宁县地区）、黄陵地区共有煤炭钻孔、钻井 7 口，具体资料来源如表 1 – 2 所示，乌审旗地区煤炭钻孔、煤层气勘探试验井共 10 口。

表 1 – 2　陇东地区侏罗系煤层气井资料来源

地区	钻井、煤炭钻孔	煤层编号	煤层埋深/m	煤层含气量/(m^3/t)	备注
彬县大佛寺	D32	Y9	311.96	6.29	资料来源：陕西 186 煤田地质队
	D33	Y9	308.70	5.26	
彬县火石咀	214	Y9	427.80	5.71	

续表

地区	钻井、煤炭钻孔	煤层编号	煤层埋深/m	煤层含气量/(m^3/t)	备注
长武	LOW-1	Y9	587.00	0.00	略伟尔公司煤层气评价
	LOW-2	Y9	652.00	1.91	
陇东	新试1	Y9	1032.36	1.82	中国石油煤层气评价井
	宁试1	Y9	906.40	4.18	

总之，侏罗系延安组煤层气勘探程度仅限于以上所述，在一些地区由于可利用的常规油气资料较少，也缺乏煤矿资料，无法直接观测的情况下，进一步进行全盆地煤层气的勘探研究较困难。乌审旗地区有60多口井的常规天然气钻井资料和约5000km的地震测线资料，但是由于这些资料的勘探目的层为古生界。钻井未对中生界延安组煤层段进行取心、岩屑录井等，仅用标准电测资料，限制了研究工作的进展。

第二章 煤层气地质背景

鄂尔多斯盆地是我国最大的沉积盆地之一，地跨陕西、甘肃、宁夏、内蒙古和山西五省区，故又称陕甘宁盆地，勘探面积约为$25\times10^4km^2$，周围被渭河、银川、河套等地堑盆地所镶嵌，外围被秦岭、六盘山、贺兰山、大青山及吕梁山环绕。广义的鄂尔多斯盆地包括周邻的渭河、银川、河套及六盘山等小型中新生代盆地，总面积达$36\times10^4km^2$，现今的鄂尔多斯盆地指的是吕梁山以西、桌子山—贺兰山—六盘山以东、阴山以南至秦岭北麓的广大地区(图2-1)。

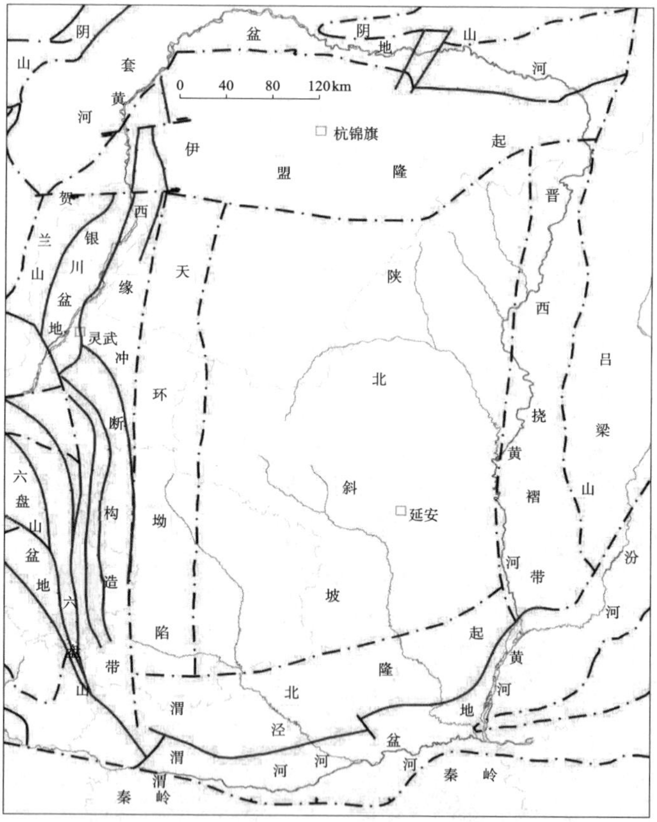

图2-1 鄂尔多斯盆地构造划分及外围盆地分布(据中国石油长庆油田勘探开发研究院)

第一节 区域构造背景及盆地沉积演化

自古生代以来，鄂尔多斯盆地主要经历了加里东构造运动、华力西构造运动、印支构造运动和喜马拉雅构造运动，这些构造运动对沉积盖层的形成和形变，特别是对晚古生界和中生界含煤地层的形成及聚煤作用具有重要的影响。

鄂尔多斯盆地基底岩系之上的沉积盖层包括自中下元古界至第三系沉积(表2－1)，平均厚度为6000m，累计厚度最大超过10000m，除缺失志留系、泥盆系、下石炭统地层以外，其他地质时代的地层齐全，发育下古生界海相碳酸盐岩、膏岩和上古生界海陆交互相碎屑岩、煤岩以及中生界河湖相碎屑岩3套沉积岩，盆地具明显的三层地质结构，主要经历了以下几个构造演化阶段。

表2－1 鄂尔多斯盆地及邻区地层划分对比表(据杨俊杰，2002)

地层			分区						
界	系	统	鄂尔多斯盆地	桌子山—贺兰山	平凉—永寿	六盘山	阴山	山西	小秦岭
新生界	第四系	Q	黄土冲积层	马兰组	马兰组	全新统	河套群	马兰组	
				三门组	三门组	更新统		离石组 三门组	
中生界	第三系	N	三趾马红黏土	干河沟组	甘肃组	干河沟组	乌兰阳克组		
				红柳沟组		红柳沟组	五原组		
		E	清水营	清水营组	清水营组	清水营组	临河组		
						寺口子组	乌拉特组		
	白垩系	K_2							
		K_1	志丹群	庙山湖组	六盘山组	六盘山组	固阳组		
				柳沟门组					
	侏罗系	J_3		芬芳河组	芬芳河组	芬芳河组	大青山		
			安定组	安定组	安定组	安定组			
		J_2	直罗组	直罗组	直罗组	直罗组	石拐组		
		J_1	延安组	延安组	延安组	延安组			
			富县组						
	三叠系	T_3	延长组	延长组	延安组	南营儿组		延长组	延长组
		T_2	铜川组					铜川组	
			纸坊组	纸坊组	纸坊组	西大沟组		纸坊组	二马营组
		T_1	和尚沟组	和尚沟组	和尚沟组		老窝铺组	和尚沟组	和尚沟组
			刘家沟组	刘家沟组	刘家沟组			刘家沟组	刘家沟组

续表

地层			分区						
界	系	统	鄂尔多斯盆地	桌子山—贺兰山	平凉—永寿	六盘山	阴山	山西	小秦岭
古生界	二叠系	P_3	石千峰组	石千峰组	石千峰组	窑沟组	脑包沟组	石千峰组	石千峰组
		P_2	上石盒子组	上石盒子组	上石盒子组			上石盒子组	石盒子组
			下石盒子组	下石盒子组	下石盒子组	大黄沟组		下石盒子组	
		P_1	山西组	山西组	山西组		石叶湾组	山西组	山西组
			太原组	太原组		太原组	拴马桩组	太原组	
	石炭系	C_2	本溪组	羊虎沟组		羊虎沟组	本溪组	本溪组	
						靖远组			
		C_1				臭牛沟组			
						前黑山组			
	泥盆系	D_3				沙流水组			
		D_2				石峡沟组			
		D_1							
	志留系	S_3				旱峡组			
		S_2				熙花井组			
		S_1							
	奥陶系	O_3			背锅山组				
		O_2		蛇山组	龙门洞组				
				公乌素组					
				拉石冲组	平凉组				
				乌拉力克组					平凉组
		O_1	峰峰组	克里摩里组	三道坎组	米林山组	峰峰组	峰峰组	三道坎组
			上马家沟组				上马家沟组	上马家沟组	
			下马家沟组	桌子山组	水泉岭组	天景山组	下马家沟组	下马家沟组	龙泉岭组
				三道坎组					
			亮甲山组				亮甲山组	亮甲山组	
			冶里组				冶里组	冶里组	
	寒武系	$\in_3$	凤山组	凤山组			凤山组	凤山组	
			长山组	长山组			长山组	长山组	
			崮山组	崮山组	崮山组		崮山组	崮山组	
		$\in_2$	张夏组	崮山组	崮山组		崮山组	崮山组	崮山组
			徐庄组	徐庄组	徐庄组	香山群	徐庄组	徐庄组	徐庄组
		$\in_1$	毛庄组	毛庄组	毛庄组		毛庄组		毛庄组
			馒头组	馒头组	馒头组				馒头组
				苏峪口组	报家山组				辛集组

一、中、晚元古代坳拉谷发育阶段

早元古代形成不稳定的鄂尔多斯大陆壳，中晚元古代古中国陆块处于拼接稳定初期，产生由地壳热点控制的秦祁大陆裂谷。之后，秦祁裂谷向华北裂谷楔入，在北高南低的基底背景之上，自西而东发育贺兰坳拉谷、秦晋坳拉谷、秦豫坳拉谷，其中贺兰坳拉谷最为典型(发育厚度大于2000m的长城系石英砂岩及蓟县系硅质灰岩)。这些坳拉谷均向西南方向张开，与秦祁裂谷相接，共同组成三叉裂谷[图2-2(a)]，且向秦祁裂谷方向沉积层位变全，厚度增大，粒度变细。位于坳拉槽之间的近南北向的庆阳隆起和恒山—吕梁隆起，处于稳定的隆起状态，沉积厚度较薄，其中恒山—吕梁隆起上沉积最薄。长城—蓟县纪裂谷发育阶段之后，晋宁地壳运动使得上述大陆裂谷和坳拉槽关闭(西缘和西南缘除外)，鄂尔多斯地区上升为陆，形成统一的“古中国地台”，为古生代的平稳发展阶段奠定了地质构造背景。

二、早古生代广阔陆表海发育阶段

“古中国地台”统一的历史不长，在兴凯旋回后期解体，秦、祁、贺三叉裂谷开始活动，秦祁裂谷进一步发育为大洋，贺兰裂谷仍为坳拉槽，该时期鄂尔多斯地块的地貌背景为一北高南低、中间高东西两侧低、面向秦祁海洋的宽广陆架，在此陆架之上发育厚度为400~1000m的以浅海台地相为主的碳酸盐岩沉积，南缘和西缘濒临秦祁地槽，属于被动大陆边缘，同期沉积了超过1000m的碳酸盐岩及浊积岩，地块内是大型隆起平台，以乌审旗—庆阳存在一个“L”形隆起带为特征[图2-2(b)]，构成秦祁海与地块内克拉通坳陷的水下屏障，对古生界天然气的富集成藏具有重要的控制作用。

自寒武世开始，来自秦岭洋的海水自南而北大面积侵漫超覆，华北陆块早古生代的陆表海和华北陆块南缘陆缘海进入稳定沉积发育阶段。早寒武世早期(辛集期和馒头期)，海水从西、南两个方向侵入鄂尔多斯地块，形成了“L”形海域，但其主体仍是陆地，在地块西侧和南侧分别发育泥砂坪和砂泥坪沉积，向西和向南逐渐过渡为开阔海，与祁连海槽和秦岭海槽相连；早寒武世晚期(毛庄期)海侵规模扩大，鄂尔多斯古陆范围缩小，在西北侧和东北侧分别发育砂泥坪和泥砂坪，西南侧以泥坪沉积为主。中寒武世整体为一次海侵期，海侵规模比早寒武世大，演化至徐庄期，鄂尔多斯古陆一分为二(伊盟陆和吕梁陆)，陆地面积进一步缩小，在两陆周围发育大面积的潮坪沉积，与此同时，较高能量的碳酸盐岩滩沉积也开始发育，向外为开阔海，再向外仍为深水海槽；中寒武世(张夏期)海侵达到最大，伊盟陆和吕梁陆范围进一步缩小，海水由浑水沉积转为以清水沉积为主，水体能量较高，发育大量的碳酸盐岩滩和准滩沉积，成为张夏期典型的沉积特征，由于吕梁陆、伊盟陆和滩的限制，台地内部的滩后环境为台内局限海，滩外为开阔海(仍为深水海槽)。晚寒武世，海水开始退缩，陆地面积增大，而吕梁古陆下沉，中部地区出现庆阳陆，形成伊盟古陆、庆阳古陆与阿拉善古陆相鼎立的格局，区内主要发育庆阳云坪、中阳及彬县云泥坪沉积，在坪的周围发育竹叶滩，多以孤立形势分布在开阔海中，开阔海之外则为祁连海槽和秦岭海槽。

早奥陶世(冶里期和亮甲山期)持续海退，鄂尔多斯古陆开始南北贯通，范围扩大，仅在地块东缘吕梁、南缘渭北及西缘贺兰地区为海域，水体较浅，并呈“U”形分布；受怀远构造运动影响，亮甲山末期海水全部退出该区，完成了从早寒武世辛集期到早奥陶世亮甲山期一个完整海侵、海退的沉积演化。中奥陶世(马家沟期)先后经历了三次海进、海退，构成了一套完整的海进—海退旋回，主要发育潮坪和开阔海沉积和少量的膏岩、膏盐湖沉积；马家沟末期，海水几乎全部退出鄂尔多斯地区和整个华北古陆；中奥陶世平凉早期，新的海侵开始，鄂尔多斯陆作为华北陆的组成部分，仅在西缘和南缘发育一个狭窄的“L”形海域，依次发育盐酸盐岩缓坡、高能量滩和深水斜坡沉积，向外为深水海槽，该“L”形海域正处于活动强烈的构造断陷带上，同生断裂发育，受其控制，在深水斜坡带之上重力流沉积十分发育；平凉晚期的古地理格局与早期基本相似，不同的是在西缘已无浅水缓坡，鄂尔多斯陆地直接与深水斜坡接触，在南缘的近陆部分保存了浅水碳酸盐岩台地；平凉末期海水全部退出。晚奥陶世(背锅山期)又一次海侵开始，但海水仅局限于该区的西南缘，沉积格局与平凉期基本相似，近陆地区发育浅水碳酸盐岩台地，向外为深水斜坡；晚奥陶世末期，海水全部退出鄂尔多斯地区，加里东构造运动使本区整体抬升为陆，阿拉善古陆、鄂尔多斯古陆与吕梁古陆连接为一体，鄂尔多斯早古生代的海相沉积历史结束，其间经历了1.4亿年的沉积间断和剥蚀，缺失中奥陶—早石炭世沉积。

三、晚古生代—中三叠系华北克拉通坳陷盆地沉积阶段

华北古陆震旦纪—早古生代的广阔陆表海沉积因受加里东构造运动影响而终止。在加里东构造运动过程中，鄂尔多斯地区在阴山火山弧向南俯冲，秦岭火山弧向北俯冲的作用下，其北缘及南缘相对仰冲而隆升，在秦祁褶皱带向华北凸起的弧形构造带前端，早古生代贺兰坳拉裂谷的古老断裂活动又重新拉开而形成碰

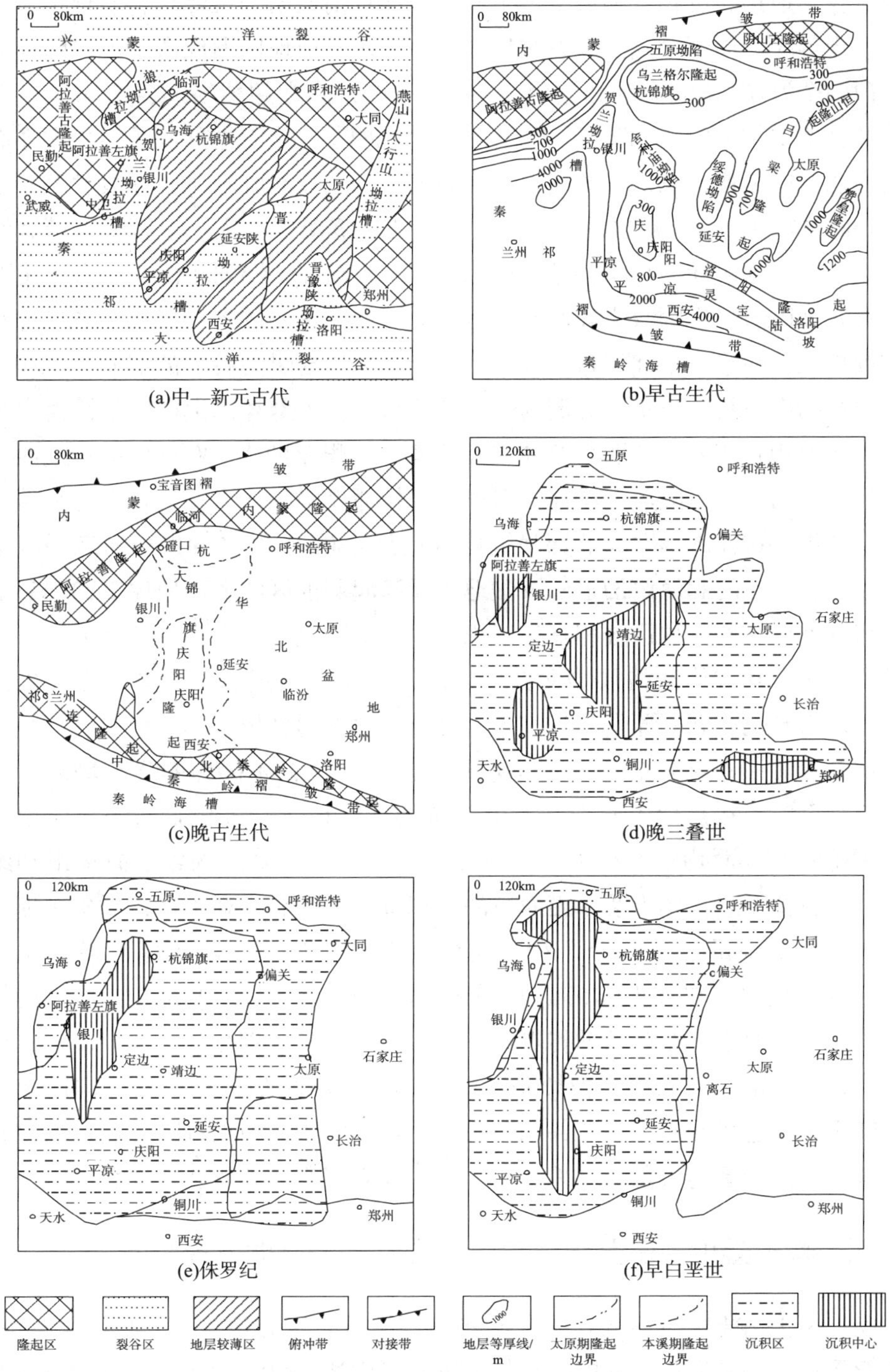

图 2－2 鄂尔多斯盆地及其邻区构造略图与轮廓图(据王双明，1996)

撞谷，较早地接受沉积，形成上古生界区域性近南北向的沉降带，出现乌达、韦州、中宁等3个局部坳陷。晚石炭世早期在鄂尔多斯地区形成由中央古隆起分割的东西两个海盆(华北海和祁连海)，并向中央古隆起超覆[图2－2(c)]，此时古构造格架中仍为“L”形隆起，但中部“L”形古隆起的位置向东迁移且古隆起北部转为北东向延伸，东部为坳陷，沉降幅度小；上石炭统本溪组一般发育厚度不足100m的黑色页岩、灰岩的滨浅海沉积，西部沉降幅度大；上石炭统靖远组和羊虎沟组厚度为400～800m，局部达1100m，为潮坪—潟湖相沉积，岩性主要为黑色页岩夹砂岩、生物灰岩和煤层，古隆起两侧为重要的含煤岩系。早二叠系海侵范围扩大，祁连、华北海盆连通，形成统一的以含煤为特征的滨海相沉积；下部太原组的煤系是含石灰岩的潟湖—潮坪相沉积，上部煤系山西组是沼泽煤系沉积间夹浅海相石灰岩，表明为海陆交互环境，沉积厚度为100～200m；此时，两个海域虽然已超过古隆起而沟通，但作为克拉通坳陷的西缘，仍表现为显著的沉降，两套煤系在盆地西北缘北部最大厚度达到530m。早二叠世山西组中晚期由于贺兰裂谷的封闭和海水的退出及盆地周缘隆起剥蚀区的形成使原来的内克拉通陆表海盆地变为内克拉通陆相盆地沉积区，由海陆交互相变为内陆河流、三角洲及湖泊沉积，其古构造格局仍保持了西隆东坳的构造面貌，中央古隆起仍然存在；但由于布伦庙和固原坳陷的楔入，已分为北部的城川凸起、中部的环县隆起和南部的黄陵—彬县隆起，古隆起东北缘向北移动，东部为明显的坳陷，即榆林—绥德坳陷；在阴山以南、贺兰山以东的广大地区，沉积了与华北各地在岩性、古生物群方面均可对比的石盒子组、石千峰组、刘家沟组、尚沟组和纸坊组；其中石盒子组大体沿袭了山西组的沉积背景，气温逐渐干旱，鄂尔多斯地区作为大华北盆地的组成部分沉积了河流相杂色碎屑岩，其西部沉降区厚度为350m，东部沉降区厚度为420m，中央古隆起厚度为250m。早－中三叠世的构造面貌表现为西北高、东南低的特点，中央古隆起进一步划分为盐池、志丹、彬县隆起，盆地东部为延长—绥德坳陷，西南部为固原坳陷，与二叠纪构造面貌相比，新出现了志丹隆起，使东部坳陷东移；在该阶段，中央古隆起消亡的过程也是鄂尔多斯沉积区与大华北盆地分离，并向独立沉积盆地发展的过程。

四、晚三叠世—白垩纪鄂尔多斯内陆坳陷盆地发育阶段

晚三叠世由于阿拉善地块向东推和古六盘山向东北挤，在汝箕沟、石沟驿、安口窑形成了一条近南北向的沉降带，沉积厚度达3000m以上，而同期沉积在鄂尔多斯地区不过千米左右，属河湖相沉积[图2－2(d)]。三叠纪末期，受亚欧板

块与库拉、太平洋板块南北向左旋剪切应力的作用，华北地区隆起抬升，其主体在渤海湾区，但鄂尔多斯盆地亦受波及，使华北克拉通坳陷逐渐向鄂尔多斯盆地转化；盆地内上三叠统延长组经受较长时期的侵蚀，在其顶部形成丘状起伏、阶地层叠、沟谷纵横的古地貌景观，并在其上接受了富县组和延安组厚度为20～260m呈树枝状展布的$3\times10^4km^2$的河道砂体深积，此时气候干旱，有红层出现。中侏罗统直罗组、安定组沉积时期，古构造面貌出现东西分异，一改直罗组沉积前西高东低的构造面貌，变成西低东高，盆地西部平凉—环14井—苦深1井—鄂托克前旗一线为南北向沉降带；沉降带西翼陡、东翼缓，是西部推覆带继续活动产生的前缘坳陷，整个侏罗系在盆地内部厚度为600m左右，西缘发育最厚达3000m的砾岩沉积[图2－2(e)]。发生于侏罗纪末期的燕山早期构造运动，使鄂尔多斯盆地及周围地区发生了一次十分强烈的构造运动，在盆地西缘表现为大规模地推覆、冲断，结束了原坳拉谷地带长期沉降的历史，形成了鄂尔多斯盆地周缘构造带，其冲断带前缘于早白垩世堆积了巨厚的陆相碎屑岩，构造面貌仍然继承了直罗、安定沉积时期的面貌，出现了东西分异，西缘为呈南北向展布的坳陷带，最深部位在环县以西，可达1400m[图2－2(f)]，坳陷带西陡东缓，呈不对称的向斜构造；此时，鄂尔多斯地区才成为完全独立的沉积盆地，从而使六盘山地区打上了山间盆地的烙印，并且造成了侏罗系地层与白垩系地层之间的不整合。

五、新生代周缘断陷阶段

从第三纪开始，鄂尔多斯盆地在欧亚板块和印支板块的相互作用下，盆地东部相继隆升，而周边地区却相继断陷形成河套地堑、汾渭地堑、银川地堑等一系列地堑(图2－1)，这种东西向与南北向交叉的断陷反映着加里东和燕山地壳活动的复活。

第二节　构造特征及控煤作用

一、构造特征

鄂尔多斯盆地为一级向斜构造，向斜轴位于天环坳陷。盆地内部较稳定，以隆起、坳陷、宽缓褶皱为主要形式，地层倾角一般为1°～3°，周缘活动性较强，褶皱、断裂形迹密集(图2－1、图2－3)，岩浆活动发育，地层倾角陡。

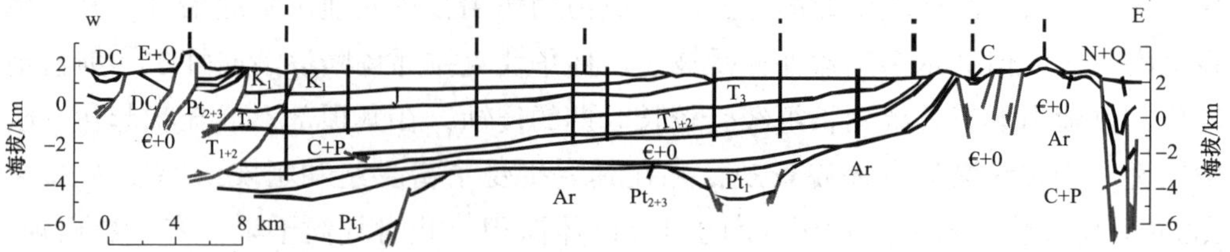

图2－3　横跨鄂尔多斯盆地中部东西向构造横剖面示意图

区域构造单元上，盆地西以贺兰断褶带、六盘山弧形逆冲构造带为界并与阿拉善地块相邻，北以伊盟隆起与古阴山褶皱造山带相接，东以离石断裂为界与山西地块分界，西南缘以秦祁复合型大陆造山带为限。根据现今构造形态、盆地演化史、构造发展史等，将鄂尔多斯盆地划分为伊盟隆起、渭北隆起、晋西挠褶带、陕北斜坡、天环坳陷和西缘逆冲构造带共6个次一级构造单元(图2－1、图2－3)。

二、各构造区的特征及控煤作用

(一)伊盟隆起

伊盟隆起位于鄂尔多斯盆地北部，西以桌子山断裂为界，北以黄河断裂为界与河套盆地相邻，南与天环向斜、陕北斜坡和晋西挠褶带渐变过渡。根据重磁异常带走向的变化，南界大致在乌海—鄂托克前旗—准格尔旗一线。该隆起自古以来基本处于相对隆起状态，盖层总厚度为1000～3000m，各时代的地层均向隆起最高部位变薄、尖灭或缺失。其中东胜以北地区隆起最高，缺失下古生界，上古生界直接覆盖在变质基底之上，且出露于地表，中新元古界什那干群已有出露，常称之为乌兰格尔凸起。新生代河套盆地断陷下沉，将阴山隆起与伊盟隆起分开，形成现今的构造面貌。

(二)渭北隆起

渭北隆起又称渭北挠褶带，南接渭河地堑，北抵长武—宜君—黄龙一线，西至陇县—岐山一线，东接晋西挠褶带，东西长度约为280km，南北宽度约为60km。渭北隆起中晚古生代为向南倾斜的斜坡，至中石炭世东西两侧相对下沉，西侧沉积羊虎沟组，东侧沉积本溪组，至中生代晚期开始隆起。新生代随着鄂尔多斯盆地边部解体，渭河地区断陷下沉，渭北地区进一步翘倾抬升，形成现今构造面貌。

(三)晋西挠褶带

晋西挠褶带东界为离石断裂，西界大致位于神木—宜川东一线或以黄河为界，向陕北斜坡逐渐过渡。北起内蒙古准格尔旗，南至山西乡宁，南北长度约为450km，东西宽度约为50km。晋西挠褶带北段走向近南北向，南段转为西南走向，整体上为一西倾单斜，倾角2°~3°或更大，与陕北斜坡不足1°的倾角相比，为一挠褶带。晋西挠褶带古生代、中生代分别为大华北和鄂尔多斯盆地的组成部分，长期接受沉积。中生代晚侏罗世、晚白垩世发生多次抬升，为陕北区域西倾大单斜的组成部分，后期遭受强烈剥蚀，成为现今鄂尔多斯盆地的东部边缘。晚燕山—喜马拉雅构造运动期(喜山期)，吕梁山抬升并向西推挤，加上基底断裂的影响，形成近南北走向的构造带。

(四)陕北斜坡

陕北斜坡又称伊陕斜坡、陕北坳陷，指渭北隆起以北、伊盟隆起以南、天环坳陷以东、晋西挠褶带以西的广大地区。占据腹部的主要区域，面积约为$9.0\times10^4km^2$，为一向西倾斜的平缓大背斜，地层倾角不到1°，平均坡降为7~10m/km。该斜坡上褶皱和断层构造极不发育，仅发育鼻状构造和小型断层，自北而南发育多条大型鼻隆。陕北斜坡基底起伏甚小，晚元古代晚期至早古生代早期为隆起区，发生剥蚀作用，未接受沉积，仅在中晚寒武世、早奥陶世沉积了总厚度为500~1000m的海相地层。吴旗—定边—庆阳为古隆起区，沉积厚度为250m，晚古生代—中生代接受海陆交互相及陆相沉积，陕北斜坡是目前鄂尔多斯盆地石油、天然气勘探的主战场。

(五)天环坳陷

天环坳陷又称天环向斜，西邻西缘冲断构造带，东与陕北斜坡在定边—环县一线相接，北为伊盟隆起，南至渭北隆起，南北长度为600km，东西宽度为50~60km。天环坳陷的构造方向和位置与西缘冲断构造带密切相关，具有成因上的联系，为后者的前渊坳陷带，指的是白垩系的向斜构造和早白垩世的沉降中心在古生代变为西倾斜坡，直到晚侏罗世才开始坳陷。早白垩世坳陷断续发展，新生代坳陷结构进一步加强。白垩系的向斜具有西翼窄陡、东翼宽缓的不对称形态，向斜轴自上而下逐渐向西偏移，至下古生界西翼变得更加窄陡。天环坳陷内除南部镇原之北有无煤区以外，其他地区石炭—二叠纪及侏罗纪煤系均有赋存。

(六)西缘冲断构造带

西缘冲断构造带又称西缘逆冲构造带，系指银川地堑东缘断裂(黄河断裂)和青铜峡—固原断裂以东，桌子山东麓断裂、摆宴井断裂和惠安堡—沙井子断裂以西，北起磴口、南达陇县的狭长地带。该构造带所在的位置主要受控于贺兰山坳拉槽和被动大陆边缘，区内由10余条大型逆冲断裂组成，局部构造发育。从构造形迹、冲断层组合及其产状特征可将西缘冲断带分为南、北两大段，大体以青铜峡—吴忠—马家滩为界，其北段为贺兰山—横山堡褶皱冲断带，以冲断层倾角陡为特征，表现为基底卷入的厚皮构造；南段为六盘山—马家滩褶皱冲断带，以倾角缓的叠瓦状冲断层为特征，表现为滑脱型的薄皮构造。它的出现，使鄂尔多斯盆地西缘广大地区石炭—二叠系和侏罗系两套煤层发生强烈改造。具体表现在以下 3 个方面：①破坏含煤岩系的整体性，使广大范围内煤系地层风化剥蚀殆尽；②改变了含煤岩系及煤层原始赋存状态，使产状和埋藏深度发生显著变化；③因断裂异常发育，将煤层切割成许多大小不一、形状各异的块体，不利于煤层开采。

第三节　煤系地层的分布及煤层特征

鄂尔多斯盆地为稳定克拉通内的大型盆地，基底为太古宙和元古宙的结晶基底，早古生代为南北分别与秦岭海槽和兴蒙海槽相通的陆表海盆地，沉积了寒武纪和中奥陶世的碳酸盐岩。中奥陶世后，随华北陆台整体隆升，陆表海消失。中石炭世开始沉降并接受沉积，晚石炭世到二叠纪广泛发育晚古生代聚煤作用。早三叠世末期发生的印支构造运动，使华北地区呈东隆西坳的构造格局，鄂尔多斯地块也呈东升西降，盆地雏形出现，至三叠世末期，盆地基本定型，沉积了三叠纪、侏罗纪陆相含煤岩系。燕山构造运动使盆地内部持续沉降，边缘隆起上升。早白垩世中期盆地开始萎缩，早白垩世晚期盆地整体抬升，湖水退出，湖盆逐渐干涸。晚白垩世缺失沉积。石炭—二叠系和侏罗系是鄂尔多斯盆地含煤地层，三叠纪含煤岩系瓦窑堡组可采煤层只分布在子长至蟠龙一带。

一、石炭—二叠系

鄂尔多斯盆地晚古生代含煤地层自下而上为石炭系本溪组、二叠系太原组和山西组。本溪组底部为一套铝土质岩，顶界为太原组以庙沟灰岩相区别，自下而上分为本 1 段和本 2 段：本 1 段主要为铝土岩，深灰色、灰黑色泥岩夹薄层砂岩、灰岩(畔沟灰岩)及煤线；本 2 段岩性以灰白色中、粗粒石英砂岩、深灰色粗粒岩屑砂岩为主，中间夹泥岩及多套煤层，下部为生物碎屑灰岩透镜体(吴家峪灰岩或扒娄沟灰岩)。

太原组由深灰岩、灰黑色生物碎屑灰岩、泥晶灰岩，夹泥岩及薄煤层组成，灰岩自下而上可分为庙沟灰岩、毛儿沟灰岩、斜道灰岩及东大窑灰岩 4 段，其中斜道灰岩和庙沟灰岩多相变为砂岩(七里砂岩和桥头砂岩)，东大窑灰岩顶部发育一套稳定的海相化石的黑色泥岩。

山西组顶界为下石盒子组底“骆驼脖子砂岩”，底部为“北岔沟砂岩”，上部砂岩发育，下部煤层发育。砂岩结构成熟度及成分成熟度均较低，岩屑及白云母含量较高，俗称“牛毛毡砂岩”，结合沉积旋回、电性标志，以3#煤层进一步划分为山2段和山1段：山2段由灰色、深灰色中、细砂岩夹灰黑色泥岩、砂质泥岩和煤层组成，泥岩中夹有黄铁矿及菱铁矿鲕粒，该段以发育3#煤层、4#煤层、5#煤层为特征；山1段主要为细、中、粗粒岩屑砂岩及岩屑质石英砂岩，泥岩中含有不规则砂质条带及保存较为完整的植物化石。山2段测井曲线表现为高时差、大井径、低密度，山1段测井曲线形态相对平缓。

石炭—二叠系含煤地层中分布着20多层厚度不等的煤层，此次在进行煤层对比和命名时，尽量考虑前人的工作成果，结合该区的具体地质情况，将山西组煤层自上而下划分为1# ~5#共5个煤层，其中5#煤层是最重要的可采煤层，太原组划分为6# ~8#，本溪组煤层自上而下划分为8# ~10#，其中8#为下部主要煤层(图2-4)。

1#煤层位于山1段顶部，上部距离“骆驼脖子砂岩”较近，分布范围有限，厚度多为0.4~0.8m，煤层结构简单，顶板岩性多为中、细砂岩，底板为粉砂岩、砂质泥岩。2#煤层常以砂岩作辅助标志层进行对比，对比程度较差，厚度多为0.5~1.4m，局部可采，夹矸1~2层。3#煤层位于山2段顶部，其上多发育砂体，对比程度相对可靠，煤层分布较为稳定，煤层厚度为0.4~2m。4#煤层、5#煤层常以单层或合并为同一层出现，其底部主要为北岔沟砂岩，全区分布稳定，是山西组的主力煤层。6上#煤层位于太原组东大窑灰岩之上，分布范围有限，仅在个别钻孔中出现。6#煤层位于东大窑灰岩和斜道灰岩之间，分布较为稳定，厚度一般为0.2~1.2m，结构简单，含一层夹矸，顶、底板岩性分别为灰岩和泥岩。7#煤层位于斜道灰岩和毛儿沟灰岩之间，常以斜道灰岩为其直接顶板，对比标志明显，该煤层多以单层出现，煤层厚度多为0.7~1.5m，最厚可达3.7m。8上#煤层位于毛儿沟灰岩和庙沟灰岩之间，往往以毛儿沟灰岩作为直接顶板。8#煤层、9#煤层位于庙沟灰岩和吴家峪灰岩两套标志层之间，为本溪组最为发育的一套煤层，厚度大，分布稳定，对比明显，两煤层常以屯兰砂岩分开。10#煤层位于吴家峪灰岩之下，晋祠砂岩之上，对比标志较为明显，但煤层分布局限，厚度较薄。

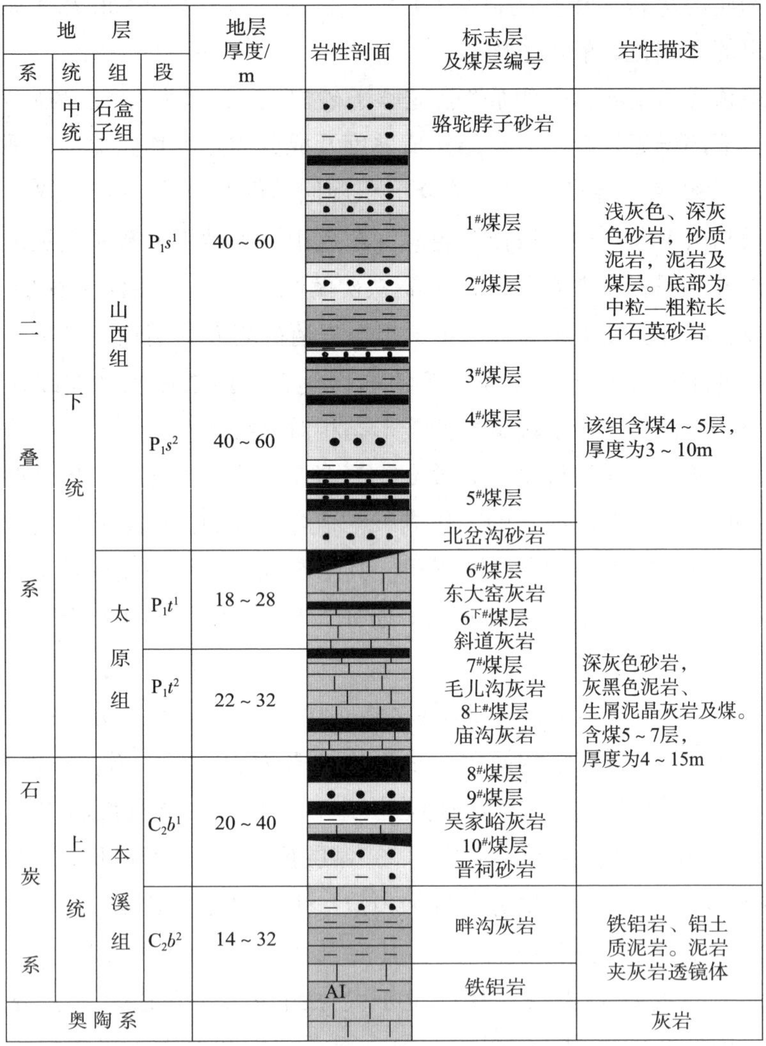

图2－4　鄂尔多斯盆地晚古生代含煤岩系地层柱状图
（据中国石油长庆油田勘探开发研究院，2008）

二、侏罗系

侏罗系延安组蕴含丰富的煤炭资源，一直是地质学家研究的重点，关于延安组地层的划分与对比，前人已做了诸多工作，虽然采取的划分方案各有不同，但仍对进一步研究提供了有力的指导，具体表现在以下两方面：(1)延安组与下伏的富县组或延长组在岩石的颜色、砂岩成分及岩石组合特征等方面均有明显差别。富县组颜色虽有灰色和灰黑色，但紫红色、灰绿色及紫杂色是其特有的色调，而其上覆延安组及其下伏延长组一般不会出现紫杂色；在延安组与延长组接触的地区，电阻率差异是延安组底界的划分依据，延安组砂岩一般为高阻砂岩，延长组砂岩为低阻砂岩。此外，延安组底部的宝塔山砂岩在大部分地区具有标志意义。(2)延安组煤系的直接盖层为直罗组底砂岩(七里镇砂岩)，区域分布稳定，是区域标志层。与延安组砂岩重要的区别为颜色，直罗组的颜色一般为黄绿色、灰绿色，延安组则为灰色、灰黑色。

笔者将煤层作为主要的标志层，采用长庆油田地层划分方案，将延安组自下而上分为10段(延10～延1)(图2－5)，为了更准确地研究煤层，将此次方案与前人的进行了对比(表2－2)。

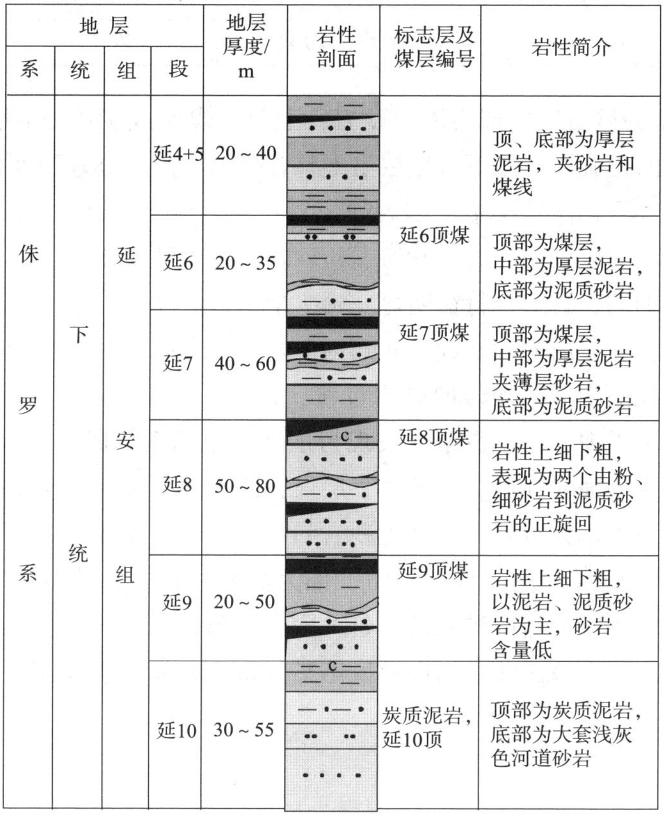

图2－5　鄂尔多斯盆地侏罗系延安组地层柱状图
(据中国石油长庆油田勘探开发研究院，2008)

表 2－2　延安组划分与对比表

五段式(成因地层单元)		四段式		现用分层方案	
第Ⅴ单元	1^{-1}	第Ⅳ段	1 煤	枣园段	延 1
	1^{-2}		2 煤		延 2
					延 3
第Ⅳ单元	2^{-2}	第Ⅲ段	3 煤		延 4
	2^{-4}		4 煤		延 5
第Ⅲ单元	3^{-1}、3^{-2}	第Ⅱ段	5 煤		延 6
第Ⅱ单元	4^{-2}		6 煤		延 7
	4^{-3}、4^{-4}		7 煤		延 8
第Ⅰ单元	5^{-1}、5^{-2}	第Ⅰ段	8 煤		延 9
	5^{-3}		9 煤	宝塔段	延 10

延 10 底部为砂岩，中部为泥质砂岩，上部为煤层或炭质泥岩，沉积韵律表现为底粗顶细的正旋回，与下伏地层呈不整合接触，为三叠系顶面侵蚀地形上形成的填平补齐式沉积。延 9 中下部为砂泥岩互层，顶部为煤层，岩性顶细底粗，呈正旋回。延 8 为煤层、泥岩、砂岩、粉砂岩及泥质砂岩互层，该段内砂岩岩性较粗，底粗顶细的岩石组合特征明显。延 7 中下部为砂泥岩层，顶部为煤层，地层分布呈带状，该段内岩性变细，底部为泥岩，中上部为泥岩、粉砂岩，顶部发育煤层。延 6 地层中下部泥岩向砂岩过渡，顶部为“燕子尾”煤与延 4＋5 区分，该段岩性较细，以泥岩为主，整体表现为顶细底粗的正旋回。延 4＋5 段底部为砂岩，中上部为砂泥岩互层，一般含 2 层煤，两段分层特征不明显，在剖面上很难区分。延 3 段底部为页岩，中部为砂岩和泥质砂岩，顶部为煤层，仅在鄂尔多斯盆地北部局部地区发育。延 2 段中下部为泥岩、页岩、砂岩互层，顶部为煤层，局部分布，大部分地区被剥蚀。延 1 段中下部为泥岩、页岩、砂岩互层，顶部为煤层，该地层在该区北部局部地区零星分布，大部分地区被剥蚀，地层分布的稳定性极差。

第三章　含煤岩系的沉积环境及聚煤特征

第一节　主要含煤岩系的沉积相类型

鄂尔多斯盆地石炭—二叠纪发育障壁海岸、浅海陆棚、浅水三角洲及冲积扇、河流、湖泊等多种沉积相类型，侏罗纪延安组沉积时期主要发育陆相湖泊、三角洲沉积相类型。

一、石炭—二叠纪

(一)障壁海岸相

1. 障壁岛亚相

障壁岛亚相主要发育在本溪组和太原组沉积时期，自下而上可分为潮道砂、障壁砂坝及砂坝间细粒沉积或堡后泥炭坪3个沉积相单元，垂向上常与潟湖相共生。潮道砂中可见由潮汐作用形成的双向交错层理、河流及潮汐共同作用形成的复合层理，障壁砂坝中发育大型板状交错层理。在保德桥头剖面可见直接覆盖在桥头砂岩之上的灰黑色粉砂质页岩夹煤层的堡后泥炭坪沉积(图3－1)。

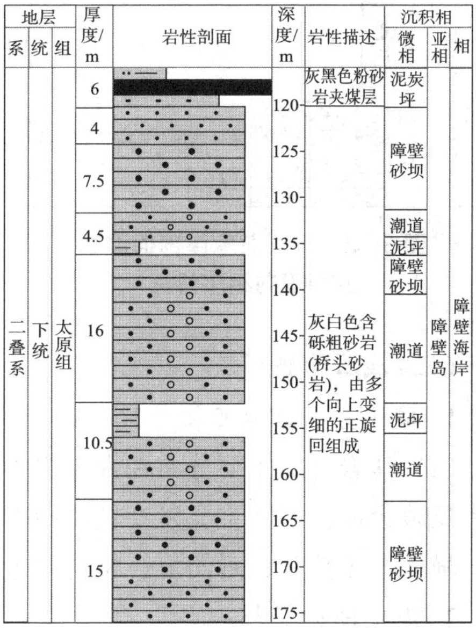

图3－1　保德桥头剖面障壁岛亚相沉积序列特征

2. 潟湖亚相

潟湖沉积主要发育在本溪组和太原组，分布面积广，形态上为平行岸线的浅水盆地，与浅海陆棚以障壁岛相隔，沉积物以泥岩、炭质泥岩、页岩和煤层为主，含少量泥质粉砂岩或粉细砂岩，局部地区夹有薄层灰岩，垂向常与障壁岛和潮坪相共生(图3－2)。

3. 潮坪亚相

潮坪沉积是鄂尔多斯盆地本溪组和太原组主要的沉积类型之一，由于该区在晚石炭世至早二叠世形成宽阔平坦的陆表海，水体较浅，产生了大范围的潮坪沉积。既有碎屑岩沉积，也有碳酸盐岩及煤的沉积，总体是一种混合坪沉积(图3－3)。

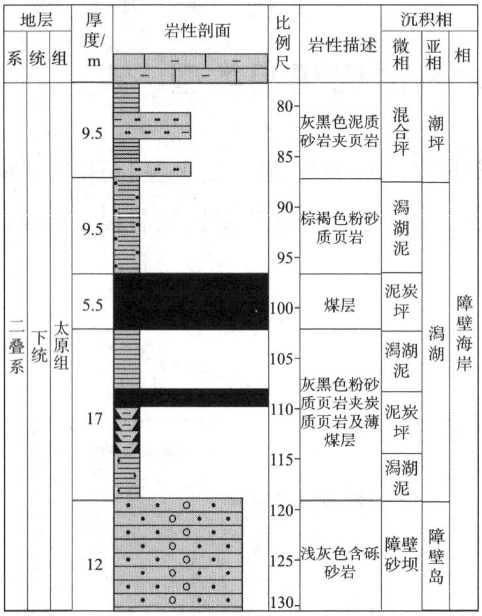

图3－2　兴县关家崖剖面潟湖亚相垂向相序特征

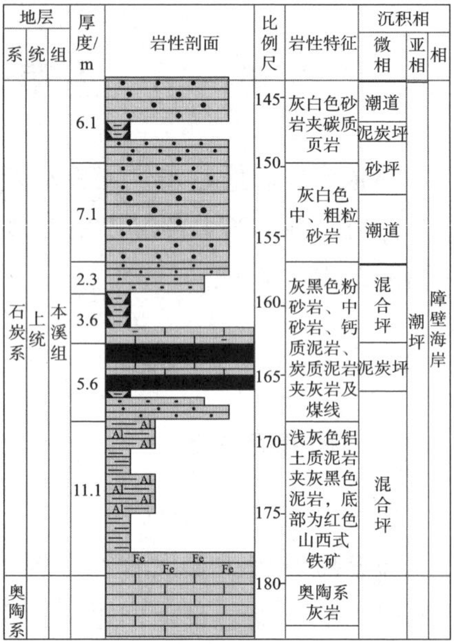

图3－3　准格尔黑岱沟剖面潮坪亚相垂向相序特征

(二)浅海陆棚相

1. 碳酸盐岩台地亚相

碳酸盐岩台地主要分布在太原组中央古隆起以东地区，可进一步分为开阔台地和局限台地，前者主要发育较纯净的生物灰岩，厚度大；后者主要发育泥晶灰岩，横向连续性差；垂向上，常与台地泥炭坪构成向上变浅的序列(图3－4)。

2. 泥质陆棚亚相

泥质陆棚发育于本溪组和太原组沉积时期，分布在鄂尔多斯盆地东西两侧；泥质陆棚沉积物粒度较细，通常为深灰—灰黑色泥岩、页岩，并含有少量的泥质粉砂岩、粉砂等碎屑颗粒及少量薄层的碳酸盐岩，陆棚泥岩中往往缺乏内部构造；偶含煤层，煤层厚度较薄(图3－5)。

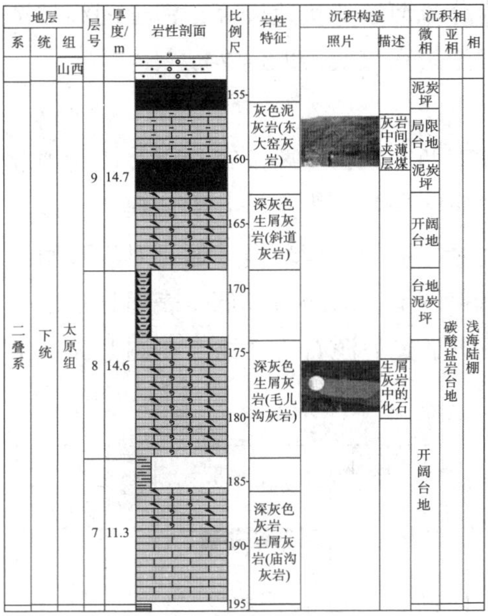

图 3-4　柳林成家庄剖面碳酸盐岩台地亚相垂向相序特征

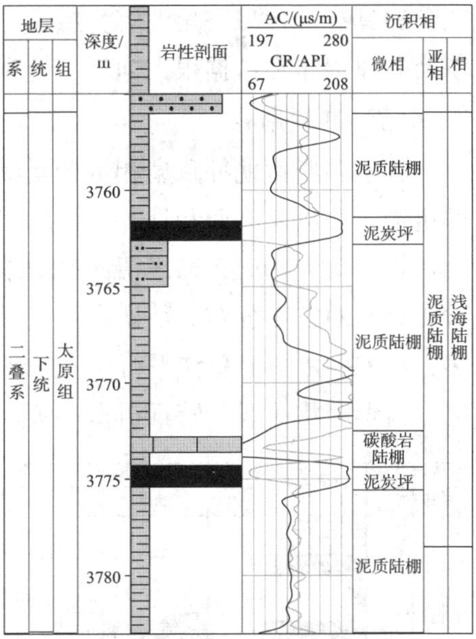

图 3-5　陕 121 井泥质陆棚亚相垂向相序特征

(三) 海陆过渡相浅水三角洲相

海陆过渡体系主要见于本溪组和太原组，主要发育过渡相浅水三角洲沉积体系，该种沉积相发育在广阔陆表海背景下，既不可能有大的波浪作用，也不可能存在强潮汐作用影响，故为浅水型三角洲。其最大的特点是三角洲平原亚相分布广泛而且厚度巨大，各微相在剖面结构上相互叠置，形成类似曲流河的二元结构特征，前缘亚相较不发育，广泛发育的三角洲平原亚相有助于煤层的形成(图 3-6)。

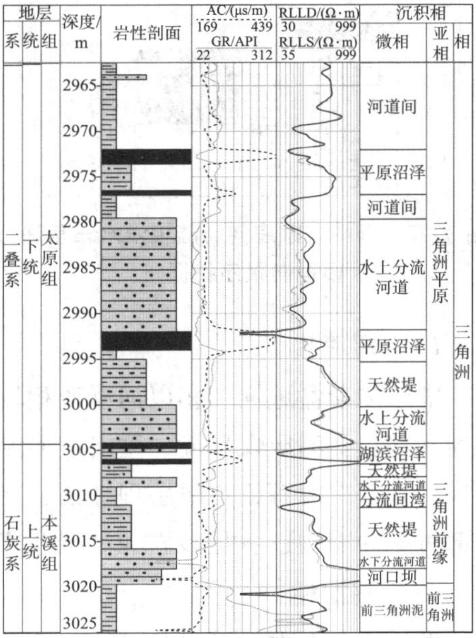

图 3-6　统 27 井海陆过渡相浅水三角洲相垂向相序特征

(四) 陆相浅水三角洲相

除海陆过渡相三角洲外，鄂尔多斯盆地山西构造运动期(山西期)还发育湖泊三角洲，与海陆过渡相三角洲一样，三角洲平原占主体，前缘和前三角洲不甚发育，仍为浅水型三角洲。山西组湖泊三角洲具有网状河三角洲沉积特征，表现为分流河道的快速废弃，河道间细粒沉积及平原沼泽常占据很大面积，有利于形成泥炭和煤层(图 3 -7)。

(五)冲积扇相

鄂尔多斯盆地冲积扇相沉积是潮湿气候下的产物，主要发育在山 2 段盆地北部边缘，在地表剖面和钻井剖面均可见到，伊字号井、鄂字号井中最典型，以扇端亚相发育为特征，扇缘沼泽是盆地北部边缘主要的成煤环境。通过对砾石间的砂级物质的粒度分布特征研究可以看出在概率图上，曲线斜率低，表明悬浮组分多，在 *C—M* 图上总体平行于 *C* = *M* 线，反映了其为泥石流产物。在测井曲线上以锯齿形箱状曲线为特征(图 3 -8)。

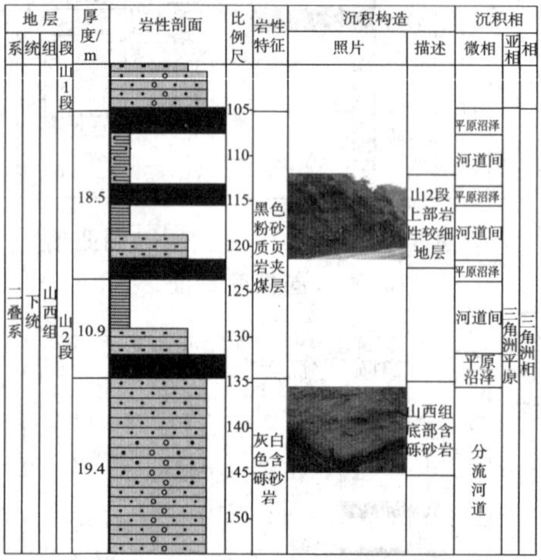

图 3 -7　柳林成家庄剖面陆相浅水三角洲相垂向相序特征

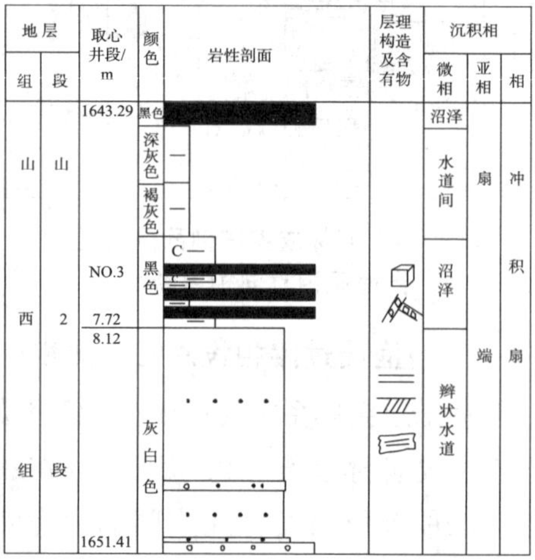

图 3 -8　胜 2 井山 2 段冲积扇相扇端亚相垂向相序特征

(六)河流相

鄂尔多斯盆地河流相以河漫亚相较发育为特征，河漫沼泽较发育，是山 2 段盆地北部主要的成煤环境。垂向上河流相砂体一般由多个自下而上的正旋回叠置而成，并依次发育正粒序层理、槽状交错层理、板状交错层理及平行层理，河道底部可见冲刷构造；且砂岩和泥岩互层，中间往往缺乏过渡性沉积(图 3 -9)。

(七)湖泊相

湖泊相分布在盆地的中南部，以发育滨浅湖相为特征，缺少半深湖 - 深湖相，沉积粒度较细，植物化石丰富，含黄铁矿；自然电位曲线主要为低幅度平直状，有较低的负异常，自然伽马曲线和声速曲线基本是低幅齿状。湖滨沼泽中可形成薄层煤层(图 3 -10)。

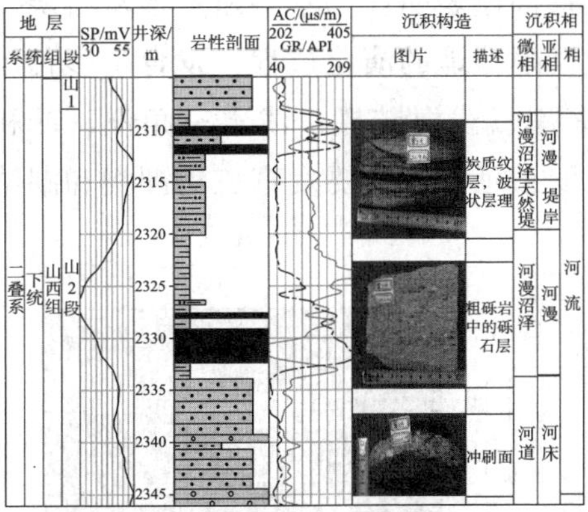

图3－9　霍3井山2段河流相垂向相序特征

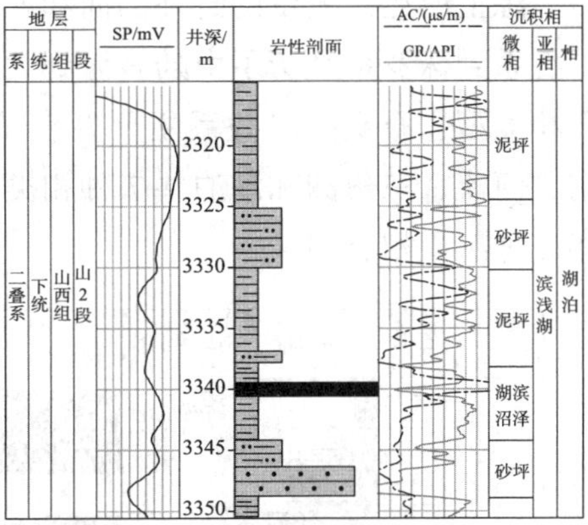

图3－10　陕273井山2段湖泊相垂向相序特征

二、侏罗纪

侏罗纪延安构造运动期(延安期)主力煤层延9～延6沉积时期，盆地普遍接受湖泊—三角洲沉积。盆地四周水系注入湖泊，形成多源河湖泊三角洲，具有大三角洲平原、小三角洲前缘的沉积特点，为典型的浅水三角洲沉积，广泛发育的三角洲平原为煤层的形成与富集提供了重要的场所(图3－11)。

(一)陆相浅水三角洲相

三角洲平原以分流河道砂岩与河道间泥岩及河道间平原泥炭沼泽沉积为特征，其中分流河道沉积最为典型，内部具有向上变细的沉积序列，底部砂岩含有零星分布的泥砾和泥岩撕裂屑，并可见分流河道砂体对下伏煤层或泥岩的冲刷构造；向上为中—细砂岩，发育槽状交错层理、平行层理和前积型交错层理，顶部为沙纹交错层理粉、细砂岩与泥岩互层。河道间沉积为粉砂质泥岩、根土岩夹黑色泥岩及煤线，厚度也较大。

(二)湖泊相

在下侏罗系延安组的湖相沉积中，湖泊始于延9沉积时期，到延4+5时，河流回春，湖泊萎缩，均以滨浅湖亚相发育为特征，分布范围较广，沉积物主要为深灰色、灰黑色泥岩、粉砂质泥岩及泥岩夹薄层粉、细砂岩，砂岩多呈透镜体产出，偶见叠锥灰岩透镜体，泥岩及粉砂质泥岩中水平层理发育，产植物化石，砂岩中多发育平行层理、小型斜层理及脉状层理，薄层粉、细砂岩发育浪成沙纹交错层理。电阻率测井曲线表现为大段低阻背景上由粉砂岩或细砂岩小范围的尖峰状幅度异常。

综上所述，大量的野外剖面和取心井观察描述表明：鄂尔多斯盆地从石炭—二叠系到侏罗系经历了由陆表海到大型内陆坳陷盆地的演化过程，发育了多种沉积相类型，石炭—二叠系主要发育了障壁海岸、浅海陆棚、浅水三角洲、冲积扇、河流、三角洲和湖泊共 7 种相类型。侏罗系延安组主要发育三角洲相和湖泊相 2 种沉积相类型。

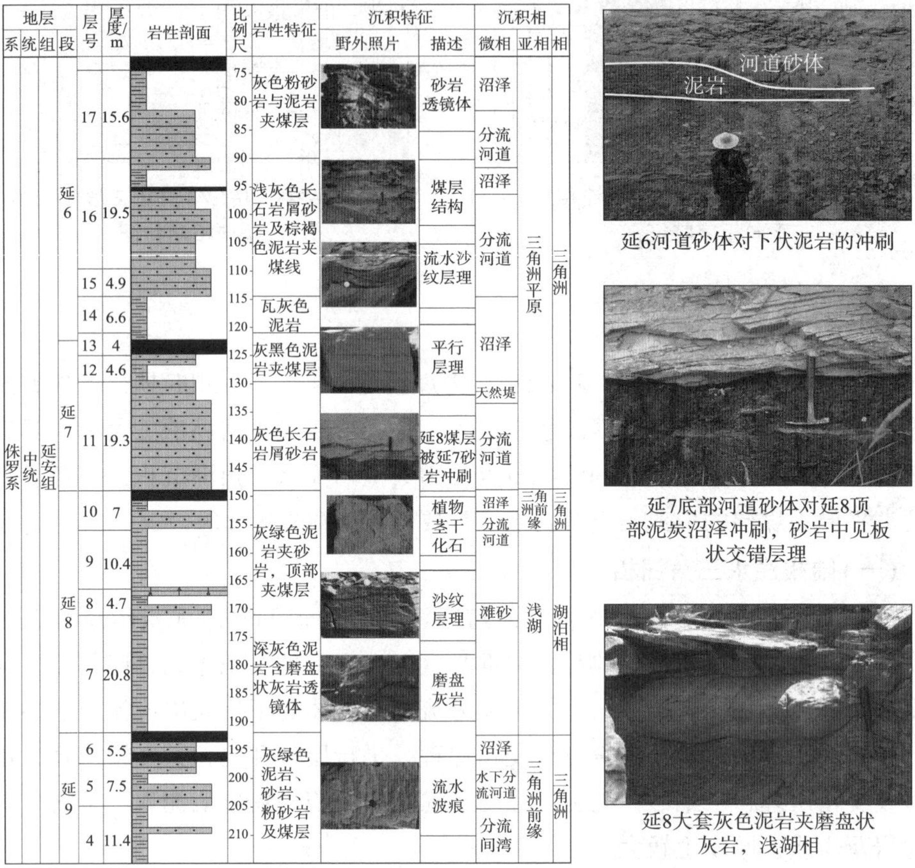

图 3－11　神木考考乌素沟剖面延安组湖泊—三角洲沉积垂向相序图

第二节　主要含煤岩系的沉积相展布及沉积演化

一、晚石炭世本溪期

晚石炭世早期本溪构造运动期(本溪期)沉积之前，该区海侵主要来自西侧的祁连海，之后海水自东侧的华北海和西侧的祁连海两个方向同时向鄂尔多斯地区侵入，并不断向乌审旗—靖边古隆起超覆，由原来的东陆西海变为两海夹一陆。两个盆地同期接受沉积，东部沉积本溪组，西部沉积羊虎沟组。

本溪组本 2 段沉积中期，海水首先在乌审旗—鄂托克旗一线以北连通，由于水体较浅，主要沉积陆相碎屑岩。本 1 段沉积时期华北海与祁连海基本沟通，标志着东西两个海盆对立局面结束，统一局面开始。整个沉积面貌以潮坪—潟湖—障壁岛—浅海陆棚为特征，在地壳整体快速下降的背景下，海水进侵，形成了基底波状起伏的局限浅海环境。在沉积区内，沉积相带呈近南北向展布，中央古隆起鄂托克旗—乌审旗—靖边—富县—宜川一线为潮坪沉积，古隆起东侧榆林—子长—延川一线为潟湖沉积，沿 ZK9 井—1 孔—米 13 井—榆 65 井—榆 62 井等井区发育障壁岛，东部临县—米脂—吴堡—石楼—大宁等地发育浅海陆棚沉积。西侧吴起地区为潟湖沉积，图东 3 井—莲 4 井—环 14 井区发育障壁岛，鄂托克前旗、定边为浅海陆棚。西北部石嘴山—伊 3 井—151 孔一带依次发育浅海陆棚—障壁岛—潟湖沉积。盆地东北部伊盟隆起和阴山隆起地区抬升，鄂尔多斯盆地东北部有河流活动，河流携带泥砂频繁进入海盆，浅水三角洲发育[图 3－12(a)]。

二、早二叠世太原期

太原构造运动期(太原期)由于东西海域的完全贯通，碎屑海岸沉积体系扩大，细碎屑岩、泥岩、碳酸盐岩和煤层等沉积，占据了区内较大的面积，古地理格局总体表现为浅水三角洲与潮坪—浅水陆棚碳酸盐岩、障壁岛等沉积体系共存，并形成陆源碎屑与碳酸盐岩的混合沉积[图 3－12(b)]。鄂尔多斯盆地西部发育浅海陆棚沉积体系组合，乌审旗—华池—庆阳一线及其两侧主要为潮坪沉积，潮坪沉积主要为潮间及潮下带的灰岩、泥岩，还有潮上泥炭坪的煤层。东部发育碳酸盐岩台地—潟湖—浅海陆棚沉积体系组合，形成陆源碎屑与碳酸盐岩的混合沉积，主要发育微晶灰岩、生物碎屑灰岩、泥岩、砂质泥岩和煤层。盆地北边杭锦旗—伊金霍洛旗—准格尔旗一带和西北部任 2 井、地鄂 3 井附近发育浅水三角洲沉积体系。

三、早二叠世山西期山 2 段

鄂尔多斯地区山西组沉积时期北部边界为阿拉善隆起和阴山隆起，南部边界为祁连隆起和北秦岭隆起，主要沉积特征为北部靠近古隆起边侧地带为内陆山前碎屑含煤沉积，其他广大地区为开阔盆地碎屑含煤岩系。

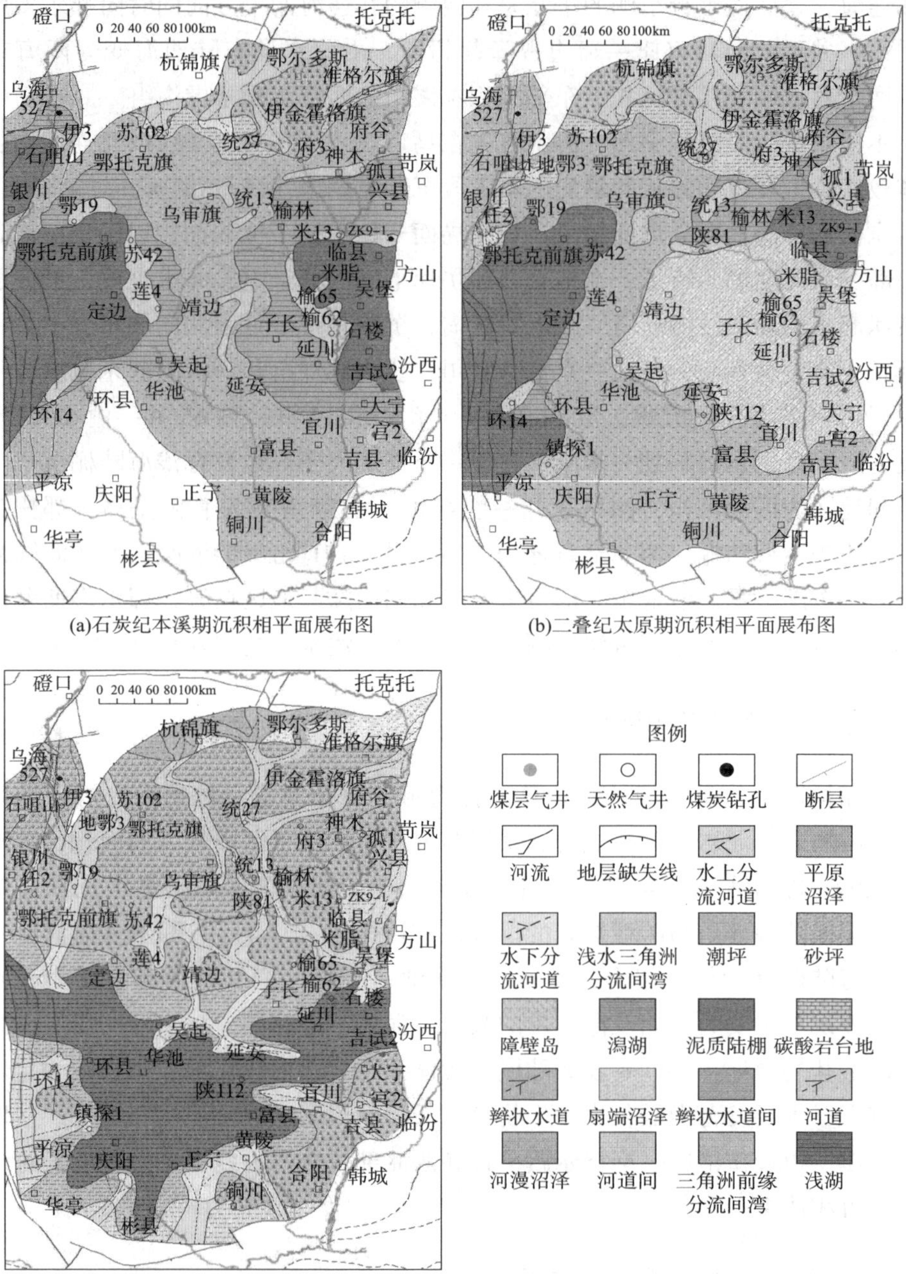

(a)石炭纪本溪期沉积相平面展布图

(b)二叠纪太原期沉积相平面展布图

(c)二叠纪山西期山2亚期沉积相平面展布图

图 3－12　石炭—二叠系主要含煤岩系沉积相平面展布图

由于海西构造运动影响，随着南北差异升降的加剧，海水从盆地东西两侧退出，山西组在太原组之后的海退期沉积。山西组早期(山 2 段)，北部伊盟隆起区和阴山古陆剥蚀夷平，区内地形较平缓，气候炎热潮湿，广泛发育河流相河漫滩及三角洲平原沉积，泥炭沼泽广布。山西期，盆地性质由陆表海盆地演变为近海湖盆，沉积环境也由海相转变为陆相，东西差异基本消失，南北差异沉降和相带分异增强，自北向南依次为古陆—冲积扇—河流相—三角洲平原—三角洲前缘，其中三角洲平原与三角洲前缘的分界线为苦深1井—定边—苏114井—榆67井—吴堡一线，周缘滨湖区则以三角洲沉积为特征。盆地南部吴起—华池—富县—延安—延川地区为盆地沉降中心，发育浅湖沉积，盆地边缘发育三角洲前缘[图3－12(c)]。

四、侏罗纪延安期

延安组底部延10期以灰白色含砾粗砂岩、粗砂中砂岩为主，属于河流相，分布于古河道及其两侧的河漫滩、阶地部位，连同其下伏的富县组厚度为0～250m，河漫滩上局部有煤层聚积。延9地层以砂岩、泥岩为主，由河流相演变为滨浅湖、三角洲沉积，广泛的三角洲平原沼泽为煤层的形成提供了有利的场所。延安组主力煤层(延9～延6)沉积期的沉积特征及演化详述如下。

(一)延9期

延10期沉积之后，气候转为温湿型，地形较为平坦，盆地中部及东南部受断裂作用影响，相对沉降幅度较大，积水形成湖泊，盆地内高地、残丘等地形消失，普遍接受河流、湖泊三角洲沉积。在延9期，原5条河道均演变为三角洲平原或前缘的网状砂质分流河道，分别形成大小不同的三角洲，主要包括近东西向的环县—华池三角洲，近南北向的定边—吴旗三角洲、横山—靖边三角洲，物源主要来自西部、北部。该期三角洲的突出特征是河道砂体为骨架，前缘河口坝不发育，河道砂岩与湖泊泥岩呈冲刷接触，前三角洲相与湖相沉积不易区别，具有大三角洲平原、中三角洲前缘和小前三角洲的特点。盆地东部由于后期的抬升，在黄陵—富县—宜川—绥德—府谷—准格尔旗一线以东全面剥蚀，湖泊的范围可能还可以往东延伸。延9期缺乏深湖相，主要发育浅湖沉积，湖岸线主要分布在富县—华池—吴起—靖边一带，延9期为快速湖侵期，三角洲以退积型为主，在盆地西、西南部河道范围减小，砂体减薄，广泛发育平原沼泽煤系。在北部三角洲平原上亦发育平原沼泽，但河道范围大，砂体厚度大，煤系沉积较薄[图3－13(a)]。

(二)延8期

侏罗纪延8期继承了延9期的沉积特点，仍发育湖泊—三角洲沉积体系，具有大三角洲平原、小三角洲前缘的沉积特点，但浅湖相和三角洲前缘的分布面积

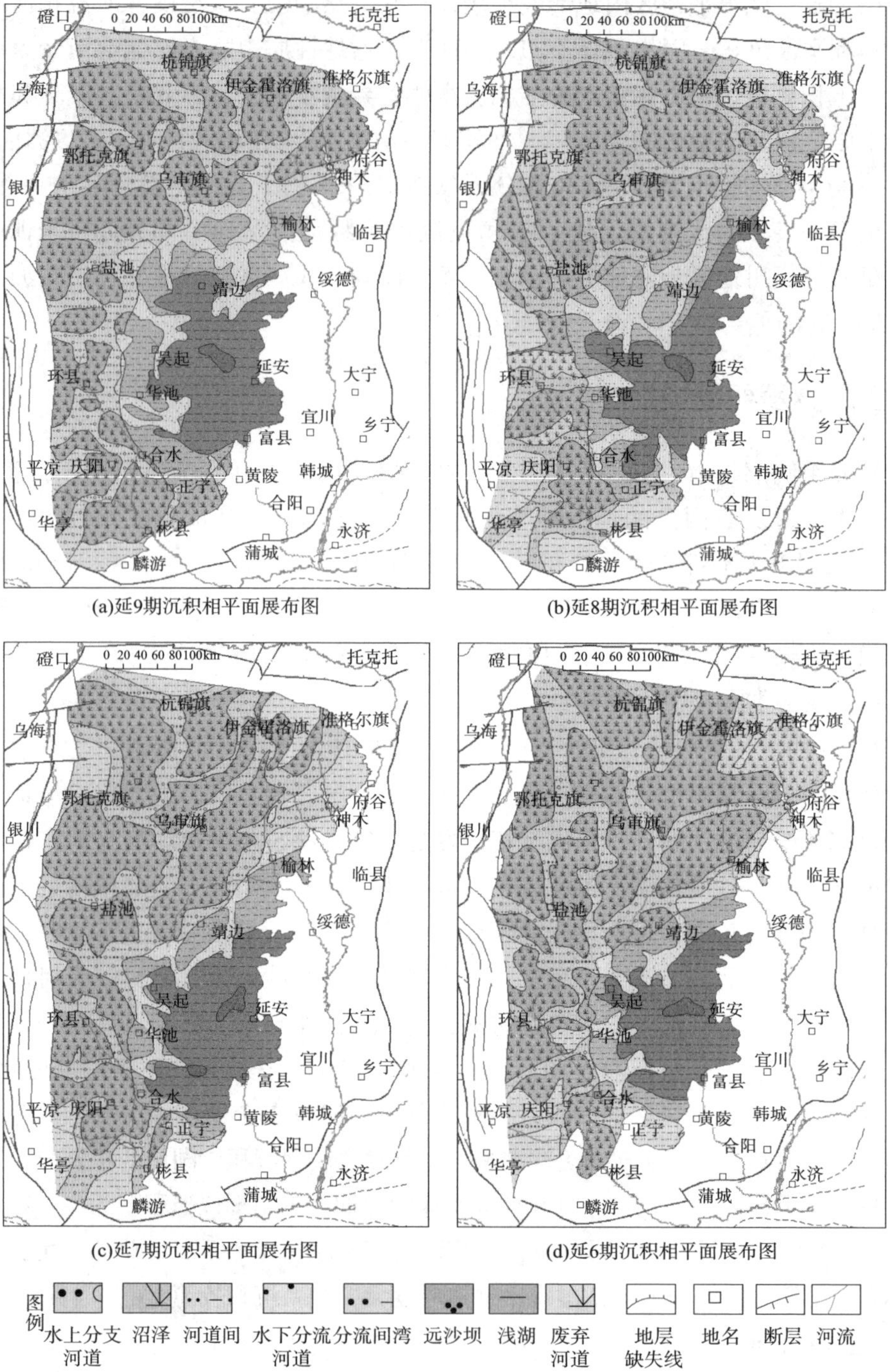

(a)延9期沉积相平面展布图

(b)延8期沉积相平面展布图

(c)延7期沉积相平面展布图

(d)延6期沉积相平面展布图

图 3－13　侏罗纪延安期主力煤层沉积相平面展布图

均有所扩大。前缘的分布范围可延伸至神木地区，近东西向的庆阳—庆城三角洲、环县—华池三角洲水下分流河道不断地向前延伸，表明其前缘位置已明显北移，西部的前缘推进速度缓慢，但平原上的沼泽仍较发育。延 8 期仍缺乏深湖相，主要发育浅湖沉积，湖岸线主要分布在葫 90 井—宁 39 井—元 181 井—榆 81 井一带，湖水比较浅[图 3-13(b)]。

(三)延 7 期

从延 7 期开始，鄂尔多斯盆地进入稳定充填发育期，沉积体系发育的主要特点是三角洲平原部分范围明显扩大，但河流作用减弱，含煤沼泽广泛发育，是主要的成煤期。三角洲前缘范围比延 8 期减小，向南收缩到榆林地区，推进速度慢，部分有所收缩，如定边—吴起三角洲退缩至吴起附近。西北方向来源的河流入湖后，向湖延伸仍有明显分叉作用，前缘部分的河口砂坝不发育。浅湖相分布范围略比延 8 期缩小，由于三角洲产生进积明显向湖泊中心推进，湖泊开始萎缩，且湖岸线向东、向南迁移至黄试 1 井—吴起—塞 53 井区。延 7 期鄂尔多斯盆地仍然发育庆阳—庆城三角洲、环县—华池三角洲、定边—吴旗三角洲、横山—靖边三角洲等多个三角洲朵叶体，广布的三角洲平原上沼泽非常发育，为成煤提供了有利的沉积环境，并在乌审旗地区形成较厚的可采煤层[图 3-13(c)]。

(四)延 6 期

延 6 期基本继承了延 7 期的沉积面貌，岩相古地理展布格局变化不大，仍然是广阔的三角洲平原上网状砂质河道纵横交汇，三角洲平原面积扩大，在伊金霍洛旗—杭锦旗—乌审旗—盐池一带河道间发育广阔的平原沼泽，在定边一带也有广阔的平原沼泽。三角洲前缘亚相范围也缩小，河流延伸入湖形成水下分流河道，以指状砂体为主，且向湖延伸更远，并有远砂坝发育，湖泊的淤浅程度更大。浅湖相的分布范围比延 7 期缩小，仍主要分布在安塞—志丹—延安—富县地区，但湖岸线向东迁移至庄 64 井—吴起—塞 53 井一线，岩性为灰色页岩、炭质页岩夹灰白色粉砂岩，页岩具微细水平层理，含动、植物化石，粉砂岩具不规则波状层理。延 6 期广泛分布的三角洲平原上沼泽亦非常发育，尤其是北部发育广泛的沼泽中沉积了一套煤层[图 3-13(d)]。

第三节 成煤环境类型及特征

前人的研究表明，各种沉积体系中均有煤层形成，单在不同的沉积体系中，煤层赋存于成因地层单元中的不同位置，并与上、下围岩构成多种组合关系，在区域上形成具有一定展布规律的各种成煤环境，主要的成煤环境为沼泽，根据水动力条件、岩性组合、沉积物特点及成煤介质的不同可进一步分为泥炭沼泽(狭义)和泥炭坪。前者按其共生的沉积体系、成煤沉积序列及着生位置可细分为冲积扇扇端泥炭沼泽、河流相河漫(岸后)滩泥炭沼泽、三角洲平原泥炭沼泽和湖滨沼泽；后者发育在受潮汐作用影响的多种环境中，受覆水深度变化的影响较大，可细分为潟湖泥炭坪、堡后泥炭坪、潮汐三角洲泥炭坪、浅海陆棚泥炭坪等类型。

一、泥炭坪

泥炭坪属于海相环境的范畴，海相泥炭坪成煤环境与泥坪、混合坪、砂坪甚至潮沟、潟湖一起形成，煤层在潮汐流为主的水动力条件下形成。

(一)泥炭坪的鉴别标志

晚古生代时期，鄂尔多斯盆地处于低纬度地区，为热带或亚热带温暖潮湿型气候，海平面的周期性变化，为泥炭坪形成提供了良好的古地理和古气候条件，该区泥炭坪成煤环境的鉴别标志如下。

(1)煤层与潮坪相、潟湖相、障壁岛或台地潮坪共生。煤层顶、底板为潮坪相沉积，有时为潟湖或局限台地相。

(2)煤层顶、底板，煤层及其夹矸中含海相动物化石。

(3)煤层顶、底板及夹矸中发育大量反映潮汐作用的沉积构造，如双向交错层理、水平层理及透镜状层理等。

(4)部分煤层顶板为浅海陆棚或风暴碳酸盐岩沉积。

(5)煤层夹矸中的微量元素含量及其比值反映咸水或半咸水特点，B 含量、Sr/Ba 比值、B/Ga 比值均较高(表 3-1)。

(6)煤层中硫含量高。

表 3-1　主要煤层夹矸中的 B 含量及 B/Ga、Sr/Ba 比值对照表

指标	煤层			
	6#	8#	9#	5#
B 含量/ppm($1ppm=10^{-6}$)	30、200、40、96	45	30~100	6、65
B/Ga	20~0.8	1.5	1.5~2.5	0.1~1.5
Sr/Ba	1~16.7	13.3	1.5	0.6~1.0
结论	淡水-咸水	咸水-半咸水	咸水-半咸水	淡水为主

(二)泥炭坪的成煤特点

以潮汐为主要水动力条件的泥炭坪，位于障壁海岸沉积体系的潮坪之上，该成煤环境下形成的煤层与障壁岛、潟湖、潮汐三角洲、潮坪共生。晚古生代我国广泛发育陆表海，障壁海岸沉积体系分布面积广；因此，由泥炭坪形成的煤层分布面积较广，泥炭坪是我国晚古生代煤层形成的主要环境。

泥炭坪成煤主要有以下特点：(1)煤层层位稳定，分布面积广。潮汐水道系统较发育，泥炭堆积不均一，煤层厚度变化大，分叉尖灭现象显著，在一定条件下可形成广阔的厚煤层。(2)煤层多为复杂结构，夹矸层数多，煤层厚度变化大，可由薄到巨厚。(3)高硫分、局部高灰分，煤的还原程度较高。

(三)泥炭坪的成煤环境类型

泥炭坪可以发育在受潮汐作用影响的多种沉积环境中，如潟湖区、障壁岛后、潮汐三角洲和台地区等，不同环境下发育的泥炭坪具有不同的沉积特点和成煤特征。

1. 障壁海岸相泥炭坪

1)堡后(障壁岛)泥炭坪

堡后泥炭坪是在堡岛后侧与潟湖过渡带上的成煤环境，在陆表海多堡岛系的古地理格局中，是一种十分重要的成煤环境。鄂尔多斯地区本溪组8#煤及太原组6#煤、7#煤形成期间，均有该类型的成煤环境发育。堡后泥炭坪发育于堡岛后侧的障壁坪部位，沿障壁岛呈带状分布，但在陆表海环境中，堡岛低平、宽广，且在堡后发育广阔的冲积扇，堡后潮坪可以延入潟湖，在一定条件下，可以与靠岸的潮坪相连，形成广阔统一的成煤环境。

堡后泥炭坪成煤垂向序列为：由底部障壁岛开始，向上渐变为堡后潮坪相以及泥炭坪相，成煤后过渡为潟湖相和障壁岛相，或碳酸盐岩台地相(图3-14)。

堡后泥炭坪的成煤特点为：煤层厚度变化大，分布范围广，层位稳定，常发育透镜状砂体，该砂体具有潮汐层理，有时冲刷煤层，使煤层变薄或尖灭。煤层硫含量高，灰分含量中等，其顶、底板泥岩和夹矸的B含量高，Sr/Ba比值大。

2)潟湖泥炭坪

潟湖泥炭坪主要发育在潟湖近岸潮坪区，平面主要分布在惠安堡、韦洲、石板沟、环县，以及榆林、横山、安塞、子洲一带。水介质为酸性、缺氧、微弱的潮汐水流；成煤植物为潮汐适盐植物，共生生物为半咸水海洋生物或广盐性生物，微环境主要取决于潮汐作用造成的覆水深度变化和成煤植物的生态分带。岩性主要以灰黑色、黑色泥页岩和煤层沉积为特征，发育水平及透镜状层理，含植物碎片化石。

其垂向序列通常以障壁岛相开始，向上过渡为潟湖相、泥炭坪相，煤层顶板多为潟湖相或障壁岛相沉积(图3－15)。

潟湖泥炭坪分布较广泛，可与堡后泥炭坪连接，多形成特厚煤层，厚度横向变化稳定。煤层微观特征以基质镜质体和团块镜质体为主；壳质组其次，以角质体、藻类体、根皮体、沥青质体等为主；惰质组较少，以半丝质体、粗粒体为主，丝质体含量低。

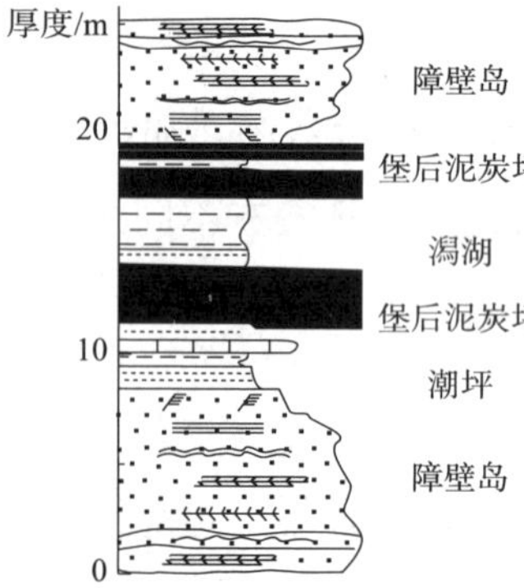

图3－14 堡后泥炭坪聚煤环境成煤垂向序列

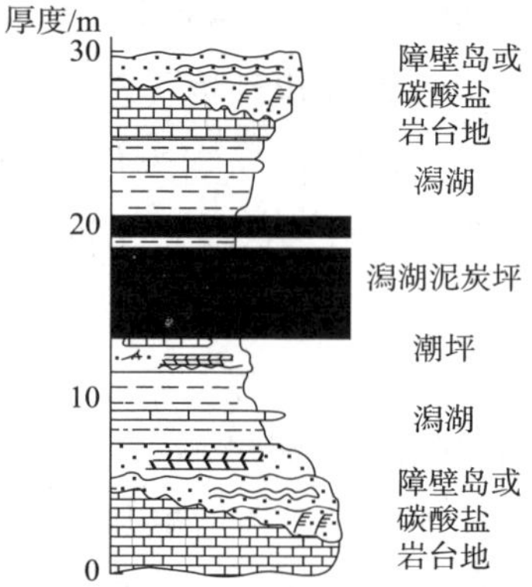

图3－15 潟湖泥炭坪聚煤环境成煤垂向序列

3)潮坪泥炭坪

潮坪泥炭坪是在广阔的潮坪及浅水潟湖中的成煤环境，是石炭系本溪组和二叠系太原组主要的成煤环境，主要分布在中央古隆起及其两侧附近地区。潮坪泥炭坪的成煤序列一般以障壁岛(堡岛)相开始，向上过渡为局限台地相、潮坪相、泥炭坪相，煤层顶板一般为泥坪相沉积(图3－16)。

2. 浅水三角洲泥炭坪

浅水三角洲(潮控三角洲)泥炭坪是发育在浅水三角洲分流间湾地区的成煤环境。三角洲体系分流河道发育，常形成多个分流间湾共存的局面，这些分流间湾的潮坪区可以同时泥炭坪化而形成面积广阔的聚煤环境，其垂向序列的底部为前三角洲相和席状砂，向上过渡为河口坝、潮汐三角洲分流河道，再向上为分流间湾及潮间坪和泥炭坪沉积，煤层往往被分流间弯相和潮坪相覆盖(图3－17)。

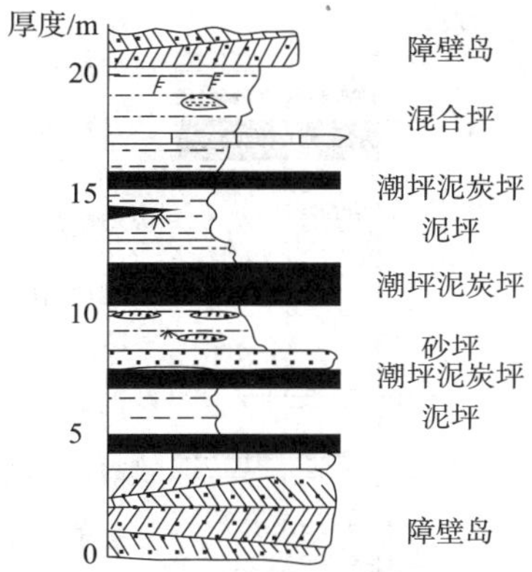

图3－16　潮坪泥炭坪聚煤环境成煤垂向序列

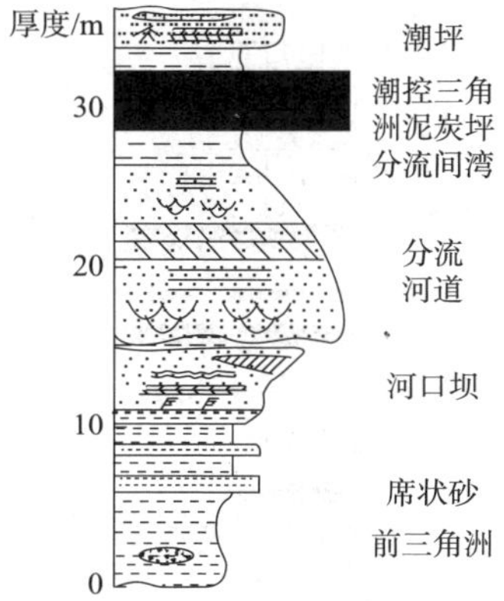

图3－17　浅水三角洲泥炭坪聚煤环境成煤垂向序列

3. 浅海陆棚相泥炭坪

1)碳酸盐岩台地泥炭坪

该种类型泥炭坪相主要发育于太原组灰岩中，是在碳酸盐岩台地潮坪基础上发育起来的聚煤环境，其垂向序列以开阔台地相或局限台地相开始，向上过渡为台地潮坪相和台地泥炭坪，煤层被碳酸盐岩潮坪或碳酸盐岩台地相覆盖(图3－18)。

煤层顶板多为台地潮坪相、陆棚相灰岩或潟湖相泥岩；煤层的直接底板多为薄层泥坪相钙质泥岩，发育水平层理，含丰富的植物化石碎片，煤层中发育钙质泥砾。在煤层的顶、底板碳酸岩中有时发育风暴沉积，并伴随风暴冲刷现象，导致煤层变薄或尖灭。

该成煤环境下的煤层主要形成于海退后的台地潮坪及生物浅滩之上，煤层层位稳定，但成煤时间短、条件差，煤层厚度较薄，灰分、硫分含量高，煤层常遭冲刷，随着海水进侵，成煤作用终止，煤层被陆棚相石灰岩或潟湖相泥岩覆盖。

2)泥质陆棚泥炭坪

该种泥炭坪成煤环境主要发育在本溪组。本溪组沉积时的古地理背景是广阔陆表海浅水泥质陆棚，海平面下降，陆棚沉积体系下的细粒沉积物露出地表，适宜生长潮汐适盐性植物，造成一定面积的泥炭堆积。

该成煤环境的成煤序列是以碳酸盐岩陆棚、障壁砂坝或泥质陆棚沉积开始，之上演变为泥炭坪，煤层顶板常常为泥质陆棚泥岩或碳酸盐岩(图3－19)。

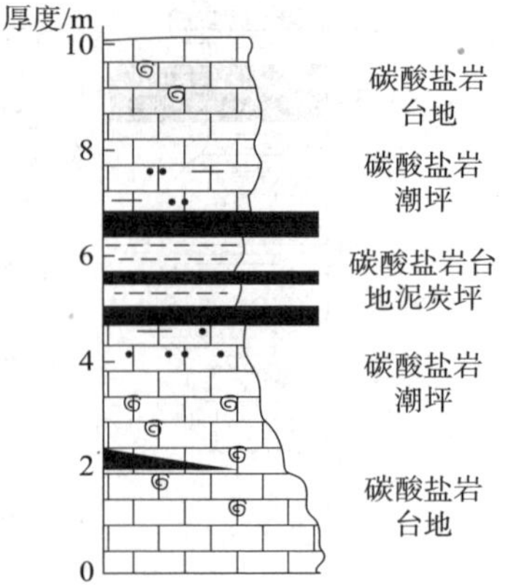

图3－18　碳酸盐岩台地泥炭坪成煤垂向序列

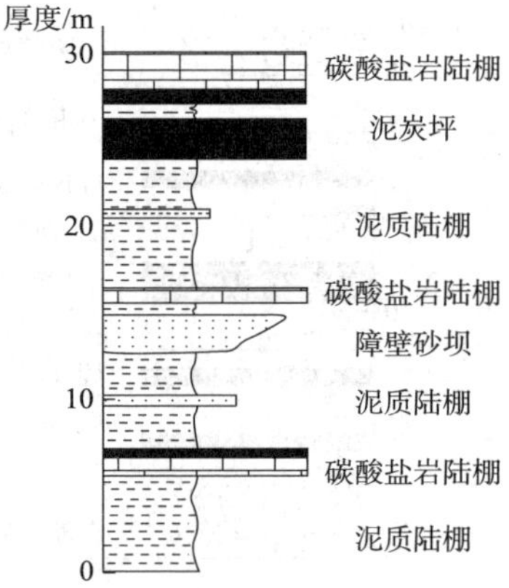

图3－19　泥质陆棚泥炭坪成煤垂向序列

泥炭堆积过程中，其形成环境多有变化，同一煤层在不用部位可形成于不同的泥炭坪中，在一定的条件下，多种类型的泥炭坪在发育的过程中，常常连为一体，形成统一广阔的成煤环境，造成大面积的泥炭堆积。

二、泥炭沼泽

（一）三角洲平原泥炭沼泽

三角洲平原泥炭沼泽是三角洲水上平原或部分水下平原的泥炭沼泽化而形成的成煤环境，随着三角洲不断向前推进，成煤作用的范围也不断扩大。该泥岩沼泽是延安组主力煤层沉积时期最重要的成煤环境，也是盆地北部山2段沉积时期主要的成煤环境之一。

三角洲平原泥炭沼泽成煤垂向序列一般为：底部由三角洲前缘分流河道砂体或分流河口砂坝相开始，向上过渡为分流间湾相或泛滥平原相，进而形成沼泽相和泥炭沼泽相，煤层之上为沼泽相及分流河道相。经详细分析、研究发现，即使同一三角洲平原沼泽聚煤环境，其成煤特点及强弱各不相同，为此，提出将侏罗系三角洲平原沼泽成煤环境进一步划分为上、中、下3部分，上三角洲平原沼泽形成的煤层总厚度大，但煤层层数多，结构复杂[图3－20(a)～(c)]；位于三角洲平原沼泽的主体的中三角洲平原沼泽聚煤作用时间长，形成的煤层厚度大，结构简单，是三角洲平原沼泽最重要的聚煤环境[图3－20(d)～(e)]；下三角洲平原沼泽形成的煤层较薄[图3－20(f)]。

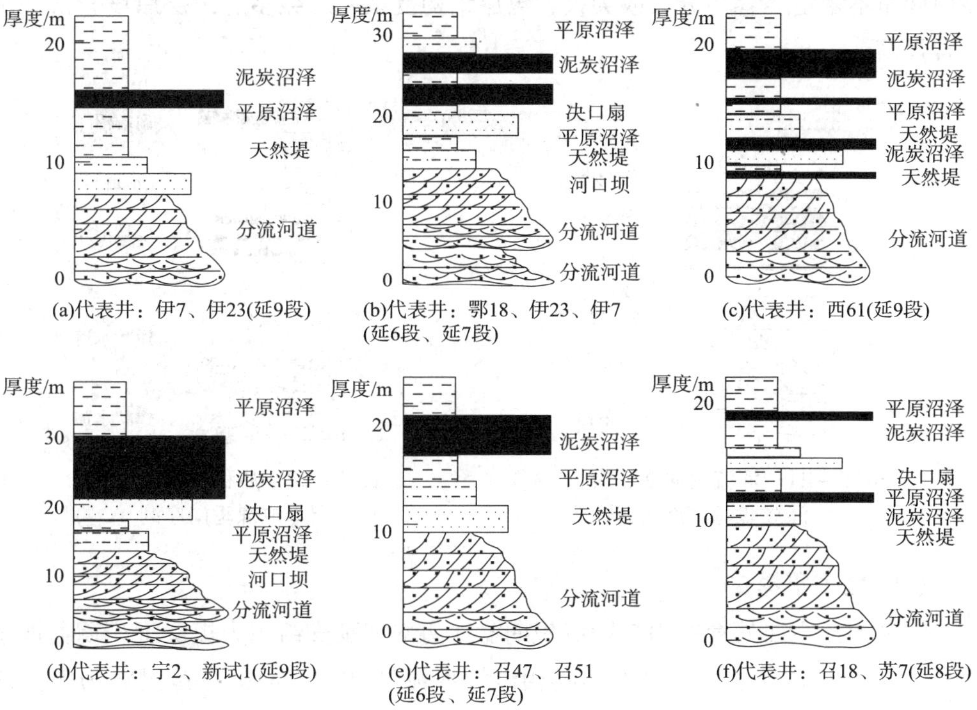

图3－20　三角洲平原泥炭沼泽成煤垂向序列

三角洲平原泥炭沼泽形成的煤层分布面积广，厚度较大，但常被分流河道冲刷，煤层结构复杂，灰分含量中—高，硫含量较低。三角洲泥炭沼泽形成的煤层镜质组含量比泥炭坪形成的煤层低。

(二)河流相河漫泥炭沼泽

河漫泥炭沼泽是鄂尔多斯盆地山西组主要的聚煤环境之一，其成煤垂向序列一般为：由河床滞留相或边滩相开始，向上过渡为河漫湖泊及河漫沼泽相，进而形成煤层。煤层往往被河漫湖泊细粒沉积物或边滩相沉积物覆盖(图3－21)。

该环境下煤层的特点为：受河道迁移作用的影响，煤层层位较不稳定，厚度变化大。

(三)冲积扇扇端泥炭沼泽

冲积扇扇端泥炭沼泽主要发育在山2段沉积时期盆地的北部边缘，是盆地北部5#煤层较重要的成煤环境，其成煤垂向序列一般为：底部由辫状水道砂体开始，向上过渡为漫流、辫状水道间和沼泽等细粒沉积，形成泥炭沼泽，进而形成煤层，煤层顶板往往为辫状水道间细粒沉积物覆盖(图3－22)。

该泥炭沼泽环境下的成煤特点是：煤层总厚度大，但受物源碎屑影响较大，横向展布不稳定，容易分叉或尖灭，煤层结构复杂，层数多、单层厚度较薄，灰分含量高。

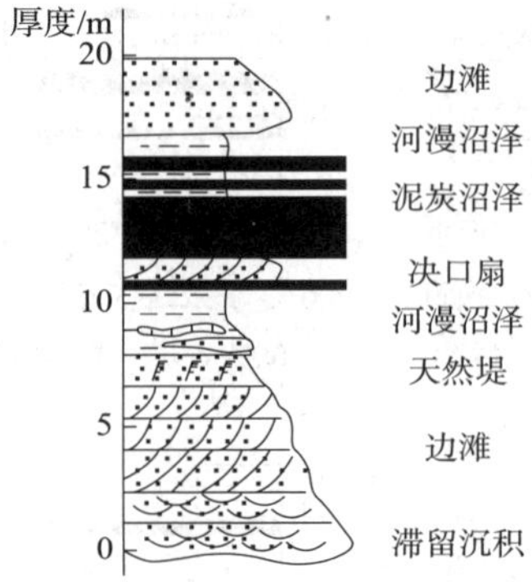

图 3－21　河流相河漫泥炭沼泽成煤垂向序列

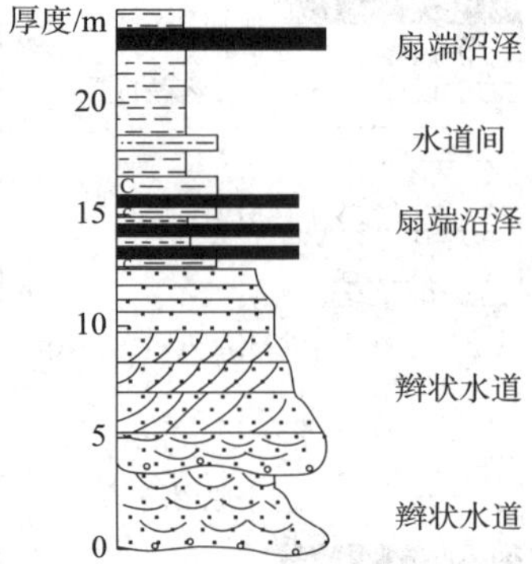

图 3－22　冲积扇扇端泥炭沼泽成煤垂向序列

(四)湖滨沼泽

湖滨沼泽主要发育在山 2 段沉积期盆地南部和延安组主力煤层沉积期盆地东南部，其成煤垂向序列一般由滨湖相砂坪或泥坪开始，向上直接过渡为泥炭沼泽，形成煤层，煤层顶板多为滨湖相沉积的砂岩或泥岩(图 3－23)。

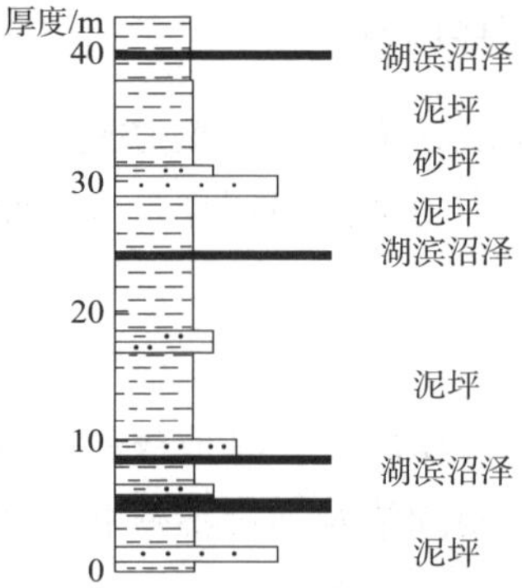

图 3－23　湖滨沼泽成煤垂向序列

该成煤环境下的煤层主要形成于湖退后的砂坪或泥坪之上，成煤时间短、层数多、单层厚度较薄，成煤作用较弱，主要受湖岸线迁移波动的影响，湖岸线扩张，成煤作用终止，煤层被浅湖相泥岩覆盖。

石炭—二叠系本溪组、太原组在陆表海障壁海岸体系和浅水三角洲背景之上发育了堡后泥炭坪、潟湖泥炭坪、潮坪泥炭坪、浅水三角洲泥炭坪、碳酸盐岩台地泥炭坪及泥质陆棚泥炭坪共 6 种聚海相泥炭坪聚煤环境，山西组主要发育冲积扇扇端泥炭沼泽、河流相河漫泥炭沼泽、三角洲平原泥炭沼泽及湖滨泥炭沼泽 4 种陆相泥炭沼泽聚煤环境。侏罗系延安组主力煤层主要发育三角洲平原泥炭沼泽聚煤环境。

第四节 主力煤层聚煤特征分析

一、主力煤层剖面展布特征及聚煤中心演化

(一)石炭—二叠系

重点分析鄂尔多斯盆地石炭—二叠系东西向和南北向煤层对比剖面以研究8#煤、5#煤的厚度变化及聚煤中心的演变。

合试1井—胜1井石炭—二叠系南北向煤层对比剖面位于盆地中东部合阳—延安—米脂—鄂尔多斯一线，该条剖面整体煤层厚度较大，反映鄂尔多斯盆地石炭—二叠纪东部聚煤作用较西部强。整条剖面8#煤层均有分布，聚煤中心主要分布在盆地北部，除宜探1井(3m)、榆6井(2m)煤层较薄之外，其他各井8#煤层均较厚，为8~13m。5#煤层厚度一般为4~6m，2~3层，夹矸均为泥岩(图3-24)。由位于盆地中西部石炭—二叠系南北向煤层对比剖面亦可看出，西部煤层与东部相比较不发育，8#煤层厚度为3~4m，一般分岔为两层，夹矸多为泥岩，5#煤层厚度一般为1.5~2.5m，聚煤中心在盆地北部，煤层最厚可达5.0m，煤层结构较好，仅在局部地区有分岔，煤层夹矸主要为泥岩和粉砂岩。

位于盆地中偏北部亥1井—LXC-005孔石炭—二叠系东西向煤层对比剖面显示，8#煤总体特点是盆地东部煤层厚度大于西部，东部煤层厚度为6~10m，西部3~5m，盆地东部煤层结构简单、稳定，至盆地中西部煤层开始分岔，一般2~3层，夹矸为泥岩、细砂岩及粉砂岩等；5#煤层中、西部煤层薄，为1~2.5m，且基本不见分岔，东部煤层稍厚，为2~6m，多见分岔，2~3层，夹矸多为泥岩，亦有部分细砂岩。5#煤层、8#煤层的聚煤中心均集中在盆地东北部(图3-25)。位于盆地中南部石炭—二叠系东西向煤层对比剖面也显示8#煤层东厚西薄，聚煤中心发育在盆地东部，厚度为8~10m，一般2层，夹矸为泥岩；5#煤层厚煤带与薄煤带相隔分布，整体煤层较薄，为2~6m，一般分岔成两层，盆地中部煤层结构较为复杂，一般分岔成3层，夹矸(层)多为泥岩，少部分为细砂岩。

(二)侏罗系

位于盆地中南部演41井—葫90井东西向煤层对比剖面显示，煤层展布特征受沉积体系控制明显，延9煤层在盆地中南部镇28井—西211井区发育，煤层分布稳定，厚度为2~4m，北部煤层不发育；延8煤层分布范围较延9广，主要分布在镇28井—西211井—庄55井—庄64井一带，煤层分布稳定，连续性较

好；延7、延6煤层分布较广，稳定性也较好，煤层有分岔，横向连续性也较好；湖盆中心分布的葫90井则无煤层发育(图3－26)。由盆地北部的东西向煤层对比剖面也可看出，盆地北部延9煤层整体厚度较小，横向分布不稳定，延8煤层分布稳定，但是单层厚度较小；延7煤层单层厚度较大，横向连续性较好，延6煤层横向连续较不稳定，但是煤层单层厚度较大，故乌审旗所在的盆地北部是延6、延7煤层发育的富集场所。

杏206井—伊6井南北向煤层对比剖面表明，延8、延9煤层在该剖面的分布特点为煤层单层厚度较小，煤层层数多，分布不稳定，而延6、延7煤层分布极稳定，煤层单层厚度较大，位于盆地北部的陕161井、陕164井是延7煤层的聚煤中心，单层厚度达7m，延6煤层的聚煤中心也主要分布在盆地北部，主要为陕164井、召18井、召47井，单层厚度为6～8m(图3－27)。该条剖面显示煤层发育特征受沉积体系控制明显，为外三角洲平原—中三角洲平原—内三角洲平原—湖泊相，延安组主力煤层厚度多经历了一个由薄变厚再减薄直至尖灭的变化过程，究其原因认为主要是外三角洲平原沼泽受物源影响严重，碎屑物质的输入导致煤层的聚煤作用终止或煤层的分岔，造成该聚煤环境下煤层总厚大，但煤层层数多，结构复杂，单层煤厚较薄；而内三角洲平原沼泽或湖滨沼泽又受湖平面变化的影响显著，湖水频繁的进退可终止聚煤作用的发生，使该环境下形成的煤层聚煤时间短、强度弱，煤层厚度小，该沉积体系分布的区域不能形成大而稳定的聚煤厚带；相比之下广泛分布的中三角洲平原区远离物源，受湖水影响较小，为聚煤作用长期稳定发育的场所。盆地西部延安组南北向煤层对比剖面也显示，从南向北延9煤层单层厚度逐渐减小，但煤层层数局部地区增多；延8煤层以盆地中部(池205井及其附近地区)为界，界线以南单层煤层厚度大，以北煤层层数增多，单层厚度减薄；延7、延6煤层全盆地均有分布，北部富集；延9至延6煤层，聚煤中心从南向北迁移。

综上分析，认为侏罗系延安组目的煤层展布具有两大特点：纵向上，延8、延9煤层在盆地南部发育，延7、延6煤层在盆地北部富集，并具有由南向北随层位的抬升主力煤层层位升高的趋势；横向上，煤层厚度北厚南薄，西厚东薄，富煤中心沿天环向斜沉降中心分布。各主力煤层中延9煤层的厚度稳定性比延6、延7、延8煤层均好，南北、东西向分布的范围广。主力煤层的分布受沉积相带控制作用显著，富煤带均远离湖泊区，愈靠近湖泊，煤层愈薄甚至尖灭。此外，各主力煤层沉积时期因古河道对煤层的冲刷而导致煤层减薄的现象十分普遍。

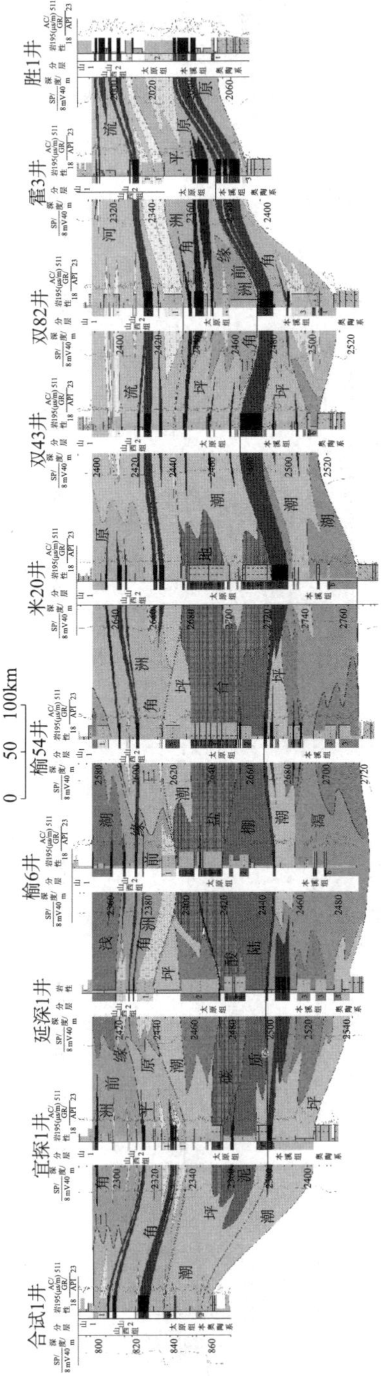

图3-24 鄂尔多斯盆地合试1井—榆54井—胜1井石炭—二叠纪南北向沉积相及煤层对比剖面图

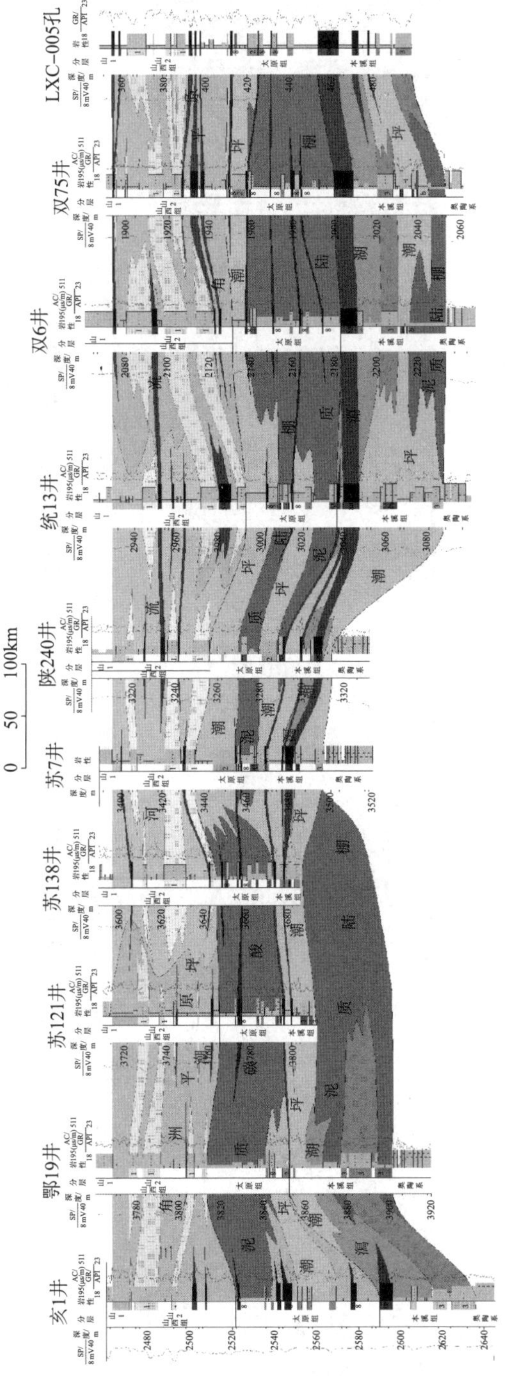

图3-25 鄂尔多斯盆地亥1井—LXC-005孔石炭—二叠纪东西向沉积相及煤层对比剖面图

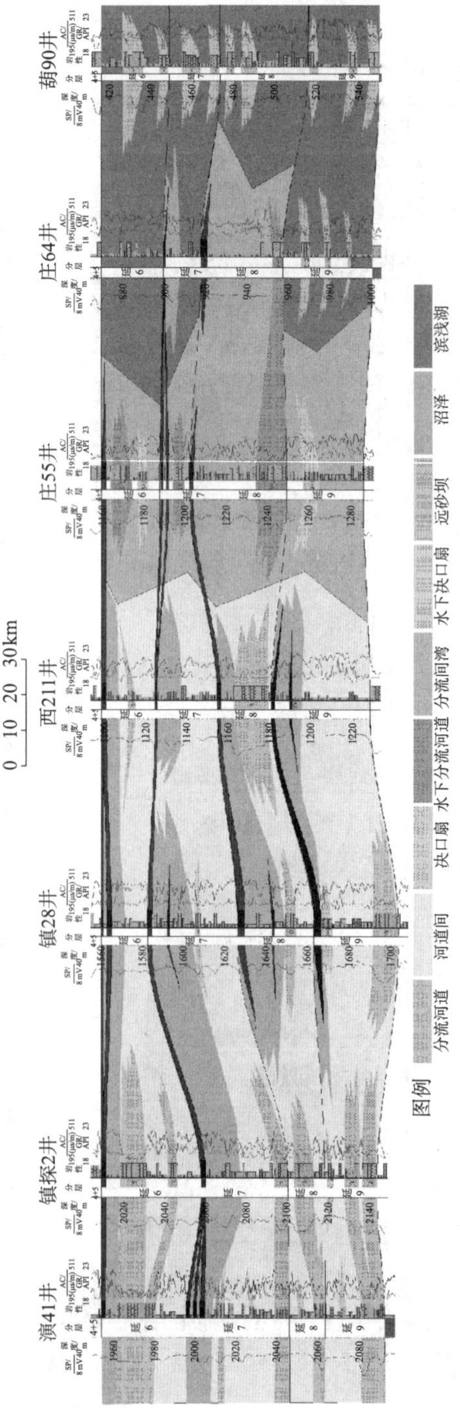

图 3-26　鄂尔多斯盆地演 41 井—庄 55 井—葫 90 井侏罗纪延安期沉积相及煤层对比剖面图

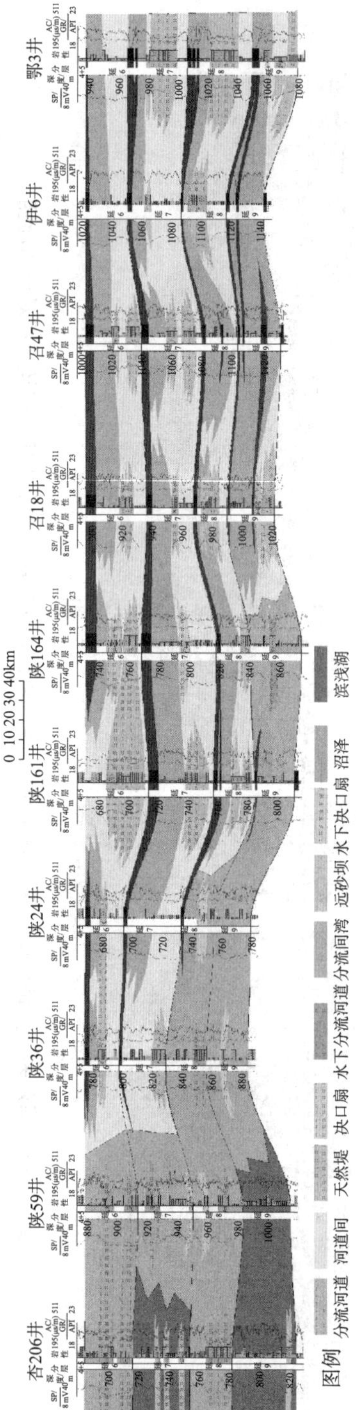

图 3-27　鄂尔多斯盆地杏 206 井－陕 164 井－鄂 3 井侏罗纪延安期沉积相及煤层对比剖面图

二、主力煤层平面展布特征

(一) 石炭—二叠系

本溪组 8#煤层厚度为 0 ~ 25m，准格尔旗、保德、临县、吉县、韩城 5 个地区的单层厚度均在 4m 以上，最大厚度分布在准格尔旗，达 25m；西部乌海地区单层厚度均在 5 ~ 10m。8#煤层除了中央古隆起北侧的吴探 1 井—杭锦旗—伊 23 井—伊 27 井—伊 5 井一线以北以及南侧平凉—环县—华池—新耀 2 井一线以南缺失外，在全盆地主体均有分布。8#煤层主要发育在盆地东部区域，聚煤中心在鄂尔多斯—伊金霍洛旗—榆林—神木一线之间，为大的富煤单元，煤层厚度大于 10m。该煤层分布的基本规律是东厚西薄、北厚南薄，并在河东煤田分岔成 3 个煤层，夹在 4 层砂体及扒楼沟灰岩(吴家峪灰岩)、庙沟灰岩之间，分布规律为自北而南、自西而东分岔、尖灭，8#煤层分岔主要是由于三角洲平原上的分流河道的侧向迁移、泥炭堆积的不均衡造成的。总体来看，煤层厚度等值线在盆地中北部呈 NE 向展布，在南部略呈 SN 向展布。在中央古隆起存在若干小范围的煤层缺失区，可能是无沉积区域，也可能是后期冲刷所致，在盆地东部的临县北，存在紫金山火山岩体，为无煤区[图 3 – 28(a)]。

山西组山 2 段底部 5#煤层厚度为 0 ~ 12m，平面展布以厚煤带局部富集为特点。东部准格尔旗、保德、临县、吉县、韩城 5 个地区的单层厚度均在 2m 以上，最大厚度为 4 ~ 12m。西部乌海—乐 1 井—任 1 井一带，单层煤层厚度均为 4 ~ 6m。5#煤层在鄂尔多斯盆地分布比较广，除盆地北部桌子山—地鄂 3 井—伊 23 井—伊 4 井—鄂 1 井—吴探 1 井一线以北，盆地南部灵台—正宁—耀县一线以南外，盆地其他部位均有分布。一般厚度为 2 ~ 4m，但厚度大于 10m 的区块比较小，仅在盆地北部杭锦旗南、盆地东北部的河曲—保德之间有小范围分布。聚煤区主要在三角洲发育区，特别是三角洲平原与前缘区，煤层厚度自北东向南西、自北西向南东均明显变薄直至尖灭。煤层分布特征、富煤带展布与三角洲体系的展布特征吻合，煤层变薄方向与沉积体系古流向一致。但是，煤层在西部和东部均出现分岔，一般分岔为两层。5#煤层位于北岔沟砂岩顶部，渭北及河东南部形成于三角洲体系，河东中、北部形成于河流体系顶部，到准格尔煤田与 6#煤层合并成一巨厚煤层[图 3 – 28(b)]。

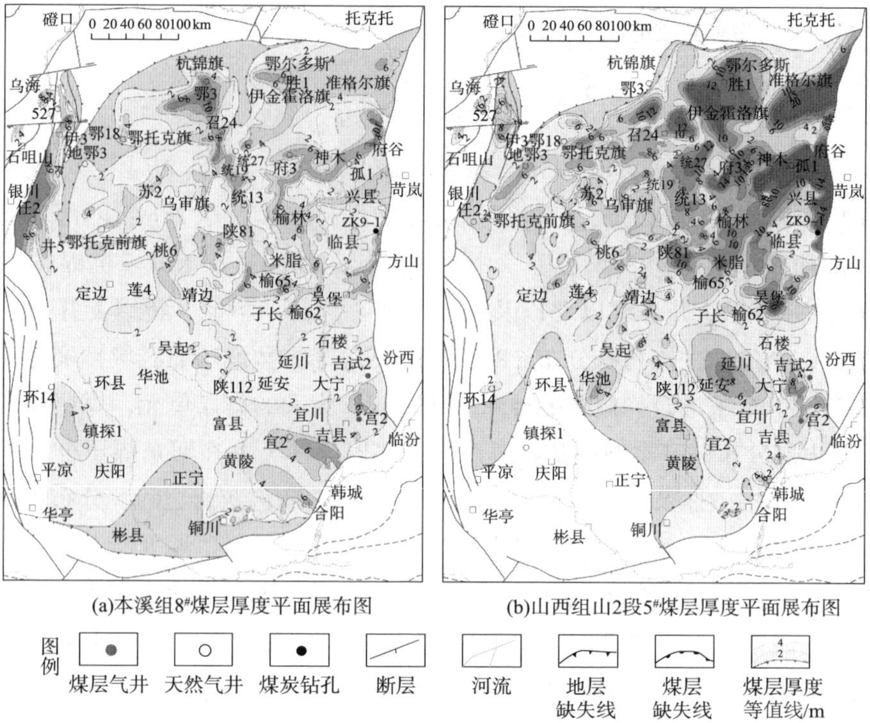

(a)本溪组8#煤层厚度平面展布图　(b)山西组山2段5#煤层厚度平面展布图

图3－28　鄂尔多斯盆地石炭—二叠系主力煤层厚度平面展布图

(二)侏罗系延安组

延9煤层总厚度为0～16m，煤层分布特征与延6、延7、延8煤层相反，呈北薄南厚的特点，且以镇探2井—里56井—庄55井—庄64井—葫90井为界南北分带，在盆地西南部镇28井—庆阳—合水—新试1井—长14井—正11井一带煤层厚度最大，单层厚度大于6m，在彬长矿区的局部地段，该煤层厚度可达23m，一般为5～10m；在盆地北部主要发育两个聚煤厚度带和一个富煤中心，即克1井—伊8井—布1井和伊金霍洛旗—府3井两个聚煤厚度带，富煤中心位于井5、苏2、罗17井区，单层煤厚度为4～8m。其余地区煤层厚度较薄。榆林—靖边—吴旗—延安一带为无煤区，与延8相比煤层变化不大，但总体看来，该煤层不但单层厚度大，横向分布的范围比延6、延7、延8广，煤层稳定性均好于上述煤层。因此，延9煤层是盆地侏罗系煤层气勘探的5个主力煤层中的重点[图3－29(a)]。

延8煤层厚度为0～10.5m，在盆地西南、北部两端厚度较大，一般厚度均大于4m，其他地区煤层厚度均小于4m。与延6、延7煤层相比，分布面积缩小，且以黄 114 井—池 205 井—元 158 井—新 10 井为界南北分带，在盆地北部的杭锦旗、乌审旗、鄂 17 井发育 3 个富煤中心，单层煤厚度为 6 ~ 10m；盆地南部的环县及正 16 井附近发育两个富煤中心，单层厚度为 4 ~ 6m。延 8 期的无煤区范围进一步扩大，延 6、延 7 形成面积很大的无煤区，在延 8 向北、西、南方向扩大，延 8 煤层受甘陕古河道的冲刷作用更显著。煤层横向连续性较延 6、延 7 煤层差，局部发育小型无煤带[图 3 - 29(b)]。

延 7 煤层平面变化趋势与延 6 煤层相似，煤层厚度为 0 ~ 9.5m，大于 4m 的地区在盆地北部的伊 7 井—苏 100 井区、乌审旗地区、海 1 井—鄂 17 井区及盆地南部的环县、合水地区 5 个富煤中心，及伊 26 井—召 47 井—苏 138 井南北向的一个聚煤带。与延 6 煤层相比，延 7 煤层厚度中心偏西、偏南，无煤区分布的范围比延 6 有所扩大，除了盆地中部的米 18 井—吴起—华池—宁县一带，还有盆地北部鄂 2 井区、胜 1 井区、盆地的西北部及盆地南部。盆地北部煤层的横向连续性比延 6 好[图 3 - 29(c)]。

延 6 煤层厚度为 0 ~ 9m，该煤层单层厚度为北厚南薄，厚度大于 4m 的地区主要位于鄂托克旗、乌审旗、伊金霍洛旗及井 2—井 5 井区一带，形成 4 个富煤中心。在盆地南部的环县—合水间一带，延 6 煤层厚度为 3 ~ 5m，其他地区延 6 煤层较薄，盆地北部的克 1 井—布 1 井区，西南部的镇 4 井—庆阳地区、米 18 井—吴起—华池—宁县一带为无煤区。盆地北部延 6 煤层的横向连续性较好，在厚度大于 2m 线的大面积内仅有几个小范围的无煤区，而盆地南部的无煤区范围较大[图 3 - 29(d)]。

综上所述，尽管含煤岩系在全盆地普遍发育，且厚度变化有限，但煤层都有明显的变化，最醒目的特点是盆地中部的三延(延安、延长、延川)一带无煤层聚积。煤层在平面上的总体分布与盆地的坳陷形态一致，聚煤区围绕盆地沉降中心(三延无煤区)呈环带状展布，煤层层数、厚度及横向变化规律等在盆地不同部位，往往表现出不同特点。盆地南部仅发育 1 层主要煤层，且位于含煤岩系最下部。煤层不论平面分布、结构均明显受三叠系顶部古剥蚀面形态的控制；厚度最大、结构最简单、灰分产率最低的煤层位于古洼地轴部，从古洼地向古高地过渡煤层变薄直至尖灭。盆地北部神木东胜地区，延 9 煤层发育齐全，厚度最大的主要可采煤层位于含煤岩系上部。煤层以平面分布广、厚度变化小、灰分产率低为突出特点。盆地西部以煤系厚度大、煤层层数多、单层厚度小、常见分岔合并现象为主要特征。

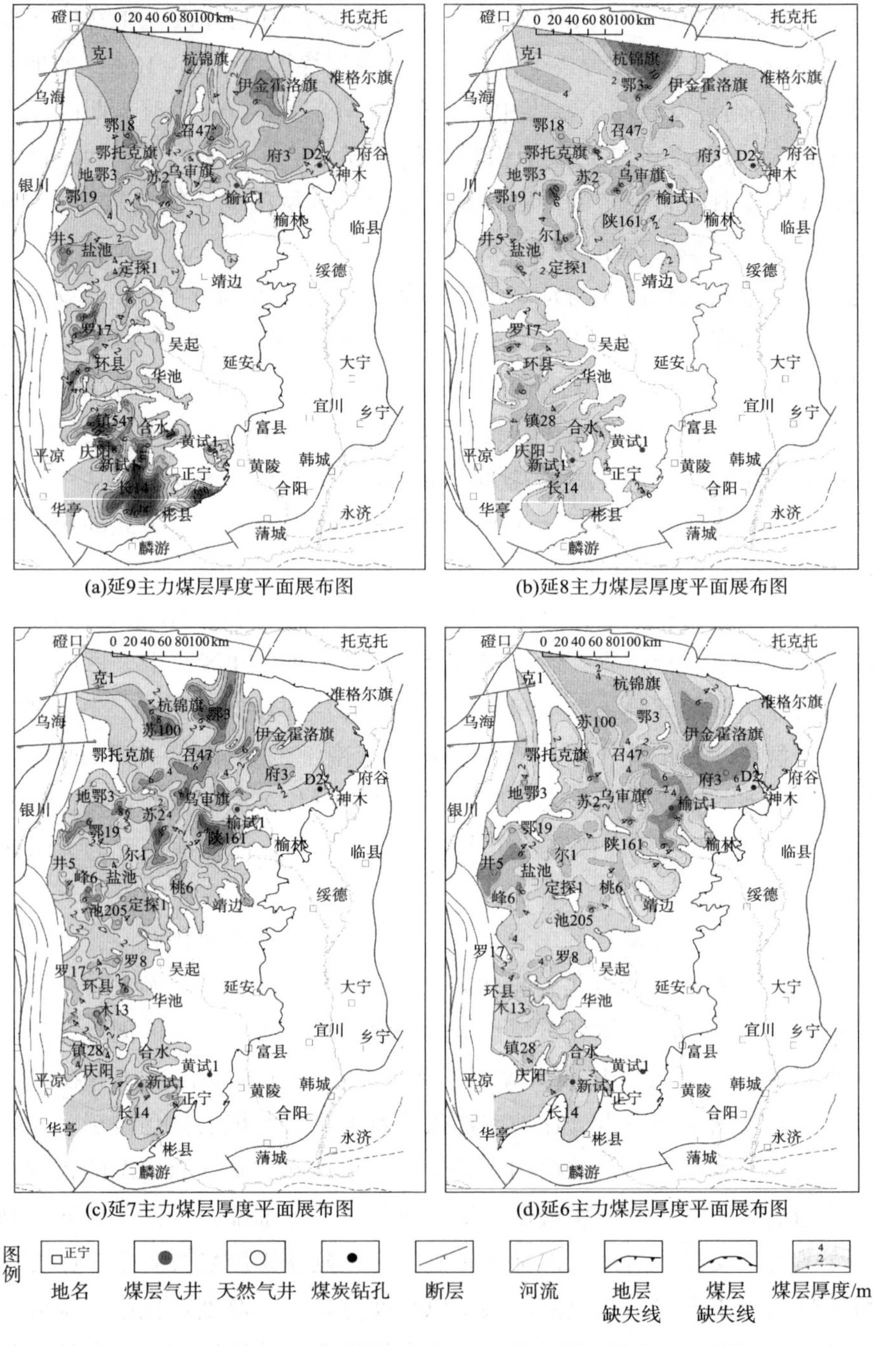

图3－29　鄂尔多斯盆地侏罗系延安组主力煤层厚度平面展布图

综上所述，石炭—二叠系主力煤层厚度中心集中在盆地东缘，分布规律受沉积体系控制明显，山西组5#煤层厚度自北东向南西、自北西向南东均明显变薄直至尖灭，煤层分布特征、富煤带展布与三角洲体系的展布特征吻合，煤层变薄方向与沉积体系古流向一致；本溪组 8#煤层东、西两侧厚中间薄、北厚南薄，并自北而南、自西而东分岔、尖灭。侏罗系煤层在全盆地普遍发育，平面上的总体分布与盆地的坳陷形态一致，聚煤区围绕盆地沉降中心呈环带状展布，延 8、延 9 煤层在盆地南部庆阳—黄陵地区发育，延 7、延 6 煤层在盆地北部乌审旗地区富集，主力煤层层位有由南向北随层位的抬升而升高的趋势；主力煤层的分布受沉积相带控制显著，富煤带均远离湖泊区，越靠近湖泊，煤层越薄甚至尖灭。

第五节 聚煤模式

一、障壁海岸聚煤模式

障壁海岸成煤环境主要发育在石炭系本溪组和二叠系太原组，主要由成因上共生的多个沉积系统组成，常包括平行海岸分布的障壁岛、障壁岛后的潟湖及靠近陆缘的潮坪沉积环境，煤层主要形成于潟湖泥炭坪、堡后泥炭坪、潮坪泥炭坪环境中(图 3－30)；其中潟湖泥炭坪分布较广泛，可与堡后泥炭坪和潮坪泥炭坪连接。而且，受海水进退及盆地演化的影响，堡后泥炭坪可与潮坪泥炭坪连接，因此，障壁海岸成煤环境可形成分布面积大、层位稳定、厚度较大的煤层。

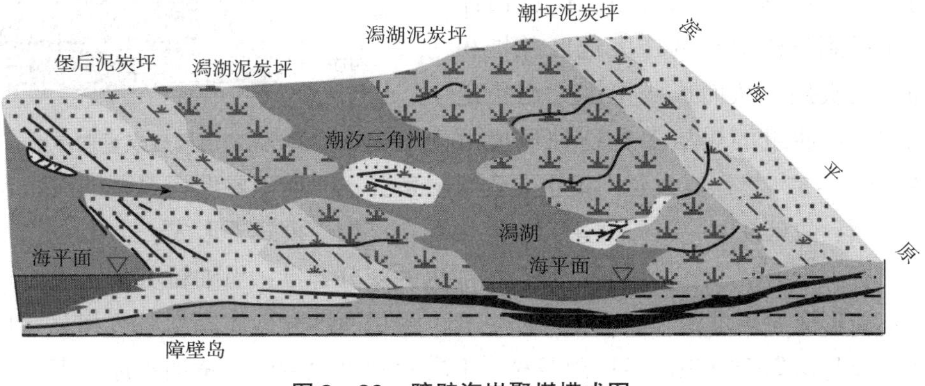

图 3－30 障壁海岸聚煤模式图

二、浅水三角洲聚煤模式

浅水三角洲在泥炭形成过程中，由于海水在涨潮时可以通过分流河道进入该体系，反映其格局是一种受潮汐作用影响下的三角洲平原分流河道—潮道混合水

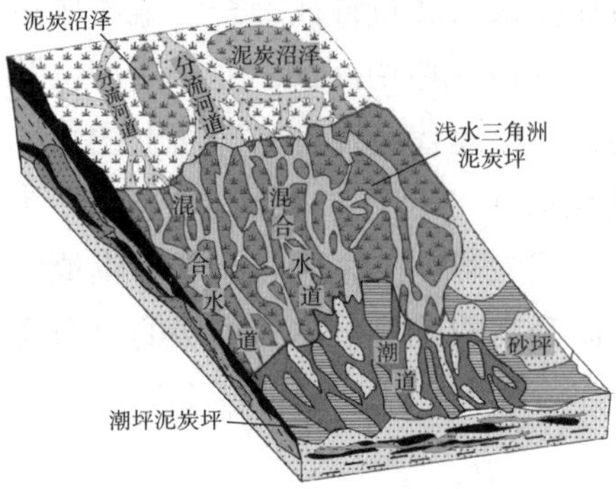

图 3－31　浅水三角洲聚煤模式图

道，但主要为陆上淡水条件下沉积，有多条分流河道在港湾内汇聚，形成三角洲平原—潮坪混合的以泥炭坪成煤为主的聚煤模式(图 3－31)。

浅水三角洲受潮汐和河水双重作用影响明显，分流河道沉积与河道间泥炭沼泽、泥炭坪沉积密切共生的关系为泥炭坪的持续发育创造了有利条件，形成较厚且分布稳定的煤层。

三、河流—三角洲聚煤模式

山西组主要为河流—三角洲沉积，主要聚煤场所是岸后的泥炭沼泽微相，废弃河道充填沼泽为次要聚煤场所。岸后泥炭沼泽多位于泛滥盆地的低洼处及远离河道处，停滞水体占优势，并长期保持稳定，陆生高等植物大量生长发育。沉积物供应少或者无沉积物供应，有机质迅速堆积而沉积面持续地被水覆盖，很少发生氧化，这对于泥炭层的堆积是十分有利的。在适宜的条件下，岸后沼泽可以扩展到泛滥盆地的广大地区并堆积广布的泥炭层，从而形成厚度大而稳定的煤层，山西组的煤层多在这种环境下生成(图 3－32)。侏罗系延安组主要含煤层系沉积时期主要发育典型的浅水台地型三角洲，故延 9 井—延 6 井主力煤层也均在该聚煤模式下形成。

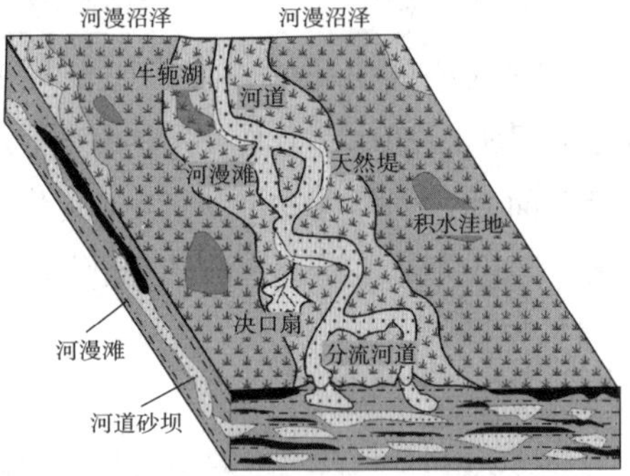

图 3－32　湖滨沼泽成煤垂向序列

当有少量的沉积物供应时，则会增加煤的灰分含量；当细粒沉积物供应丰富时，不能形成泥炭堆积，而形成炭质泥岩。煤层厚度与砂体厚度呈负相关，且煤层的形成与富集受沉积体系控制明显，上三角洲平原—中三角洲平原—下三角洲平原及湖滨区，煤层厚度由薄变厚再变薄直至浅湖区尖灭。

笔者首次按成煤特点将其进一步划分为上、中、下 3 部分，并指出以中三角洲平原沼泽成煤环境最好。主力煤层的分布受沉积相带控制作用显著，石炭—二叠系主力煤层厚度中心集中在盆地东缘，侏罗系延安组主力煤层延 8、延 9 煤层在盆地南部庆阳—黄陵地区发育，延 7、延 6 煤层在盆地北部乌审旗地区富集。

第四章　煤层气的气源岩特征

煤层气的气源岩特征主要包括煤的岩石学组成特征、煤岩化学特征及煤岩成熟度特征，气源岩是煤层气生成的物质基础，同时也是影响煤层储集条件的客观因素，从而对煤层气的富集过程和结果产生影响。

第一节　煤层的岩石学特征

一、煤岩类型及分布特征

(一) 宏观煤岩类型

根据煤层中宏观煤岩成分的组成及煤层剖面上的相对平均光泽强度将鄂尔多斯盆地宏观煤岩划分为光亮型煤、半亮型煤、半暗型煤和暗淡型煤 4 种类型。

1. 光亮型煤

光亮型煤主要由镜煤和亮煤组成，镜煤和亮煤的含量大于 75%，多为均一状结构，光泽强，眼球状断口[图 4－1(a)]，内生裂隙发育，性脆、易碎；镜下主要为各种镜质组分(含半镜质组)，含量可达 80% 以上。

2. 半亮型煤

半亮型煤主要为亮煤夹镜煤构成的条带、透镜体和线理，可见暗煤和丝炭构成的断续状线理，条带状结构为其特征[图 4－1(b)]，镜煤和亮煤的含量为 50%～75%，光泽比光亮型煤暗，阶梯状断口，内生裂隙发育；镜下镜质组含量可达60%～80%。

3. 半暗型煤

半暗型煤镜煤和亮煤的含量为 25%～50%，主要由暗煤夹亮煤条带或镜煤线理以及丝质薄层或透镜体组成，光泽较暗，一般为黑色，带有轻微的褐色，沥青光泽，丝炭碎片显丝绢光泽[图 4－1(c)]，条带或线理状结构为其特征；镜下镜质组含量为 40%～60%，为鄂尔多斯地区主要宏观煤岩类型。

4. 暗淡型煤

暗淡型煤镜煤和亮煤的含量小于25%，主要由暗煤组成，有时可见少量的镜煤线理，沿层面可见零乱的大量炭化植物残体碎块，构成丝炭薄层；光泽暗淡，呈黑色，略具轻微灰色色调，土状光泽或丝绢光泽；常具板状节理，有时呈块状构造，致密坚硬[图4－1(d)]；镜下镜质组含量小于40%，惰质组和矿物质含量相对较高。暗淡型煤的煤质一般很差，灰分含量通常大于30%。

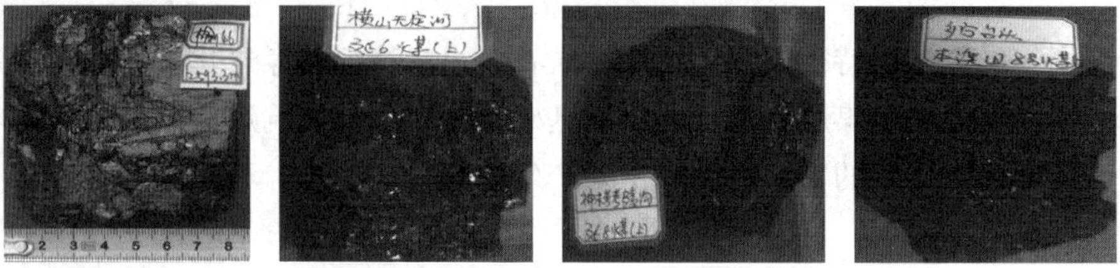

(a)榆46井,2593.3m,太原组,光亮型煤　(b)横山无定河剖面,延6,半亮型煤　(c)神木考考乌素沟剖面,延8,半暗型煤　(d)乡宁台头剖面,本溪组,8#煤，暗淡型煤

图4－1　鄂尔多斯盆地宏观煤岩类型

(二)宏观煤岩类型的分布特征

1. 石炭—二叠系

鄂尔多斯盆地石炭—二叠系煤岩成分仍以镜煤、亮煤、暗煤和丝炭为主，腐殖煤为主要成因类型，未见腐泥组分。石炭—二叠系宏观煤岩类型，中东部地区和西部地区有明显的区别，从表4－1宏观煤岩类型统计可以看出，中东部地区宏观煤岩类型以光亮型煤为主，其次为半亮型煤，半暗型煤比例很小。其中光亮型煤占58.8%～74.1%，半亮型煤占22.2%～41.2%，两者加起来占90%以上，未见暗淡型煤(表4－1)。

表4－1　鄂尔多斯盆地石炭—二叠系宏观煤岩类型统计表　　%

地区	层位	光亮型煤占比	半亮型煤占比	半暗型煤占比	暗淡型煤占比
中东部	山西组5#	58.8	41.2	—	—
	本溪组8#	74.1	22.2	3.7	—
西部	山西组—本溪组	—	16.2	16.7	66.7

西部任家庄一带宏观煤岩类型以暗淡型煤为主，约占总含量的66.7%，其次为半亮型煤和半暗型煤，后两者加起来仅占32.9%。纵向上宏观煤岩类型稍有变化，上部山西组光亮型煤占58.8%，略低于本溪组(74.1%)。

2. 侏罗系

侏罗系延安组的宏观煤岩类型，无论全盆地还是局部地区的统计结果

(表4-2)均表明，半亮型煤和半暗型煤均为鄂尔多斯盆地的主要宏观煤岩类型，其总含量均占70%以上，光亮型煤和暗淡型煤占30%以下。

表4-2　鄂尔多斯盆地侏罗系延安组宏观煤岩类型统计表　%

采样地区	光亮型煤占比	半亮型煤占比	半暗型煤占比	暗淡型煤占比	备注
全盆地	15.4	36.5	34.6	13.5	本次样品取自陕西煤田地质局185队统计
汝箕沟	7.2	42.0	41.0	9.8	
陕西榆神府地区	12	41.6	42.3	5.1	

1)东胜区

宏观煤岩类型以半暗型煤为主，占41%~77%，次为半亮型煤，占10%~31%，暗淡型煤少于15%，光亮型煤少见。在平面上，从北(唐公沟)向南(后石屹台)，半亮型煤含量增高，半暗型煤含量降低。

2)陕北区

宏观煤岩类型较复杂。陕北煤田如延4+5煤层以半亮型煤为主，占49.56%~76.43%，其次为半暗型煤，一般为22.42%~33.71%，暗淡型煤及光亮型煤含量较少。而延9和延10煤则以半暗型煤为主，占46%~57%，次为暗淡型煤和半亮型煤。黄陇煤田延9煤层在店头地区以半亮型煤和半暗型煤为主，暗淡型煤次之。南部边缘彬县则以半暗型煤和暗淡型煤为主，夹有少量半亮型煤或光亮型煤条带。

3)宁夏区

宏观煤岩类型以半暗型煤和暗淡型煤占优势，占70%~80%，多在煤层底部分布有半亮型煤和光亮型煤，占20%~30%。

延安组宏观煤岩类型分布特征表明：盆地边缘以半暗型煤和暗淡型煤为主，向盆地中部方向，各层煤的光泽逐渐增强，并逐渐过渡为半暗型煤和半亮型煤。

二、煤岩的显微组分与分布特征

(一)煤岩的显微组分特征

参照国际焰煤的显微组分分类(Estack，1982)，显微镜下煤岩成分通常划分为镜质组、惰质组、壳质组3大有机显微组分组，各显微组分组可根据形态和结构的不同再分出若干显微组分，显微组分组又可细分成显微亚组分及显微组分两种，并由其组合成各种显微煤岩类型(表4-3)。

表 4－3　国际烟煤显微组分分类

显微组分组	显微组分	显微亚组分
镜质组	①结构镜质体；②无结构镜质体；③碎屑镜质体	①结构镜质体 1；②结构镜质体 2；③均质镜质体；④胶质镜质体；⑤基质镜质体；⑥团块镜质体
稳定组(壳质组)	①孢子体；②角质体；③树脂体；④藻类体；⑤碎屑体等	
惰质组	①微粒体；②粗粒体；③半丝质体；④丝质体；⑤菌类体；⑥碎屑惰质体等	①火焚丝质体；②降解丝质体；③直菌丝质体

1. 镜质组

镜质组是指植物的木质纤维组织受凝胶化作用转化形成的显微组合的集合。依其植物组织结构保存的程度分为结构镜质体、无结构镜质体、碎屑镜质体；结构镜质体和无结构镜质体为该组的主要组分，并决定其显微特征，碎屑镜质组分的含量很少。根据细胞结构的保存完好程度，结构镜质体又可分为结构镜质体 1［图 4－2(a)］和结构镜质体 2［图 4－2(b)］。无结构镜质体又分出四个亚组分，即基质镜质体［图 4－2(c)］、均质镜质体［图 4－2(d)］、胶质镜质体、团块镜质体。

2. 壳质组(稳定组)

壳质组分由于化学性质比较稳定，不易被细菌等微生物破坏、分解，故又称稳定组。壳质组分含大量脂肪族成分，故有人称为类脂组。壳质组包括孢子体［图 4－2(e)］、角质体［图 4－2(f)］、木栓质体、树皮体、树脂体、藻类体、荧光体、沥青质体、渗出沥青体和碎屑壳质体(壳屑体)［图 4－2(g)］等显微组分。

3. 惰质组

惰质组是煤中常见的显微组分，因其在结焦过程中不软化、呈惰性而得名。惰质组可分出丝质体［图 4－2(h)～(i)］、半丝质体［图 4－2(j)］、粗粒体［图 4－2(k)］、微粒体、菌类体［图 4－2(l)］和碎屑惰质体(惰屑体)等显微组分。惰质组分的成因有多种：植物遗体在缺水多氧的环境下，经氧化而形成；森林火灾，植物不完全燃烧也可形成；泥炭表层被真菌等微生物腐解；强烈的煤化作用也可使各种组分惰质化。

4. 矿物质

矿物质是煤中的无机显微组分，煤中常见的矿物质主要为黏土类和硫化物类矿物，其次为碳酸盐岩类、氧化物类。鄂尔多斯地区最常见的有黄铁矿［图 4－2(m)］、黏土矿物[图4-2(n)]、石英、方解石及磷铁矿[图4-2(o)]。

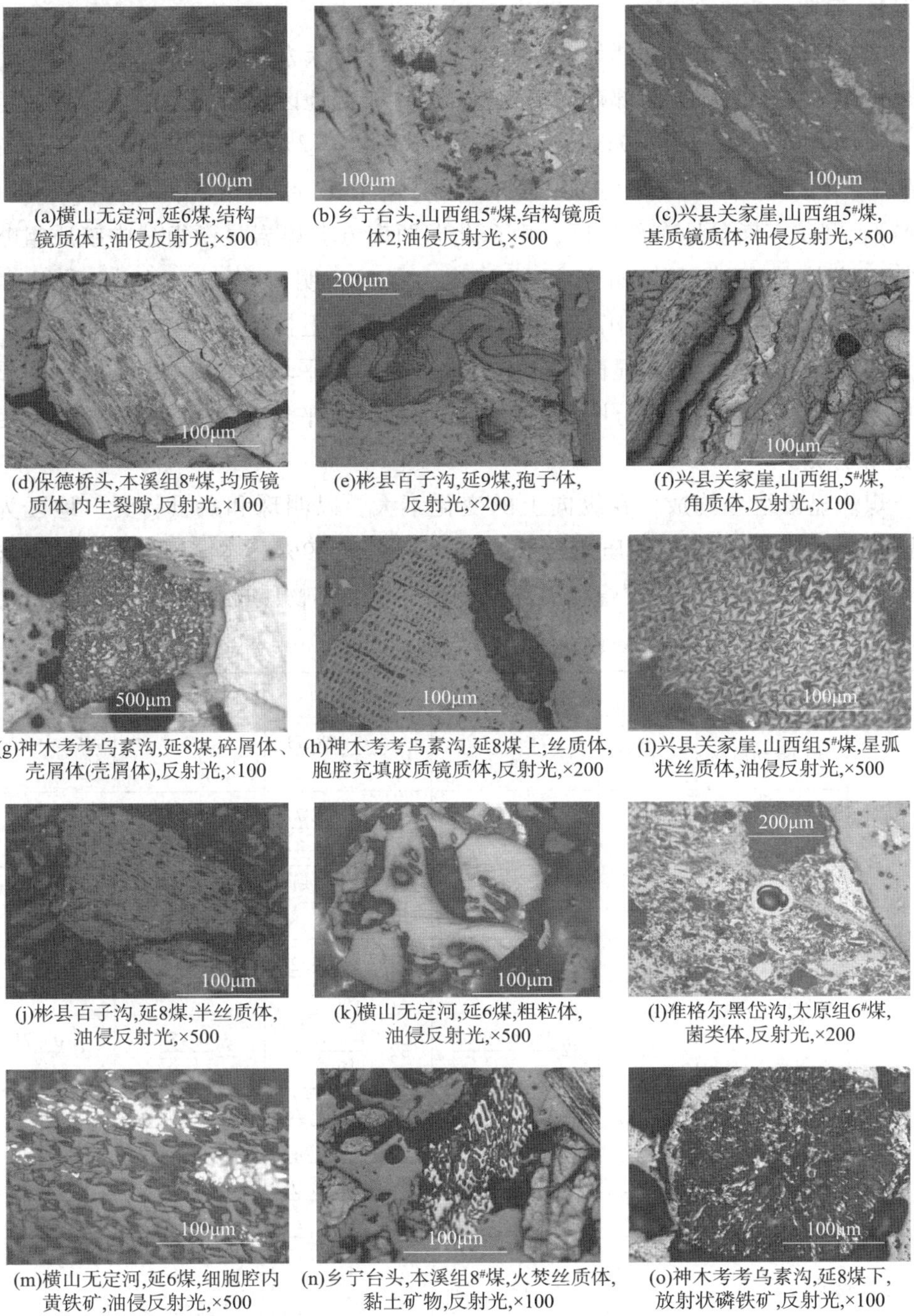

(a)横山无定河,延6煤,结构镜质体1,油侵反射光,×500
(b)乡宁台头,山西组5#煤,结构镜质体2,油侵反射光,×500
(c)兴县关家崖,山西组5#煤,基质镜质体,油侵反射光,×500
(d)保德桥头,本溪组8#煤,均质镜质体,内生裂隙,反射光,×100
(e)彬县百子沟,延9煤,孢子体,反射光,×200
(f)兴县关家崖,山西组,5#煤,角质体,反射光,×100
(g)神木考考乌素沟,延8煤,碎屑体、壳屑体(壳屑体),反射光,×100
(h)神木考考乌素沟,延8煤上,丝质体,胞腔充填胶质镜质体,反射光,×200
(i)兴县关家崖,山西组5#煤,星弧状丝质体,油侵反射光,×500
(j)彬县百子沟,延8煤,半丝质体,油侵反射光,×500
(k)横山无定河,延6煤,粗粒体,油侵反射光,×500
(l)准格尔黑岱沟,太原组6#煤,菌类体,反射光,×200
(m)横山无定河,延6煤,细胞腔内黄铁矿,油侵反射光,×500
(n)乡宁台头,本溪组8#煤,火焚丝质体,黏土矿物,反射光,×100
(o)神木考考乌素沟,延8煤下,放射状磷铁矿,反射光,×100

图4-2 鄂尔多斯盆地煤岩显微组分特征

(二)煤岩的显微组分分布特征

1. *石炭—二叠系*

大量统计资料表明，鄂尔多斯盆地上古生界石炭系本溪组和二叠系山西组煤岩显微组分在中东部与西部存在较大差异，中东部地区煤岩显微组分以镜质组为主，平均含量为78.4%～94.45%；其次为惰质组(丝炭)，平均含量为5.55%～66.7%，稳定组平均含量为0～1.7%。根据1997年研究结果表明(王可仁，1997)，鄂尔多斯盆地东部地区，由东北向西南方向煤岩显微组分中镜质组略有增加，该趋势仍存在，如东部的神木—府谷、明珠等地区的镜质组含量(87.88%～88.58%)低于中部苏里格庙地区的镜质组含量(94.45%)。

西部任家庄一带煤岩显微组分构成中，镜质组平均含量为59.54%，明显低于中东部地区，而惰质组分明显高于中东部地区，平均含量达38.92%，稳定组约为4.07%。

煤岩显微组分构成，在纵向上的变化不大，以明珠和兴县—交口地区为例(表4-4)，山西组煤岩镜质组含量为78.4%～88.99%，本溪组煤岩镜质组含量为79.4%～87.88%，两层煤相差无几。两层煤的矿物质也相对较低。

表4-4　鄂尔多斯盆地石炭—二叠系煤岩显微组分定量结果表　%

地区		层位	镜质组含量	惰质组含量	稳定组含量	矿物质含量
中东部	神木—府谷	C—P	16 $\frac{71.29\sim95}{88.58}$	16 $\frac{5.0\sim28.71}{11.42}$		
	明珠	P	26 $\frac{73.2\sim99.3}{88.99}$	26 $\frac{4.5\sim17.77}{9.65}$	26 $\frac{0\sim9.2}{0.99}$	
		C	22 $\frac{80.5\sim99.3}{87.88}$	22 $\frac{1\sim19.5}{11.07}$		
	兴县—交口	P	34 $\frac{57\sim94.6}{78.4}$	34 $\frac{4.2\sim35.2}{16.52}$	34 $\frac{0\sim13.4}{1.7}$	34 $\frac{0.2\sim14.0}{3.3}$
		C	32 $\frac{44.8\sim97.2}{79.4}$	32 $\frac{1.4\sim42.2}{16.7}$	32 $\frac{0\sim8.2}{0.85}$	32 $\frac{0\sim21.6}{3.1}$
	苏里格庙	C—P	3 $\frac{88.74\sim98.21}{94.45}$	3 $\frac{1.79\sim11.26}{5.55}$		3 $\frac{11.2\sim21.8}{16.27}$
西部	任家庄	C—P	6 $\frac{42.15\sim87.93}{59.54}$	6 $\frac{27.06\sim53.76}{38.92}$	6 $\frac{0.2\sim6.06}{4.07}$	

2. *侏罗系*

鄂尔多斯盆地侏罗系延安组低变质烟煤广泛分布，其显微组分镜质组、惰质组、壳质组(V、I、E)的光性特征在镜下界限清晰可辨，以往沿用传统的五分法即镜质组、半镜质组、半丝质组、丝质组、壳质组(J、BJ、BS、S、W)，能更确切反映鄂尔多斯地区煤的特点，过渡性半镜质组和半丝质组含量高，丝质组含量极低，是西北地区早侏罗世煤与其他时代煤的不同之处。

从图 4－3 可清楚地看出延安组煤层的显微煤岩组分平面分布特征，延安组煤岩镜质组含量为 34.8% ~86.4%，平均为 60.1%，其中富氢的基质镜质体含量为 1.8% ~40.0%，平均为 18.3%；惰质组含量变化幅度也较大，平均为 24.2%，平面上从盆地周缘到盆地中部镜质组含量增大。

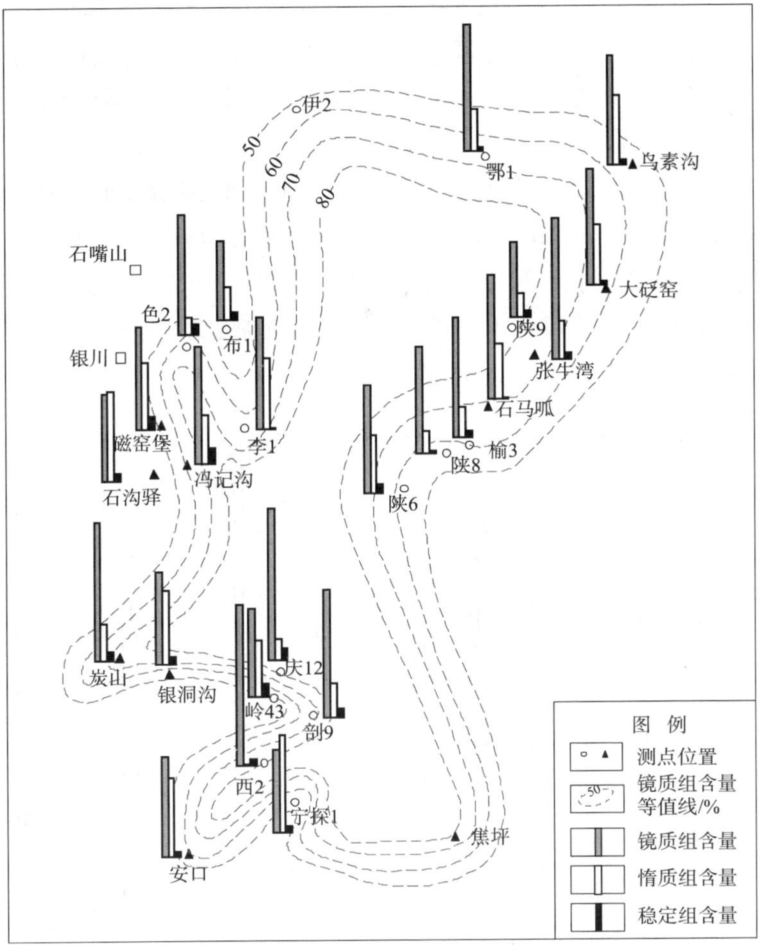

图 4－3　鄂尔多斯盆地侏罗系延安组煤层显微组分平面分布图

鄂 1 井和布 1 井延 7 顶煤的形成环境分别为平原沼泽和分流河道间，前者的镜质组含量(68.6%)高于后者的镜质组含量(43.0%)。由剖 9 井和庆 12 井显微组分分析结果为延 8 顶煤的显微组分含量分析可知：剖 9 井位于三角洲前缘，三角洲废弃后在三角洲前缘间湾环境下形成煤层，其镜质组含量较高，为68.4%；而庆12井为河道间洼地沉积，大部分时间处于还原环境，其形成的煤层镜质组含量高达81.8%。岭43井和榆3井延9顶煤的镜质组含量分别为48.2%和65.0%，分别位于三角洲分流河道废弃和湖湾废弃环境。扫描电镜下，岭43井镜质体中含嵌入状高岭石，进一步证明煤层形成于酸性氧化环境。综上所述煤岩显微组分含量与沉积环境或沉积期的氧化—还原环境密切相关，形成在洪泛平原、分流河道废弃环境中的煤镜质组含量最低，如银洞沟、石沟驿、宁探1井、岭43井、磁窑堡、安口等地区，镜质组含量一般小于50%；其次为三角洲前缘分流间弯沼泽化环境，镜质组含量为50%~70%，如剖9井；而分流河道间洼地或泛滥盆地、湖湾等环境下形成的煤中镜质组含量较高，一般大于70%，如庆12井、张牛湾等地区。

陕北煤田中，垂向上，由下而上，镜质组分逐渐减少，而丝质组分相对增加；平面上从北部、西部和南缘向盆地中心煤岩显微组分含量逐渐增加，明显呈环带状分布。同一煤层中北部神府区的镜质组含量低于西南部榆横区，而丝质组含量相反；黄陇煤田延9煤，由北部向南部边缘镜质组含量大幅度降低，而丝质组则大幅度增加，二者呈消长关系(图4-4)。

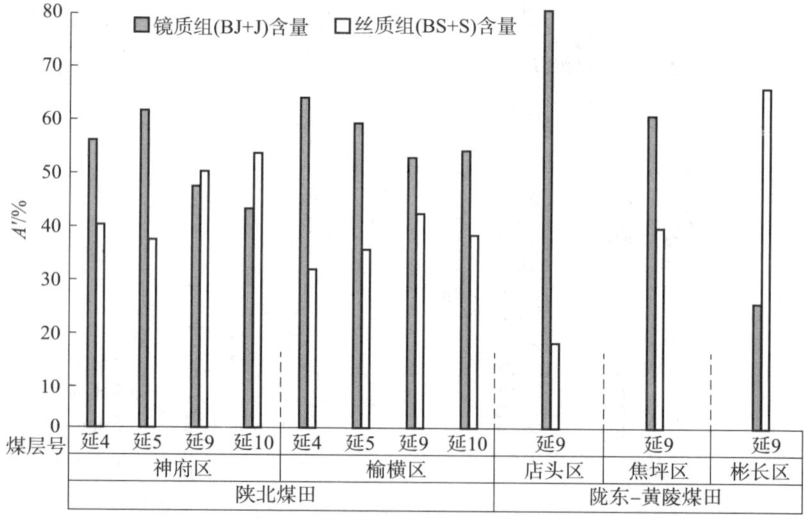

图4-4 陕北延安组主要煤层镜质组、丝质组含量图

延安组煤岩显微组分变化特征与其聚煤期的沉积环境密切相关。延安组聚煤期的沉积环境以浅水湖泊和浅水三角洲平原沼泽为主，地壳缓慢下降、沉积过补偿或均衡补偿、处于弱还原条件。水体较深的湖湾、泛滥盆地或河间洼地、三角洲间湾环境中沉积的煤层镜质组含量较高，从显微组分垂向变化推断，延安组聚煤期沉积环境的还原性由早到晚呈弱—强—弱的变化趋势。

第二节 煤岩的化学特征

一、石炭—二叠系

选取鄂尔多斯盆地西部横山堡地区和神府地区部分钻孔样品进行工业分析，同时收集了大宁—吉县、吴堡和明珠地区的现有工业分析资料(表4-5)。统计资料表明，石炭—二叠系煤岩水分含量一般较低，平均含量为0.26%~3.10%，横向变化不明显，低成熟样品水分稍高，煤中水分含量的增高对甲烷的吸附有不利影响。

表4-5 石炭—二叠系主力煤层煤岩工业分析资料统计表 %

地区	井号	主力煤层编号及发育层位	水分含量	灰分含量	挥发分含量
大宁—吉县	楼1井	5#	0.92	7.60	29.40
		8#	0.45	8.00	30.10
	蒲1井	5#	2.25	10.16	29.41
		8#	3.10	8.40	32.70
吴堡	榆5井	5#	0.28	17.25	11.30
		8#	0.36	7.85	20.20
	榆12井	5#	0.26	21.75	19.75
		8#	0.08	3.45	19.90
神府		C—P	0.47	34.49	17.26
横山堡任家庄		C—P	1.14	28.49	30.42
明珠	明珠矿区	5#	1.03	23.46	20.99
		8#	0.98	23.04	21.86

煤岩灰分含量变化较大，为3.45%~34.49%。在工业利用上，灰分含量小于10%称特低灰煤，灰分含量为10%~15%称低灰煤，灰分含量为15%~25%称中灰煤，灰分含量25%~40%为富灰煤，灰分含量大于40%称高灰煤。从表4-5统计资料可以看出，大宁—吉县地区属特低灰煤分布区，吴堡、明珠地区山西组煤质属特低

灰煤，本溪组煤为中灰煤。神木—府谷地区和西部横山堡地区属富灰煤分布区。

以往的研究表明，东部地区煤岩灰分含量由西北向东南方向减小的趋势仍然存在。

总体上，鄂尔多斯地区煤质较好。5#煤灰分含量变化大，横向变化规律明显，总的趋势为由北东向西南方向灰分含量降低。以柳林为界，其南部地区煤岩灰分含量均小于10%，属于特低灰分煤分布区；以柳林北部离石—佳县为界，其北东方向为富灰分煤分布区，西南方向为低—中灰分煤分布区；总体反映陆相煤层的沉积特征。除府谷、扒娄沟灰分含量比5#煤含量高外，8#煤灰分含量变化范围明显缩小，灰分含量为2.85%~16.65%，尽管大宁—韩城一带8#煤灰分含量普遍比5#煤含量稍高，但总体属于低灰分煤，反映陆表海潮坪—潟湖环境煤层性质相对稳定的特点。

5#煤和8#煤的挥发分含量差别较小，变化规律相似，但每个煤层挥发分含量横向变化规律明显，整体东西分带性明显，总的趋势是挥发分含量由东北向西南方向、由东向西随着镜质组含量的增加和镜煤反射率的增大而呈逐渐降低的趋势。以5#煤为例，府谷—保德一带挥发分含量为40.97%~43.27%，至南部牛家卯矿、离石、交口、蒲县、乡宁一带，挥发分含量降至27.5%~38.25%；由府谷—保德向西南方向的榆林、佳县、米脂、吴堡和绥德地区，挥发分含量为11.3%~22.3%，这说明鄂尔多斯盆地从东北向西南煤化作用增高，与下面分析的镜煤反射率的变化规律一致。

煤岩挥发分随煤化程度增高而降低的规律性十分明显，可用以估计煤的种类，而且挥发分测定方法简单、快速、易于标准化，所以我国和世界各国的煤工业分类均采用挥发分作为第一分类指标。但是挥发分含量不仅受热演化的影响，还受煤岩显微组分构成和矿物质的影响。如煤中稳定组的挥发分最高，其次为镜质组，而丝质组最低。由于其组合不同，在同一演化阶段，挥发分也会产生差异。矿物质影响主要表现在矿物质分解和化合水析出等。因此，用挥发分评价热演化是一种粗略的指标。

鄂尔多斯盆地太原组煤以中硫为主，其次为富硫，全硫含量主要为1.88%~3.86%；盆地西缘普遍以全硫含量大于2.5%的富硫煤为主，其次为中硫，仅苏峪口及正义关矿区等个别地区为低硫煤呈零星分布；宁夏太原组煤层中，全硫以有机硫为主，其次为黄铁矿硫；内蒙古全硫普遍以中硫为主，部分地区出现富硫煤，全硫以黄铁矿硫为主，而有机硫次之；陕西太原组煤以中硫为主，极少数地区有富硫煤，全硫以黄铁矿硫为主，有机硫次之；山西境内太原组全硫总体变化趋势为东低西高，北低南高。在河东煤田北部以全硫为主，呈北东—南西向高低相间的带状分布。鄂尔多斯盆地山西组煤以低硫—特硫为主，中硫次之，全硫普遍较低，全硫以黄铁矿硫为主，有机硫次之，硫酸盐硫含量极少；全硫在平面展布上呈东低西高、北低南高的趋势。

鄂尔多斯盆地石炭—二叠纪煤大多为低磷煤，磷含量较低，为0.01%～0.05%，少部分为特低磷煤。

二、侏罗系

鄂尔多斯盆地延安组以低级烟煤为主，该类煤的主要化学指标变化均较大，水分含量为1.13%～20.47%，灰分含量为2.30%～33.97%，挥发分含量为20.97%～47.48%，全硫含量为0.06%～8.02%，发热量为11.19～34.62MJ/kg，碳含量为66.72%～89.75%，氢含量为3.11%～6.35%（表4－6），反映煤质在时空上有明显变化，这是由沉积环境的多样性所决定的。但是从主要含煤区及主要可采煤层的分析结果来看，该类煤的基本性质均较稳定，而且大部分具有四低三高的特性，即低中灰、低硫、低磷、低灰熔融性；高挥发分、高发热量、高二氧化碳转化率。

表4－6 鄂尔多斯盆地侏罗系延安组主要煤层工业分析结果

主要矿区	水分含量/%	灰分含量/%	挥发分含量/%	碳含量/%	氢含量/%	氧含量/%	氮含量/%	硫含量/%	磷含量/‰	发热量/(MJ/kg)
榆神府	1.93～13.32	2.95～22.69	28.84～41.25	80.20～85.76	3.72～5.52	8.18～13.87	0.70～1.22	0.16～2.73	0.01～0.72	29.47～34.18
横山	2.34～6.54	4.43～17.24	35.80～40.94	80.55～83.04	5.14～5.62	9.90～11.55	1.06～1.39	0.56～3.95		32.88～33.82
黄陵	1.13～3.33	9.27～22.06	24.97～35.20	83.77～86.12	4.82～5.27	7.57～10.56	0.94～1.48	0.29～0.89		33.17～34.62
焦坪	3.71～14.03	5.77～26.03	31.43～40.29	79.44～83.34	3.11～6.35	9.43～12.47	1.30～1.55	0.27～1.83		32.41～32.52
彬县	1.26～9.65	8.09～28.07	25.46～45.48	66.72～89.75	4.22～6.16	4.18～15.90	0.29～1.35	0.15～8.02		28.35～33.70
华亭	4.78～12.68	5.39～30.70	27.05～45.32	75.74～82.19	4.10～5.46	12.07～16.73	0.65～1.28	0.06～1.90	0.03～0.06	23.36～31.30
碎石井	1.43～20.47	2.30～33.97	20.97～47.48	67.27～83.28	3.43～5.90	10.97～17.06	0.57～1.46	0.09～5.15	0.01～2.89	11.19～31.14

从盆地区域分布看，东北部东胜煤田、西北部宁东煤田及西南部华亭煤田，水分含量平均在9%以上；东南部黄陇煤田较低，水分含量平均在4.5%以下；陕北煤田水分含量在6%左右，平面上水分的分布同样具有从盆地中部向南、西和北方向逐渐升高的趋势。

陕北煤田主要煤层灰分产率为2.06%～37.88%，平均为7.36%～10.63%。总体来看，该煤田西南边缘榆横地区的灰分产率偏低，向东北神府地区的灰分产率有逐渐增高的趋势；黄陇煤田延9煤的灰分产率为3.3%～38.8%，平均为15.23%～20.80%，变化趋势明显，灰分产率高于陕北煤田（图4-5）；店头矿区北部煤灰分产率属于低灰及局部特低灰，矿区南部边缘则属于中灰煤；焦坪矿区中、低灰煤分布于矿区中部，富灰煤则分布于北部；彬长矿区以中、低灰煤为主，局部为富灰煤。盆地延安组煤的灰分以特低灰为主，中灰次之，富灰仅分布于局部地区，总体上从盆地中心向边缘方向灰分含量具有增高的趋势。

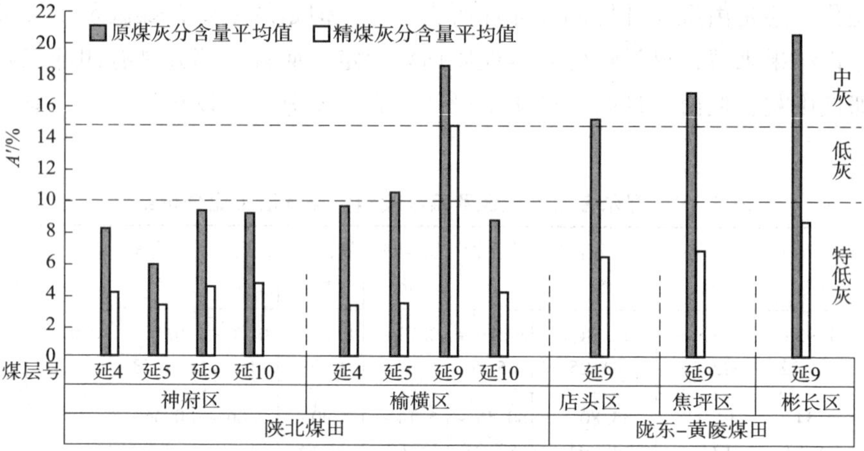

图4-5 鄂尔多斯盆地侏罗纪延安组主要煤层灰分平均含量图

由于在盆地周边北部、西部和南部的东胜煤田、宁东煤田和彬长煤田，形成了较为典型的不黏结煤，因而在周边各煤田的挥发分产率比盆地中心低，也因此在鄂尔多斯盆地出现了从盆缘向盆地中心煤的挥发分产率和发热量呈增高的趋势。

盆地内延安组主要煤层硫含量为0.12%～6.4%，平均为0.42%～1.79%，煤中硫（干基）含量多在1.0%～1.5%，属于低硫和特低硫范围。中硫煤主要分布在盆地西缘宁夏汝箕沟、王洼及马家滩、碎石井和盆地南部陕西彬长矿区和焦坪矿区与店头局部地区，以及东胜北部的局部地区。在神府、榆横矿区个别层位也较发育中硫煤。全硫以黄铁矿硫为主，有机硫次之，硫酸盐硫含量很低。从延安组剖面可以看出，中硫煤集中分布在盆地北部下含煤段、中含煤段及盆地南部下含煤段。这些煤组中发育的煤层其下伏往往为湖相沉积，而上覆岩层多与河流冲积物有关。同样中生代煤亦绝大部分为特低磷煤和低磷煤，仅在陕西店头矿区出现中磷煤，其含量为0.12%。

第三节　煤层的煤阶及热演化特征

一、煤层的煤阶

煤阶是衡量煤岩热演化程度的重要参数，常用煤的镜质体反射率(R_o)指标划分煤阶。对于煤阶的划分方案不同学者各有差异，表4－7是国内外煤层气研究中普遍使用的煤阶划分标准。

表4－7　根据 R_o 划分煤阶的国内外对照表　　%

煤阶(据 Lincoln Paterson，1990)	R_o	国内划分	R_o
泥炭	<0.15	褐煤	<0.5
软褐煤/褐煤	0.15～0.35	长焰煤	0.5～0.7
暗褐煤/亚烟煤	0.35～0.45	气煤	0.7～0.9
亮褐煤/亚烟煤	0.45～0.65	肥煤	0.9～1.2
高挥发分烟煤	0.65～1.1	焦煤	1.2～1.5
中挥发分烟煤	1.1～1.5	瘦煤	1.5～1.9
低挥发分烟煤	1.5～1.9	贫煤	1.9～2.5
半无烟煤	1.9～2.5	无烟煤	>2.5
无烟煤	2.5～4.0		
超无烟煤	>4.0		

二、煤层的热演化

(一) 石炭—二叠系

按上述煤阶划分标准，鄂尔多斯盆地本溪组、山西组煤阶属肥煤、焦煤、瘦煤、贫煤，且以焦煤、瘦煤占优；R_o为1.1%～2.5%，两个目标区煤的热演化程度均由东向西增大。煤岩热演化程度与深成变质作用呈镜像关系，即随煤层埋深的增加，R_o值增大。从该层系煤岩的变质程度来看，煤变质程度越高，甲烷生气量越大，煤层气解吸率越高，这也是石炭—二叠系煤层气地质选区优于侏罗系的有利条件之一。

8#煤镜煤反射率曲线展布与5#煤变化大体相似，不同的是富县热演化中心继续向北向延深1井、榆6井方向扩大，呈反"L"状展布，该区热变质成因与区域热变质有关，总体受最大沉降埋深控制(图 4－6)。

5#煤变质程度由东向西、由北向南逐渐升高，以韩城—佳县—神木为界，东部地区煤阶分布总体呈东西向展布，由武家山—扒楼沟一线向西煤阶展布跨越长焰煤、气煤、肥煤、焦煤、瘦煤和贫煤 6 个煤阶；韩城—佳县—神木以西，煤阶呈东西向展布，由伊金霍洛旗向南至富县，煤阶展布为肥煤、焦煤、瘦煤、贫煤、无烟煤，热演化中心位于富县—宜川一带，该带向南煤阶又逐渐降低(图 4－7)。

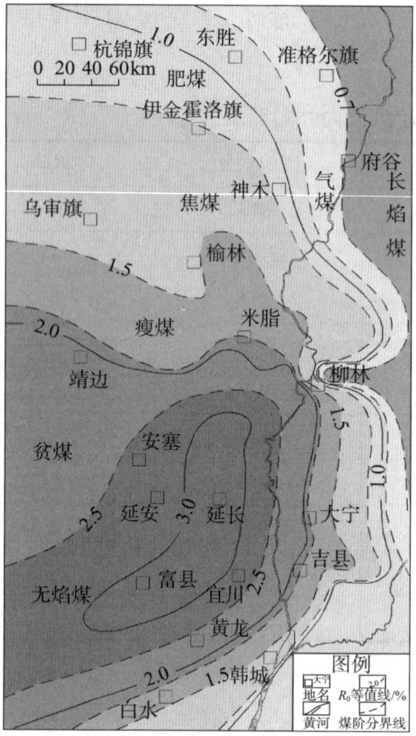

图 4－6　鄂尔多斯盆地东部 8#煤热演化程度图

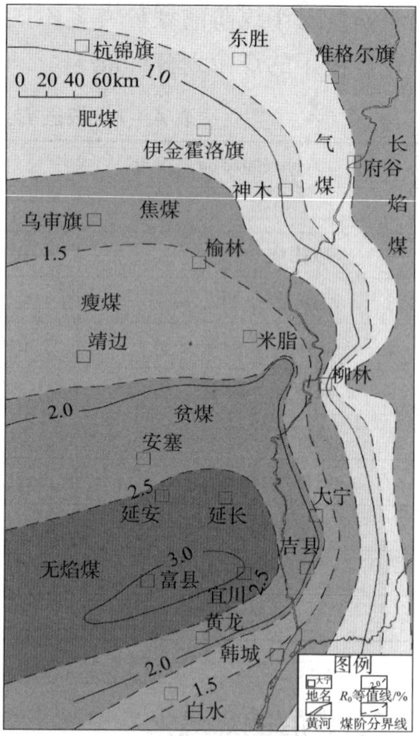

图 4－7　鄂尔多斯盆地东部 5#煤热演化程度图

(二)侏罗系

延安组煤的热变质作用以区域深成热变质作用为主，因此，受煤层埋深规律的影响，煤化程度具有盆地周缘低、中间高的特征，热演化程度整体较低，R_o为 0.41%～1.07%，煤阶相当于褐煤、长焰煤、气煤和肥煤，属于亚烟煤和高挥发分烟煤。合水—宁县地区煤的 R_o为 0.65%～0.9%，从东向西，随着煤层埋深的增加，R_o增大；黄陵地区煤的 R_o为 0.6%～0.8%，仍然具东低西高的特征，广大区域的煤阶为气煤、肥煤。从两个目标区 R_o的平面分布来看，合水—宁县地区的变质作用受深成变质作用的影响明显，而黄陵地区煤除受深成变质作用的影响外，还与区域热变质作用有关，原因是在该区东边的张家村—白石村一带，煤层埋深仅为200～300m，R_o高达0.6%以上，这可能与该区南部的断裂发育有关，底部地层的热流沿断层上窜，烘烤上部煤层，加速其演化程度。

第四节　煤层气的生成机制

一、煤层气的生成过程

植物体埋藏后，经过微生物的生物化学作用转化为泥炭(泥炭化作用阶段)，泥炭又经历以物理化学作用为主的地质作用，向褐煤、烟煤和无烟煤转化(煤化作用阶段)，在煤化作用过程中，成煤物质发生了复杂的物理化学变化，挥发分含量和含水量减少，发热量和固定碳含量增加，同时也生成了以甲烷为主的气体。煤化作用经历两个过程，即生物成因过程和热成因过程，生成的气体分别称为生物成因气和热成因气(表4-8)。

表4-8　生物成因和热成因煤层气产生的各阶段与R_o对照表(据Scott，1994)

煤层气产生阶段	R_o/%
原生生物成因甲烷生成阶段	<0.30
早期热成因阶段	0.50～0.80
最大量的湿气生成阶段	0.60～0.80
强热成因甲烷开始产生阶段	0.80～1.00
凝析油开始裂解成甲烷阶段	1.00～1.35
最大量的热成因甲烷生成阶段	1.20～2.00
大量湿气生成的最后阶段	1.80
大量热成因甲烷生成的最后阶段	3.00
次生生物成因甲烷生成阶段	0.30～1.50

在成煤演化作用最初阶段，处于氧化环境的有机质在喜氧细菌的分解作用下，开始腐烂分解，尽管此时有机质十分丰富，但生成的气体以氧化物为主，且都逸散至大气中。当有机质进入隔氧层以后，在厌氧细菌的作用下，形成Eh<0的地球化学环境，此时有机质被保存堆积，形成泥炭层，并在细菌的分解下可生成原生生物成因甲烷，但由于泥炭化作用阶段，盖层地质条件主要为裸露的地表

水，气体容易扩散到大气中，因此，在该阶段生成的甲烷等气体绝大部分无法保存。

进入褐煤阶段仍然生成生物成因甲烷，由于褐煤 R_o 小于 0.50，本身可以作为储层，由于基底沉降使得地温达到 50℃或更高，又可生成一定数量的生物成因甲烷和少量热成因甲烷，在盖层岩性为厚层泥岩或其他致密岩层的条件下，可以储集形成一定规模的甲烷气藏。如抚顺盆地煤层煤阶主要为长焰煤和气煤，但煤层厚度平均可达 50m，且顶板直接为巨厚的油页岩，使得褐煤阶段生成的甲烷被封存在煤层中，因此，煤层气含量（5.55～15.23m^3/t，平均为 9.23m^3/t）高于同煤阶煤层的煤层气含量（张新民等，2001）；再如美国粉河（Powder River）盆地，煤层单层厚度达 67m，总厚度为 118m，$R_{o(max)}$ 为 0.3%～0.4%，成为美国煤层甲烷达到商业开采中最低的煤阶，这说明煤层厚度大的低煤阶煤层中也可以富集成藏。由泥炭形成褐煤主要是经细菌分解和发酵，减少二氧化碳，生成甲烷，其过程为：

$$4C_{16}H_{18}O_5(\text{泥炭}) \xrightarrow{50\sim70℃，\text{细菌}} C_{57}H_{56}O_{10}(\text{褐煤}) + 4CO_2 + 3CH_4(\text{原生生物甲烷气}) + 2H_2O$$

随着褐煤层埋藏深度的增加，温度的上升，煤的变质程度不断提高，加之煤的基本结构单元为带侧链官能团并含杂原子的缩合芳香核体系，在煤化作用的进程中，该体系逐渐发生热降解和热裂解作用，随煤变质作用的加深，特别是后期阶段，易发生脱水、脱羧、脱甲基作用和裂解与缩聚反应，使芳香核缩聚加大、脂肪链减少，并产生大量的甲烷、二氧化碳及一氧化碳、硫化氢等挥发性产物。这些挥发性气体如果被煤层吸附、溶解于煤层水或呈游离气储存于煤层孔隙或裂隙中，即称之为煤层气，其过程为：

$$C_{57}H_{56}O_{10}(\text{褐煤}) \longrightarrow C_{54}H_{42}O_5(\text{烟煤/沥青煤}) + 3H_2O + 2CH_4(\text{热成因甲烷气}) + CO_2$$

当煤层上覆地层厚度不断地加大，温度和压力也随之增加，煤变质作用开始，即当 $R_{o(max)} > 0.5\%$ 时，进入长焰煤阶段，一直到无烟煤，煤层气生成量不断增加，在肥煤、焦煤和贫煤阶段热成因甲烷气生气量最大。

上述成煤演变过程（褐煤—焦煤）是在热力学条件下进行的，整个过程不断有甲烷生成。煤层形成之后，被抬升或隆起时，在浅部煤层中温度降至 56℃以下，在此温度内，生成甲烷的细菌能够存活，由于地表水与地下水交换，细菌随着水体进入煤层，并发生新陈代谢活动，生成次生生物甲烷气。

二、生烃能力的影响因素

模拟实验等研究表明，不同的煤具有不同的生烃能力，煤的生烃能力主要取决于煤岩组分和煤变质程度。

(一) 煤岩组分

煤岩组分是煤的基本成分，是煤层气的生气母质，是影响煤层气组成的首要因素。煤层主要由镜质组、壳质组、惰质组3大性质不同的显微组分组成，不同的显微组分对成气的贡献不同，关于其生烃潜力，壳质组的热演化途径和Ⅱ型干酪根相似，有很强的生油潜力(BP Tissot，1974)，是良好的生油母质；镜质组和Ⅲ型干酪根的热演化途径一致，主要生成甲烷和其他气体，镜质组富氢的某些组分亦可生成液态烃(赵师庆，1991；姚素娟，1996)；惰性组的产气量比相同煤阶的壳质组和镜质组低，王少昌、傅家谟(1990)、赵庆波等(1999)和王洪林(2000)据热模拟实验一致认为壳质组产气能力最强，镜质组次之，惰质组最差(表4－9)。

表4－9　各煤阶显微组分的视煤气发生率　　m^3/t

显微组分	煤阶						
	长焰煤	气煤	肥煤	焦煤	瘦煤	贫煤	3号无烟煤
壳质组	5～38	15～81	33～233	184～294	250～313	263～394	330～420
镜质组	3～25	10～54	26～145	128～208	194～231	214～323	286～364
惰质组	2～18	7～38	11～95	85～172	147～183	160～250	240～271

煤系的生烃潜力不仅与壳质组含量密切相关，而且还与镜质组分的类型和数量有关。金奎励等(1997)、宋岩等(2000)、魏辉等(1998)通过生烃热模拟实验和热解气相色谱对煤岩显微组分的生烃潜力进行了研究，结果证实基质镜质体和角质体是煤的主要生烃组分，木栓质体对生烃亦有一定的贡献。鄂尔多斯盆地石炭—二叠系煤层镜质组含量为78%～90%，以基质镜质组为主，具有很强的生烃能力，以盆地东缘煤层生烃性为最好；侏罗系煤层镜质组含量较高，在34%～88%，以盆地南缘延9煤层生烃为最好，延6、延7煤层较好，这为煤层气的生储奠定了较雄厚的生烃物质基础。

前人研究表明，煤系有机质特别是镜质组具有很强的吸附能力；有机岩石学观察结果证明镜质组的微孔隙对煤化作用中沥青产物有吸附作用，表现为：在长焰煤和气煤阶段(R_o为0.6%～1.0%)，随煤阶的增长，在镜质组中荧光镜质体的含量迅速增加，从 10% 增加到 90% 左右（Vahrmann 和 Watts，1972；B M Thomas和 Damberger，1976；M Radke，1980；M Teichmuller，1980），该现象说明随煤阶的增长而形成的液态烃逐渐为镜质组所吸附，使得镜质组呈现荧光，由此可见随煤阶的增长，煤层中的气态烃—煤层气也会相应增加；随镜质组含量的增加，其所吸附的煤层气也会相应增加，二者大致呈正相关关系。本章第一节已叙述，该区煤层的显微组分均以富镜质组为特征，镜质组含量多在 70% 以上，是煤层产气的最大贡献者，也是吸附甲烷的主要参与者。

（二）变质程度

煤化程度是控制气体生成量和组分的重要因素，一般地说，煤变质程度越高，生成的气体量也越多（表 4 – 10），低变质煤（亚烟煤—中挥发分烟煤）生成的热成因气以二氧化碳为主，高变质煤（低挥发分烟煤及其以上煤阶的煤）生成的气体主要成分为甲烷。

表 4 – 10　热模拟煤气发生率数据表　　m^3/t

煤阶		研究单位					
		地矿部中心实验室	地矿部石油所	煤科院地质分院	石油总公司研究院	四川石油研究院	富波科兹洛夫
褐煤	煤气发生率	—	0.55	38 ~ 68	36 ~ 68	—	—
长焰煤		—	1.06	41 ~ 93	42 ~ 69	70	100
气煤		22.52	4.25	48 ~ 122	45 ~ 126	84	144
肥煤		61.95	24.32	65 ~ 170	64 ~ 176	110	161
焦煤		65.02	55.9	93 ~ 23	86 ~ 244	—	202
瘦煤		115.65	94.77	146 ~ 314	124 ~ 298	140	219
贫煤		188.77	127.72	172 ~ 401	152 ~ 389	170	265
无烟煤		315.56	221.13	205 ~ 461	206 ~ 458	289	351

刘大锰（1999）指出气态烃甲烷含量随煤阶增高，有两次生气高峰期，第一次生气高峰期位于 0.5% ~ 0.7%（R_o），可能主要为低熟煤成气，部分为残留生物成因气；第二次生气高峰期位于 1.0% ~ 1.4%（R_o），主要为热解气，且产气持续时间明显长于第一次生气峰期，因此，可以认为第二次生气峰期为煤成气主要产气区间，同样，重质气 C_{2-5} 与 C_1 相同，亦存在两次生气高峰（图 4 – 8）；并对鄂尔多斯地区城坡煤矿石炭—二叠系煤和东胜煤矿侏罗系延安组煤进行了热模拟实验研究，结果表明鄂尔多斯盆地煤层气生气过程存在 3 个高峰期，$R_{o(max)}$ 分别

对应为0.5% ~0.7%、1.0% ~1.4%和2.5%左右；由此可以看出，煤成气具有阶段性，这一认识有助于对煤层气的勘探和开发，在进行煤层气勘探过程中既要侧重中变质烟煤地区，也不能忽略无烟煤地区和低变质烟煤地区。近年来在开采无烟煤时，仍然存在瓦斯含量超标、发生瓦斯爆炸事件，这有力地证明了在无烟煤中煤层气体的富集，也证实上述3个高峰期的客观存在。

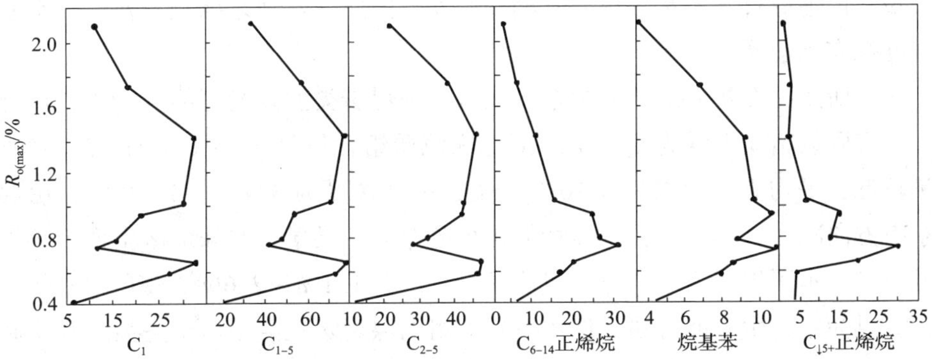

图4-8 不同煤阶产烃组成及产烃量变化(横坐标各量值为 $n\times10^{-3}$)

三、煤层的生气特征

魏辉等(1998)根据对显微组分的光性特征、成烃次生产物以及生烃热模拟的研究，认为煤的排气门限 R_o约为0.4%，这说明鄂尔多斯盆地在褐煤—长焰煤阶段开始生烃，开始有煤层气生成。且鄂尔多斯盆地煤岩有机质丰度很高，丰度指标评价均为好的气源岩，煤岩类型以腐殖型为主，含部分混合型，显微组分构成以镜质组为主，具有较强的生气能力。

前人研究表明煤刚进入成熟阶段(R_o为0.5% ~0.8%)，对甲烷的吸附容量大于生气量，在该阶段的生气量对含气量有控制作用。本章第三节已述，侏罗纪煤层平均 R_o为0.4% ~1.07%，一般演化程度较低，处于低到中等成熟阶段。盆地北部 R_o为0.4% ~0.7%，南部变质程度稍高，生烃能力较强，R_o为0.6% ~0.9%，但均以长焰煤为主，属低变质煤，因而，侏罗系煤层含气量主要受生气量控制，同时煤层顶板条件对煤层含气量也有一定影响。

纵向上，石炭—二叠系煤层热演化程度和镜质组含量均高于侏罗系煤层，生气能力强。该层系煤层 R_o为1.1% ~2.5%，煤阶主要为肥煤、焦煤、瘦煤、贫煤，变质程度高；至晚三叠世，煤层变质已达气煤和肥煤阶段，处于低—中度生气阶段；到早白垩世末期，煤层达到最大埋藏深度，为3370 ~4840m，煤变质达到肥煤和焦煤阶段，达到第二次煤层气生气高峰，在早白垩世末期的燕山构造运动使得石炭—二叠系煤层在深成变质作用的基础上，叠加了岩浆热变质作用(主要集中在盆地东缘，详见第七章)，煤演化变质为瘦煤、贫煤和无烟煤，煤层气亦大量生成。由此看来，鄂尔多斯地区石炭—二叠系煤层在演化过程中生成了大量的煤层气，煤层气在储集及保存条件较好的情况下，完全可以形成高丰度的煤层气藏，但埋深过大不利于煤层气勘探开发，因此，盆地东缘是石炭—二叠系煤层气勘探有利前景区。

综上所述，石炭—二叠系中东部地区宏观煤岩类型以光亮型煤为主，西部任家庄一带则以暗淡型煤为主，中东部地区镜质组含量为78.4%～94.45%；水分含量较低，平均为0.26%～3.10%，煤岩灰分含量为3.4%～34.49%，由西北向东南方向减小，大宁—吉县属特低灰煤分布区，吴堡、明珠地区山西组煤质属特低灰煤，本溪组煤为中灰煤，煤质较好；R_o为1.1%～2.6%，煤阶以焦煤、瘦煤、贫煤为主，生气能力强。侏罗系延安组的煤岩宏观类型以半亮型煤和半暗型煤为主，镜质组平均含量为57.85%，水分含量为1.13%～20.47%；灰分以特低灰为主，中灰次之，富灰仅分布于局部地区，从盆地中部向边缘方向有增高的趋势；热演化程度低，R_o为0.41%～1.07%，煤阶以长焰煤为主，生烃能力较差。

石炭—二叠系煤储层渗透率为0.1×10^{-3}～$11.9\times10^{-3}\mu m^2$，除背斜轴部渗透率较高以外，其他地区一般小于$1.2\times10^{-3}\mu m^2$，煤层裂隙发育，孔隙不发育，孔隙类型以微孔为主，煤层割理发育，但多被方解石充填，构造裂隙是该类煤层渗透率的主要贡献者。延安组低煤阶未成熟煤层气储层基质孔隙发育，割理(裂隙)不甚发育，构造裂隙控制储层渗透率，渗透率一般大于高煤阶煤层气藏。石炭—二叠系中高煤阶煤层气藏含气量高，一般为5～18m^3/t，最高可达23.36m^3/t，侏罗系延安组煤层气藏含气量普遍较低，一般为0～6.29m^3/t，多小于5m^3/t。

第五章　煤储层特征及含气性评价

煤岩储集空间由基质孔隙和裂隙(国外煤层气工业中常称割理)两部分组成，基质孔隙构成吸附甲烷的主要空间，裂隙系统是煤层气渗流、扩散运移的主要通道。对煤岩储集性能的评价包括宏观、微观孔裂隙观察，孔隙度测定等内容。

第一节　煤岩孔隙、裂隙系统发育特征及区域分布

一、石炭—二叠系

(一)煤岩裂隙特征及区域分布

裂隙是煤中自然形成的裂缝，按形态和成因将煤的裂隙分为3类，如图5－1所示。

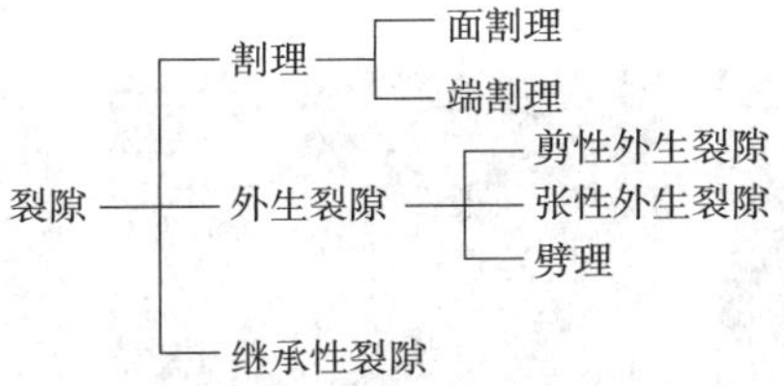

图5－1　煤的裂隙分类图

煤层裂隙(割理)系统是甲烷从煤基质中解吸扩散出来后渗流并向井筒移动的主要通道。研究并预测割理发育区和发育方向是寻找高渗透区、优选勘探目标的关键。煤层割理发育程度与煤岩组成、煤化程度等有直接关系。

煤岩宏观割理观察一般在煤矿井下或地表露头处进行，微观割理观察主要在扫描电镜下完成，利用此方法可以观察到煤中微米级的孔隙、缝类型和特征。

通过对山西组山2段的5#、太原组太2段的8#主煤裂隙发育程度的宏观观察，发现吴堡、大宁—吉县地区两主煤的割理类型均有面割理、端割理两组，吴堡地区煤岩面割理线密度为140～280条/m，割理宽度为0.01～0.3mm，长度为

5～20cm；端割理线密度为140～240条/m，割理宽度为0.01～0.05mm，长度小于10cm，从这两组割理的发育密度、强度来看，该区面割理较端割理发育。大宁—吉县地区煤岩面割理线密度为320～440条/m，宽度为0.2～1.0mm，长度为5～40cm；端割理线密度为200～400条/m，宽度为0.05～0.7mm，长度为4～20cm，该区面割理比端割理更发育（表5－1）。

表5－1　鄂尔多斯盆地吴堡、大宁—吉县地区煤层割理统计表

地区	割理类型	煤岩类型	线密度/(条/m)	宽度/mm	长度/cm
吴堡	面	暗—亮煤	140～280	0.01～0.3	5～20
	端	暗—亮煤	140～240	0.01～0.05	<10
大宁—吉县	面	暗—亮煤	320～440	0.2～1.0	5～40
	端	暗—亮煤	200～400	0.05～0.7	4～20

从这两个地区所在的地理位置来看，大宁—吉县地区煤岩割理比吴堡地区更发育，表明石炭—二叠系煤岩割理发育密度由北而南呈增加的趋势，这主要是由于两区所处的局部构造位置不同所致。

扫描电镜显示，石炭—二叠系中比较常见的裂隙类型有放射状、锯齿状、网络状等形态[图5－2(a)～(f)]，裂缝宽度为1～10μm，线密度为5～20条/cm，面密度为160～10794条/cm^2（表5－1），裂缝间连通性好，可作为甲烷剧烈层流渗透的通道。

(a)保德桥头，本溪组8#煤，网格状裂隙，×30

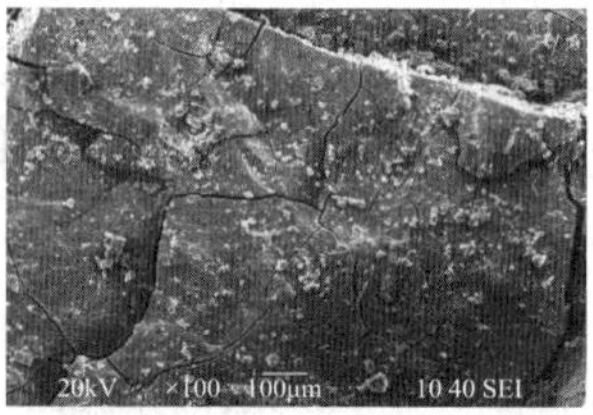

(b)保德桥头，本溪组8#煤，贝壳状裂隙，×100

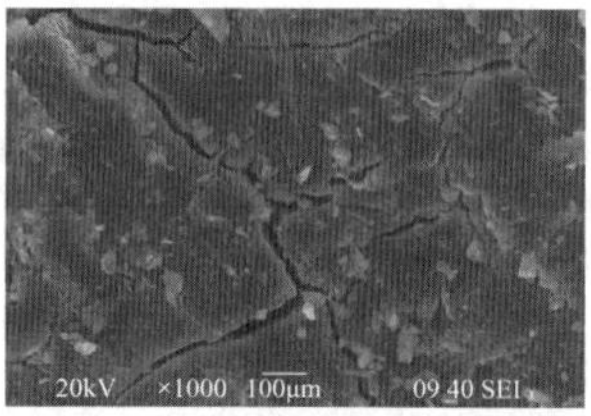

(c)乡宁台头，本溪组8#煤，河流状裂缝，×600

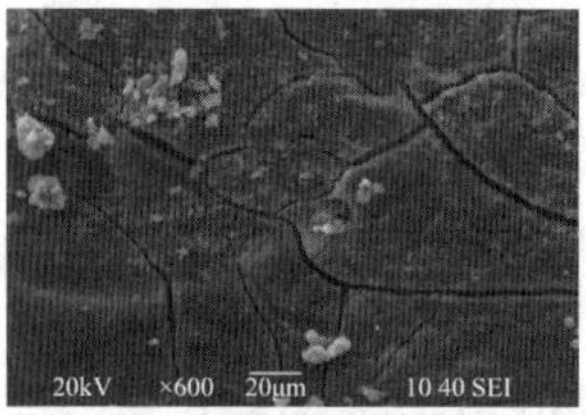

(d)兴县关家崖，山西组5#煤，微裂缝，×600

(e)乡宁台头，本溪组8#煤，放射状微裂缝，×2000

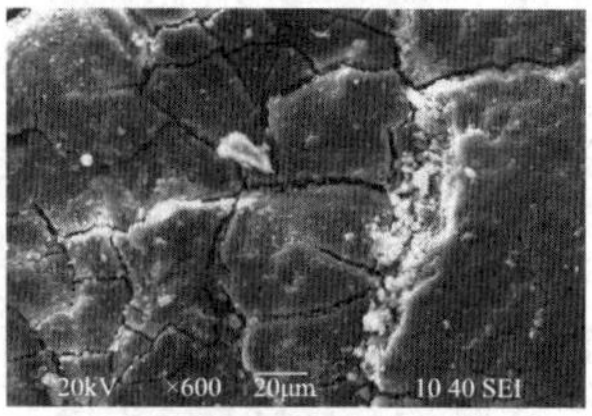

(f)兴县关家崖，山西组5#煤，两组割理发育，×600

图5－2　石炭—二叠系煤层煤岩扫描电镜下显微裂隙、孔隙照片

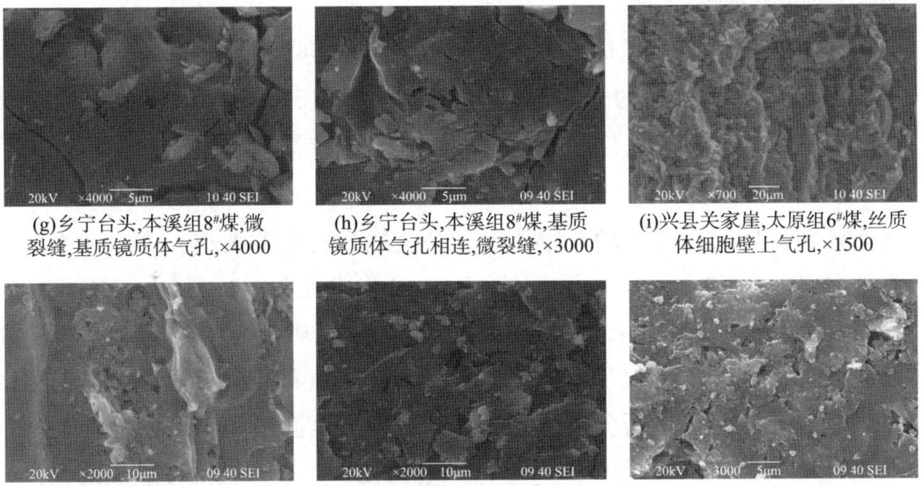

(g)乡宁台头,本溪组8#煤,微裂缝,基质镜质体气孔,×4000

(h)乡宁台头,本溪组8#煤,基质镜质体气孔相连,微裂缝,×3000

(i)兴县关家崖,太原组6#煤,丝质体细胞壁上气孔,×1500

(j)兴县关家崖,6#煤,丝质体气孔群,×2000

(k)准格尔黑岱沟,太原组6#煤,镜质体溶蚀孔,×2000

(l)准格尔黑岱沟,太原组6#煤,丝质体中溶蚀孔,×3000

图 5－2　石炭—二叠系煤层煤岩扫描电镜下显微裂隙、孔隙照片(续)

(二)煤岩基质的孔隙类型及发育特征

基质孔隙是煤的基质块体单元中未被固态物质充填的空间，由孔隙和通道组成，一般将较大空间称为孔隙，其间连通的部分称通道。基质孔隙的分类可根据成因和孔径大小来划分。煤岩扫描电镜下显示的孔隙类型有气孔、植物组织残留孔和溶蚀孔 3 种类型。

1. 气孔

该类型孔是指煤化作用过程中气体逸出留下的痕迹，是煤体在较高的温度、压力下，处于近逆性状态，是其自身气体作用的产物。这些气孔在整个盆地的两套煤系中均有发现，但规模不同，煤岩气孔的电镜扫描结果显示，这些气孔密集成群，大小不一，排列无序，外形多为浑圆状，直径多为 $1\times10^3\sim3\times10^3$ nm [图 5－2(g)～(h)]，未被矿物质充填，对于煤系储集层，该孔隙类型具有一定的地质意义。

2. 残留植物组织孔

该类型孔是植物本身结构的继承，植物遗体在煤化作用中部分细胞组织被保存下来。该类孔隙一般在 5#、8# 主煤中多见，从鄂尔多斯地区主煤的植物组织孔图片可以看出，这些植物组织残留孔大小均一，排列有序[图 5－2(i)～(j)]，直径多为 $1\times10^2\sim1\times10^5$ nm，部分被方解石或其他矿物质充填，彼此连通性差，储集油气的能力较弱；未被矿物质充填的部分对煤层气储集有意义。

3. 次生溶蚀孔隙

该类型孔是煤中矿物质被地下水循环溶蚀形成的孔隙。5#煤、8#煤的次生孔隙扫描图片显示，溶蚀孔的大小和形态各异，呈孤立状分布，彼此连通性较差[图5－2(k)～(l)]，对鄂尔多斯地区的煤层气储集意义不大。

(三)煤岩的基质孔隙结构及发育特征

压汞法可以间接、定量地获得一定孔径范围内的孔隙大小、分布和类型，可以根据孔径范围将孔隙划分为大孔(大于1μm)、中孔(1～0.1μm)、小孔(0.1～0.01μm)和微孔(小于0.01μm)，还可以求出各类孔隙的相对比例。基质孔隙结构主要指其形态，基质孔隙是由扩大的膨胀部分孔隙和喉道组成，吴俊采用体积法对中国煤岩孔隙结构进行分类，划分为开放型、过渡型和封闭型3种类型，其中开放型孔隙类型中以孔径大于1μm的大孔为主，1～0.1μm的中孔甚少，小于0.1μm的小孔、微孔分布频率较高(图5－3)。煤岩孔隙类型呈开放型，能储集

类型		孔径分布类型	特征及评价
开放型	KⅠ	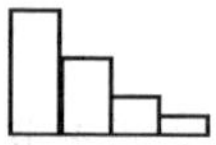	在孔径大于1μm的孔隙中，能储集较多的气体，这种类型的孔隙易于气体的排驱，对此类煤层，应注意瓦斯抽放，这类煤层是煤层勘探的目标层位
	KⅡ	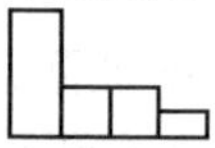	
	KⅢ	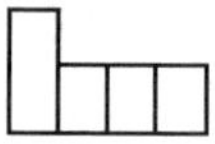	Ⅰ类和Ⅱ类孔隙较多，易于抽放和突出
过渡型	GⅠ	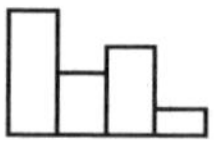	Ⅰ类和Ⅲ类孔隙区内储集较多的气体，易于发生阶段性的富集和瓦斯突出
	GⅡ	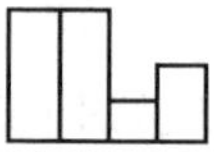	Ⅰ类和Ⅱ类孔隙较多，易于抽放和突出
	GⅢ	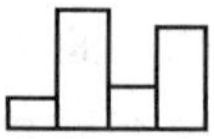	Ⅱ类孔隙较多，易于阶段性突出
封闭型	FⅠ		Ⅰ类孔隙分布较少，并向次一级孔隙递增，不利于气体的运移和抽放
	FⅡ	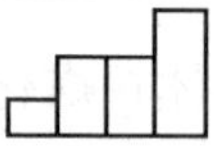	在孔径不足0.1μm的孔隙中易富集较多的气体，但在煤层开采中应注意部分高压气体的存在和瓦斯突出
	FⅢ	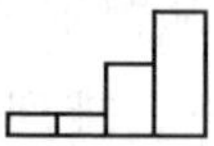	以小孔和微孔较多

注：孔径从左到右依次为大孔、中孔、小孔和微孔

图5－3 煤的孔隙类型分布图

较多的甲烷气体，易于气体的排驱，便于甲烷气体的抽放，是煤层气勘探最为理想的孔隙类型之一；而封闭型孔隙类型不利于孔隙连通，允许孔隙运行的能力差；过渡型孔隙介于两者之间。

石炭—二叠系煤中孔喉分布以大孔、微孔为主，中孔、小孔分布较少，对照吴俊对孔隙结构的分类，除韩城马沟渠、韩城象山、宜探 1 井及榆 6 井属于开放型，其他均属于过渡型孔隙类型(图 5－3)。与侏罗系相比，石炭—二叠系大孔喉占比明显增大，这与扫描电镜观测结果一致，煤中大孔喉类型丰富、数量多，而中孔喉平均占比最少，是煤层甲烷解吸后形成扩散流不利的因素。

在压汞曲线上表现类型较多，而在鄂尔多斯地区主要由两端均开放的管状毛细孔、平整壁狭缝状毛细孔隙和锥形或双锥形管状毛细孔组成。以蒲县南湾 5#煤和吉试 1 井 5#煤为例，煤岩进汞率达到 80%，进汞曲线与退汞曲线间呈锥形曲线，两端均呈开放型，孔隙喉道直径为 $1\times10^3\sim3\times10^3$nm，较粗的喉道类孔隙有利于煤层气的运移。在压汞曲线上还显示，鄂尔多斯地区煤岩以大、中孔为主，小孔和微孔出现的频率小，大孔占总孔隙的 35%～40%，中孔隙为 25%，小孔和微孔各占 10% 和 20%。煤储层的大孔大喉孔隙特征，有利于煤层气储集，更有利于煤层气运移和开发(图 5－4)。

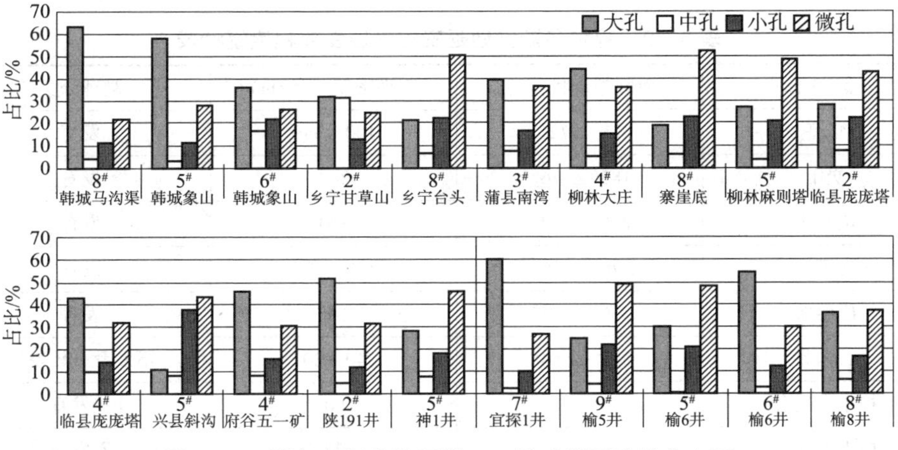

图 5－4　鄂尔多斯盆地石炭—二叠系煤层孔喉分布图

综上所述，该区煤岩孔隙类型以气孔、植物组织孔为主，这些孔隙未被矿物充填，对煤层气储集有利。煤岩孔隙结构中以大孔、中孔为主，外生裂隙相当发育，孔、缝间连通性好，有利于煤层气的储集和开发。

二、侏罗系

(一) 延安组煤岩裂隙特征及区域分布

通过对盆地内10个煤矿的观测，结合钻井取心对煤心的手标本观测，发现在盆地东北部煤层割理不发育—较发育，而在盆地西南部地区煤层割理发育。在盆地东北部内蒙古乌苏沟、神木大砭窑、榆林张牛湾和横山石马呱地区，煤层割理密度小，连续性差，多呈孤立状；缝宽一般小于0.1mm，高度小于0.5cm。盆地西部、南部华亭、炭山、汝箕沟、磁窑堡、石沟驿、马家滩一带受构造影响，割理发育，面割理高度为2~8cm，长度为0.5~12cm；缝宽为0.1~1mm，连续性好。

将宏观割理密度按大于100条/m、100~50条/m和少于50条/m分别划分为发育、较发育和不发育3类。由表5-2可以看出，盆地东部、南部、西部煤层割理发育，手标本上面割理高度为2~8cm，长度为0.5~12cm，割理频数大于100条/m，连续性好。与所处构造活动频繁、断裂发育有关；盆地北部煤岩割理较发育或不发育，割理连续性差，呈孤立状分布，手标本上缝宽一般小于0.1mm，高度一般低于5mm，割理密度小于60条/m。

表5-2 鄂尔多斯盆地延安组煤层发育程度统计表

观测点(手标本)	面割理产状/(°)	割理密度/(条/m)	割理分类
华亭	75°∠72°	100~340	发育
炭山	185°∠76°	200	发育
汝箕沟	200°∠67°	320	发育
冯记沟	176°∠80°	140~320	发育
磁窑堡	330°∠84°	140	发育
石沟驿	335°∠84°	40~80	不发育—较发育
神木大砭窑		60	较发育
横山石马呱		20	不发育
内蒙古乌苏沟		40	不发育
榆林张牛湾		40~60	不发育—较发育

煤岩割理的发育程度除受构造影响外，还与煤岩显微组成有关，同一煤层在相同地区，镜质组含量高的煤比惰质组含量占优的煤裂隙更发育。据此可以推断，合水—宁县目标区内固城川地区煤岩裂隙要比西部店门—西峰地区发育，黄

陵地区煤的裂隙普遍发育，因为该区的构造从古生界至今都处于黄陵鼻隆上。

通过区内 10 块煤样的 33 个小样的扫描电镜观察，可以看到延安组煤中各种形态的裂隙[图 5－5(a)～(c)]。据统计庆阳黄陵地区孔径大于 0.5μm 的裂隙密度可达 170～1706 条/cm^2（表 5－3）；孔径大于 0.2μm 的构造裂隙密度可达 22408 条/cm^2，且裂隙在东部、南部的黄陵地区、庆 37 井区较发育，西北角的剖 11 井区处在鼻降构造上，裂隙亦较发育，说明裂隙发育密度主要与构造作用密切相关。

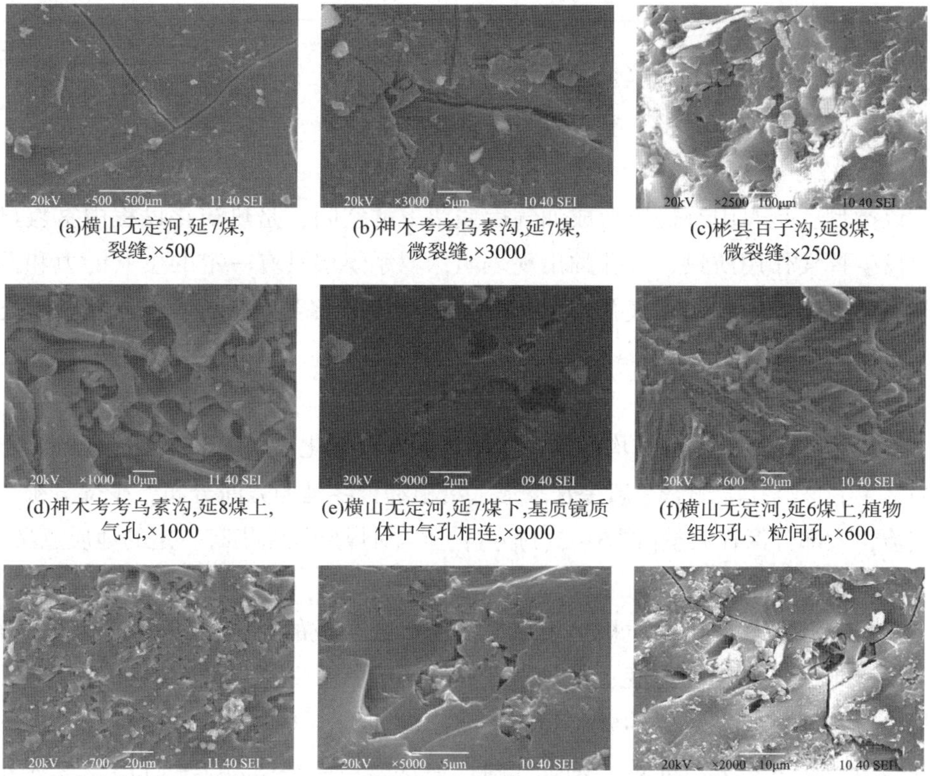

(a)横山无定河,延7煤,裂缝,×500　(b)神木考考乌素沟,延7煤,微裂缝,×3000　(c)彬县百子沟,延8煤,微裂缝,×2500

(d)神木考考乌素沟,延8煤上,气孔,×1000　(e)横山无定河,延7煤下,基质镜质体中气孔相连,×9000　(f)横山无定河,延6煤上,植物组织孔、粒间孔,×600

(g)神木考考乌素沟,延8煤下,丝质体植物组织孔,×300　(h)彬县百子沟,延8煤下,基质镜质体中溶蚀孔,×5000　(i)横山无定河,延7煤,丝质体中溶蚀孔、微裂缝,×2000,SEM

图 5－5　延安组煤岩扫描电镜下显微裂隙、孔隙类型特征

表 5－3　鄂尔多斯盆地延安组煤岩微观裂隙密度统计表

井点或采样点	孔径大于 0.5μm 的裂隙密度/(条/cm^2)	镜下裂隙描述
固 8 井	170	树枝状裂隙，有少量气孔，裂隙不发育
剖 11 井	1706	平行于自始至终层理的定向裂隙，并被充填，裂隙较发育

续表

井点或采样点	孔径大于0.5μm的裂隙密度/(条/cm^2)	镜下裂隙描述
李章河	888	气孔成群出现，裂隙较发育，以内生裂隙为主，气孔直径为1～3μm
红石岩	902	气孔和变形组织孔发育，多以内生裂隙为主，气孔直径为1～3μm
庆37井	866	构造裂隙发育，局部孔径大于0.2μm的裂隙密度为22408条/cm^2，气孔内含菌类

(二)煤岩基质的孔隙类型及发育特征

该层系煤岩扫描电镜下显示以下3种孔隙类型。

1. 气孔

该类型孔是煤中有机质形成油气后残留下的空间，是热演化过程中富氢显微组分发生挥发作用所致，气孔的出现表明侏罗系煤层具有一定的生气能力和储集空间。延安组煤中普遍有气孔发育，气孔有的成群出现，有的呈孤立状，形态各异，大小不等[图5－5(d)～(e)]，一般为1～10μm。

2. 植物组织残留孔

该类型孔是植物本身结构的继承，植物遗体在煤化作用中部分细胞能被保存下来的结果。该类孔隙形态一般呈长条形，沿植物根茎延伸方向分布，少部分被矿物质充填，大部分保存完整[图5－5(f)～(g)]，对煤层气储集有一定的地质意义。

3. 溶蚀孔(次生孔隙)

该类型孔是煤中矿物质被地下水循环所溶蚀形成的孔隙，该类孔隙的发育程度取决于地下水流动的速度、水化学性质等条件，一般高矿化度的酸性水溶蚀孔出现的频率较大。在煤层的微层理面上或滑动面上，可见到一些溶蚀孔，但这些孔隙被方解石或白云石充填，剩余孔隙连通性差[图5－5(h)～(i)]，成为死孔隙，对煤层气储集失去意义。

(三)煤岩基质的孔隙结构及发育特征

延安组煤层压汞测试结果反映了其孔喉类型以过渡型为主，仅在剖11井、固8井、庆12井和岭43井区明显地属于开放型(KⅢ)。总体上微孔占比较大，其次是大孔。根据含汞饱和度为10%时对应的排驱压力数值，以排驱压力等于0.06MPa为界，可将孔隙类型划分为偏封闭过渡型(石马呱到大砭窑)和偏开放过渡型(华亭至岭43井)两种孔隙类型(图5－6)。

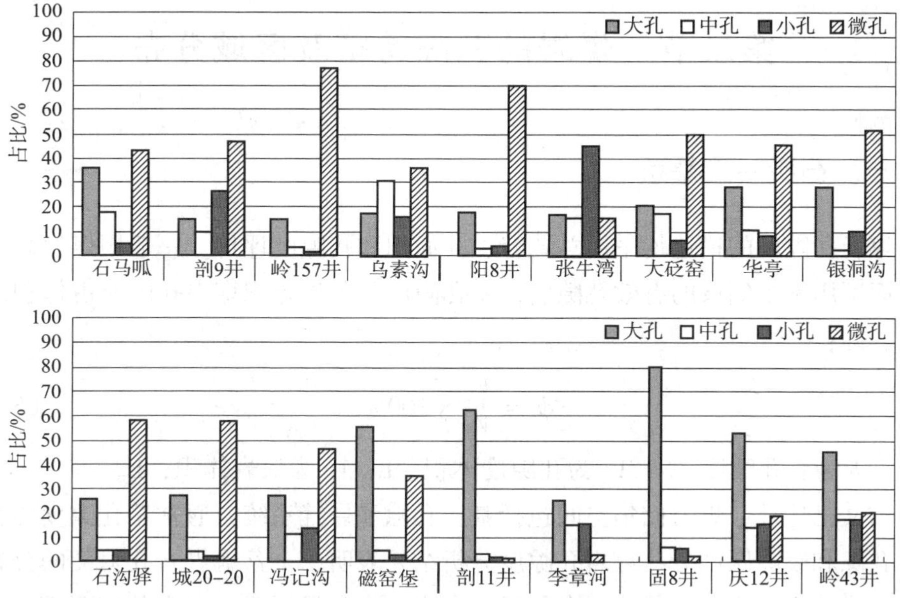

图5-6　鄂尔多斯盆地延安组煤岩孔隙类型分布图

压汞曲线退汞率很低，属于特低渗透储层，非均质性强。对南部固1井的煤岩压汞曲线图分析可知，煤岩进汞率为78%，进汞曲线和退汞曲线形态相同，彼此组成“牛角状”，此类孔隙结构说明煤岩孔隙较发育。该样品的孔喉半径为0.01～40μm，对煤层渗透性贡献最大的孔喉半径为0.63～35μm(图5-7)。

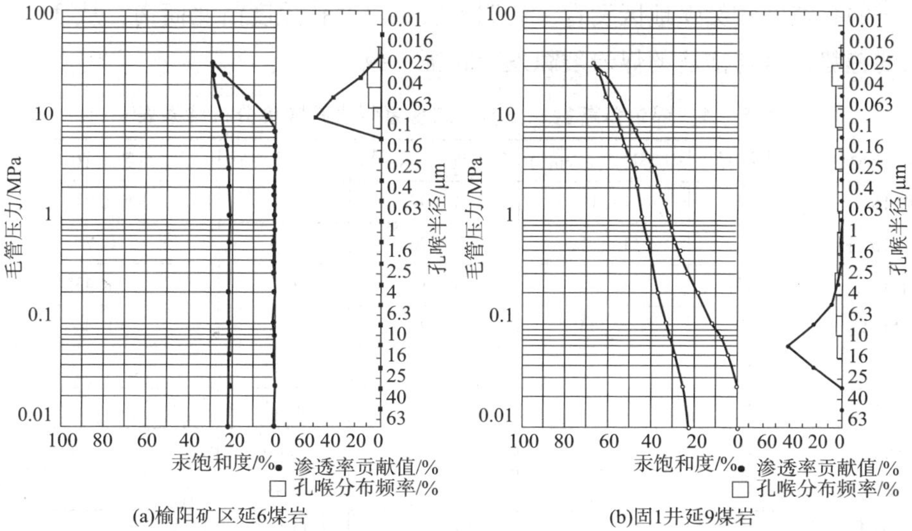

图5-7　延安组煤岩压汞曲线及孔喉半径分布频率图

第二节 煤岩的孔隙特征及区域分布

一、石炭—二叠系

煤岩孔隙度的描述均采用总孔容、孔面积和孔隙度评价。一般用煤岩总孔隙度，而不用常规储层的有效孔隙度，总孔隙度是单位体积煤中孔隙所占体积的百分数，即：

$$\phi = \frac{V_p}{V_b} \times 100\% \tag{5-1}$$

式中，ϕ 为总孔隙度,%；V_p 为孔隙度体积，L；V_b 为煤岩体积，L。

前文已述及，煤岩储集空间包括基质孔隙和裂缝系统，通常总孔隙度均包含基质孔隙和裂隙两部分。煤岩孔隙度分析结果表明，全盆地煤岩孔隙度的分布由盆地边缘向中心呈减小趋势，在吴堡、大宁—吉县目标区，东南部较西部、西北部孔隙发育，但总体上，该层系煤的孔隙度比侏罗系延安组低，可能与煤层埋藏及所处的构造位置有关，从该层系煤孔隙度的数值来看，吴堡地区煤孔隙度郭家沟—吴试1井以西最低，孔隙度在3%以下，沿此线向东，煤的孔隙度增至5%以上；大宁—吉县地区在黄河沿岸一带孔隙度较低，一般小于5%，向东至薄县—吉县一带，孔隙度增至5%～10%（表5－4），两区孔隙度相比，大宁—吉县地区煤的孔隙度较吴堡地区发育，说明该层系煤岩孔隙度由北而南，从西往东呈增大的趋势，这与前述的煤岩裂隙发育特征一致。

表5－4 鄂尔多斯盆地石炭—二叠系煤岩孔隙度分析结果表

井号(或地区)	煤编号	氦密度/(g/cm³)	汞密度/(g/cm³)	孔隙度/%	压缩系数/($10^{-10}m^2/N$)
榆15井	8#	1.511	1.694	1.1	0.849
榆13井	8#	1.711	1.690	1.6	0.748
榆12井	8#	1.432	1.418	1.0	1.435
麻塔则	5#	1.344	1.326	1.3	1.344
榆5井	9#			2.37	
榆8井	8#			5.43	
柳林大庄	4#			3.86	
薄县南湾	3#			7.99	
乡宁甘草山	2#			11.63	
乡宁台头	8#			7.2	

二、侏罗系

利用氦、汞法求煤岩的总孔隙度基本原理是：氦分子的直径为 1.78Å，而煤中最小微孔的直径为 5～10Å，因此，氦分子能进入煤的全部孔隙，而汞在不加压的条件下完全不能进入煤的孔隙，利用它们作为置换物分别求出煤的密度后，可用下式求出煤的孔隙度：

$$\phi = (d_{氦} - d_{汞})/d_{氦} \times 100\% \qquad (5-2)$$

式中，ϕ 为孔隙度，%；$d_{氦}$、$d_{汞}$分别为氦汞法求得的煤密度，g/cm^3。

采用氦分子置换法测得延安组煤的孔隙度为 2.0%～19.8%，平均为 8.0%。在盆地周缘一般为 10%～20%，而盆地腹部一般小于 5%。与盆地周缘构造裂隙发育有关。利用上述方法对延安组煤样的总孔隙度进行了测定（表 5-5），目标区孔隙度为 1.4%～5.4%，平均为 3%，由此可以看出，黄陵地区煤的孔隙度几乎高出合水—宁县地区 2 倍，说明黄陵地区煤岩具有高孔隙的特征。

表 5-5　鄂尔多斯盆地延安组煤层孔隙度测定表

井号或采样点	样品编号	氦密度/(g/cm³)	汞密度/(g/cm³)	总孔隙度/%	孔容/mL
剖 11 井	5	1.667	1.623	2.6	0.0164
黄陵李章河		1.410	1.359	3.6	0.0264
黄陵红石岩		1.342	1.269	5.4	0.0428
固 8 井	1	1.428	1.408	3.4	0.0097
阳 8 井				5.4	0.0427
剖 9 井				4.2	0.0354
岭 43 井				4.0	0.0350
石马呱				11.4	0.0842
华亭				9.6	0.0625
石沟驿				11.3	0.0841
银洞沟				10.5	0.0749
乌苏沟				19.8	0.1243

另外，新试 1 井钻探成果表明，延 7 煤层孔隙度平均为 8.1%，延 8 煤层孔隙度平均为 9.4%，延 9 煤层孔隙度平均为 9.9%，在煤层埋深大于 900m 的条件

下，如此高的孔隙度在石炭—二叠系煤层中极少见。同时，也印证了盆地中生界低煤阶煤层具有高孔隙特征的认识。

第三节 煤岩的脱吸附性能及含气量特征

大量研究成果表明，煤层气能否高产富集，主要与煤层的含气量、渗透性和保存条件有关。煤层气的含气量表征煤层气资源的富集程度，与煤岩的组分、变质程度、埋深及围岩压力有关；煤层渗透性决定煤层气的产气量和生产周期，受控于煤层的裂缝系统(割理和孔隙)，而裂缝系统还受煤岩结构及构造条件的制约。本节主要探讨煤岩的脱吸附性能及含气量特征对鄂尔多斯地区煤层气的控制作用。

一、煤岩脱吸附性能

(一)实验条件

研究过程中对各样品进行了平衡水等温吸附实验。样品测试前，先将样品破碎为粒度小于20mm的碎块，用四分法进行缩分，然后将其装入球磨罐内进行粉碎，并用60目及80目的铜筛进行筛分。实验气源为高压甲烷气，最大压力为14MPa。根据鄂尔多斯盆地煤的埋藏特点及现今地温梯度，实验温度选择30℃，利用中国石油勘探院廊房分院1995年从美国TERRATEK公司进口的ISE－100测试仪器高压吸附试样。样品前置处理采用浸水后平衡水分数天，平衡时间大于24h。

(二)煤岩的脱吸附特征分析

煤层气在煤层中的储存方式主要有吸附、游离和溶解3种状态，其中吸附态为主要的储存形式，据张新民(1988)研究，认为煤层中吸附甲烷占煤层中甲烷总量的55.83%～85.83%，特别是在1000m埋深以内，占比达80%以上，因此，煤吸附甲烷性能的研究成为定量了解煤层甲烷储集能力的重要指标，能综合反映煤岩温度、压力、煤质等条件对煤岩吸附性能的影响。

郎氏体积是反映煤岩吸附能力大小的指标，一般该值越大，吸附性能越好。郎氏压力主要是影响等温吸附曲线形态的参数，反映吸附量达到二分之一郎氏体积时的压力，该指标越大，煤层中吸附气体脱附越容易，越有利于开发。

此次煤岩的脱吸附性能研究是在高压容量法等温吸附实验的基础上进行的。

鄂尔多斯盆地侏罗系煤储层原煤的饱和吸附量为 4.26～26.209m^3/t，平均为 12.54m^3/t，其中东胜煤田兰氏体积为 12.75m^3/t 左右；神木至榆林一带煤储层兰氏体积均小于 8m^3/t；甘肃华亭至宁夏灵武矿区一般为 4.26～9.9m^3/t；盆地范围内以宁夏汝箕沟矿区原煤的兰氏体积最高，达26.2m^3/t。总体上，鄂尔多斯盆地煤储层兰氏体积南部矿区明显高于北部矿区，西部高于东部。Langmuir 压力相对较低，其变化范围为 0.47～2.0MPa，平均为 1.08MPa。根据实验结果，延安组煤层的朗格谬尔体积为 8.67～32.7m^3/t，平均为 15.48m^3/t；朗格谬尔压力为 0.84～15.14MPa，平均为 5.42MPa(表 5－6)。

表 5－6 侏罗系延安组煤层等温吸附实验结果

序号	井名或采样煤矿	朗格谬尔体积/(m^3/t)	朗格谬尔压力/MPa	实验温度/℃
1	苏 2 井	15.80	3.96	45
2	横山石马呱	13.25	3.50	30
3	店头北川	16.81	3.28	30
4	李章河	8.67	0.84	/
5	固 4 井	11.15	2.72	/
6	剖 11 井	10.07	4.75	/
7	宁探 1 井	18.50	6.24	/
8	彬县	9.04	3.65	/
9	焦坪	18.72	6.08	/
10	剖 9 井	31.09	14.91	45
11	岭 43 井	32.7	15.14	45
平均值		15.48	5.42	

注：该表中为无灰基样数值。

鄂尔多斯盆地晚古生界石炭二叠系原煤郎氏体积普遍较高，一般为 9.66～36.66m^3/t，平均为 15.82m^3/t。陕西北部府谷矿区为 9.66m^3/t，南部铜川矿区为 19.9m^3/t 左右；韩城矿区煤储层兰氏体积较高，可达 36.66m^3/t；山西河东煤田煤储层兰氏体积为 9.9～22m^3/t，由北向南兰氏体积不断增加；宁夏中部及韦洲等矿区煤储层兰氏体积相对较小，多小于 16m^3/t；内蒙古桌子山至宁夏石炭井一带为 16～20m^3/t。总体上，石炭—二叠系煤储层兰氏体积以东南和西北矿区相对较高，而东北及西南矿区相对较低。盆地内储层兰氏压力相对较小，一般为 0.31～1.86MPa，平均为 0.96MPa。

石炭—二叠系郎氏体积均较高，30℃时测得郎氏体积为 28.9～47m^3/t，平均为36.7m³/t，且不同地区、不同层系的数值变化不大，反映了各煤层均有较高的吸附气量。郎氏压力值除关家崖矿区的测点值高达5MPa外，其他地区均集中在1.02～1.45MPa(表5－7)。

表5－7 鄂尔多斯盆地石炭—二叠系煤层甲烷等温吸附成果表

地区	煤层号	R_o/%	V_L/(m³/t)	P_L/MPa	甲烷吸附量随压力变化梯度/(m³/t·MPa)					
					0～1	1～2	2～3	3～4	4～5	5～6
保德芦子沟	8	0.58	36.1	1.32	15.59	6.19	3.32	2.07	1.41	1.03
兴县关家崖	8	0.57	37	5	6.17	4.4	3.3	2.57	2.06	1.68
临县裕民	5	0.98	36	1.02	17.82	6.02	3.03	1.82	1.22	0.87
柳林大庄	8	1.15	47	1.37	19.83	8.06	4.37	2.74	1.88	1.37
蒲县南湾	8	1.15	28.9	1.45	11.8	4.96	2.73	1.73	1.19	0.87
乡宁地坪	5	1.37	34.9	1.37	14.73	5.99	3.25	2.04	1.4	1.02
韩城马沟渠	8	1.51	36.9	1.19	16.2	6.93	3.29	2.02	1.37	0.99

根据张五济等(1995)对全国不同地区郎氏体积和郎氏压力分布规律的统计结果，鄂尔多斯地区的郎氏体积与华北地区(主要频率分布区间为25～45m³/t)较为接近，而明显高于西北区(20～32m³/t)，郎氏压力接近西北区(1.0～1.15MPa)，分析认为主要与实验设备有关。根据煤炭科学研究院西安分院测试的等温吸附实验数据，其郎氏体积与此次测试样品也存在较大差异，因此，在综合分析的基础上，结合柳林煤层气勘探实验区吴试1井10#煤郎氏体积(19.3～23.5m³/t)的实际分析数据，认为本次实验测试的等温吸附量偏高。

(三)煤岩吸附性能的影响因素分析

据国内外研究成果表明，煤岩甲烷吸附量主要与煤岩性质、变质程度以及温度、压力等因素有关。通过对此次有限样品的等温吸附实验结果分析，认为煤岩甲烷吸附量受煤岩性质和变质程度的影响远比温度和压力的影响小得多。

随温度升高，甲烷分子能量增加，分子键作用减弱，分子量降低，从而易于吸附。例如，柳林成家庄矿煤样在30℃和50℃所测试的结果显示，随温度升高，伴随着压力增大，煤岩甲烷吸附量增加幅度呈下降趋势。在压力为1MPa条件下，50℃所测试的吸附量较30℃时下降了54%，到6MPa时下降了30%。

压力对吸附量的影响主要表现在随压力升高，吸附量逐渐增高，且在不同压力段增加幅度不同。从表5－7可以看出，在0～1MPa压力段时，吸附量增加幅度最大，梯度为11～20m³/(t·MPa)，此后，随压力升高，吸附量增加梯度逐渐减小，当压力大于6MPa后，梯度基本上小于1m³/t·MPa。

二、煤层含气量特征

(一)煤层含气性影响因素分析

1. 煤层埋深

一般认为，煤层中甲烷的含量与煤层的埋深成正比[图5-8(a)]，通过分析鄂尔多斯盆地东缘的含气量可以看出：当煤层埋深为300~650m，含气量为7.5m³/t，含气量增加梯度为0.21m³/t；当埋深为650~1000m时，含气量为10.5m³/t，增加梯度为0.01m³/t；当埋深为1000~1500m，含气量为12.5m³/t，含气量增加梯度仅为0.008m³/t，明显小于前两者。煤层中甲烷含量虽受埋深的影响，但不是主控因素，在地质选区时只要避开甲烷风化带，选择适合煤层气勘探开发的埋深范围即可。

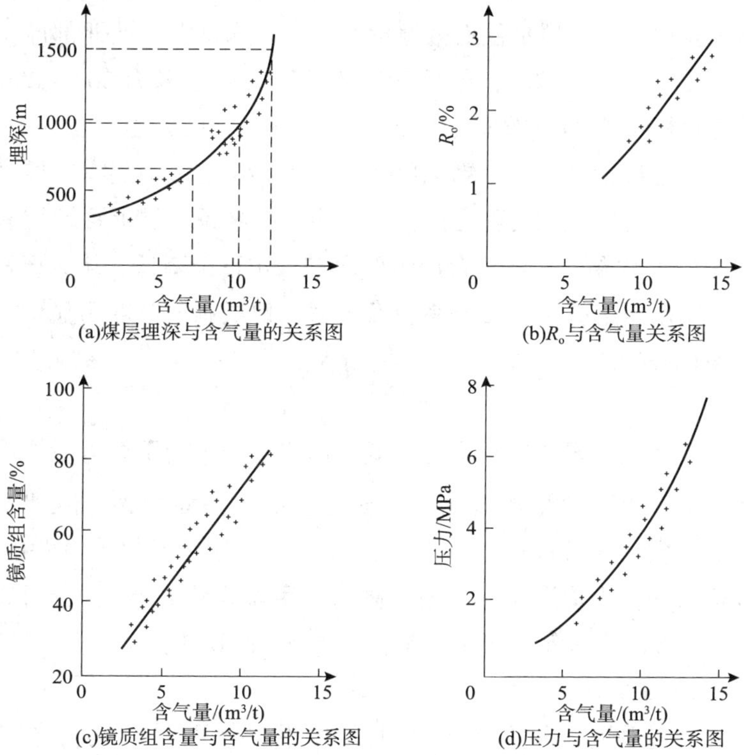

图5-8 煤层含气量与埋深、R_o、镜质组含量及压力的关系图

2. 煤层上覆地层有效厚度

吴佩芳指出煤层气含气量一方面与埋深呈正相关关系，同时也与煤层上覆有效厚度有关。煤层上覆地层有效厚度是指煤层到气体大量生成后第一个不整合面的地层厚度，真实地反映了甲烷气体大量生成后，由构造作用而引起的地层抬升、剥蚀等对煤层气保存条件的影响。煤层上覆地层有效厚度较大的地区，原始压力降低幅度较小，煤层气解吸逸散掉的气量较少，则煤层含气量丰度高，反之则含气量低。

鄂尔多斯盆地侏罗系延安组煤顶存在侏罗系顶面和白垩系顶面两个不整合面，按煤层上覆地层有效厚度的定义，侏罗系顶面对煤层气保存有影响，但事实并非如此，延安组煤层生气高峰期处在白垩纪末期，生油门限深度为1850~1900m，而侏罗纪沉积末期煤层上覆原始沉积厚度仅为1200~1600m，未达到生油门限深度，因此，认为延安组煤层上覆有效地层厚度应在白垩纪末期不整合面上。

盆地内延安组煤层上覆地层有效厚度东部、东南部薄、西北部厚。侏罗系顶的地层有效厚度为100~800m，白垩系顶的地层有效厚度为300~2000m，前者在煤层气勘探目标区内的有效厚度仅为100~400m，后者为300~1500m，说明煤层顶部东部、南部抬升较高，剥蚀厚度大，使煤层上覆地层有效厚度减薄，保存条件变差，煤层含气饱和度随之降低。石炭—二叠系煤层上覆地层有效厚度基本接近5#煤层的埋藏深度。不整合面由西向东层位逐渐降低，从吴堡地区到河东的成家庄，依次出露三叠系、二叠系及石炭系，地层剥蚀厚度明显增大，煤层含气性愈低，保存条件愈差。

3. R_o

R_o一般用来表示煤岩变质程度的高低，但对煤层中的甲烷含量亦有一定的影响。一般情况下，甲烷含量随着煤岩变质程度的提高而增大，但到无烟煤煤阶时，含气量随变质程度升高而降低。根据大宁—吉县地区数十口井的R_o与含气量的数据分析可知：当镜质体发射率增高时，甲烷含量亦增大(分析镜质体反射率数据均小于2.5%，不含无烟煤资料点)[图5-8(b)]。

4. 煤岩显微组分对含气量的影响

煤岩组分中镜质组分含量的变化对煤层中甲烷含量具有一定的控制作用。一般来说，镜质组含量增加，含气量增高，反之亦然；但曹爱国认为影响煤层气含气量的主要因素是惰质组，因为煤层气的生烃能力远远大于其吸附能力，含气量主要取决于显微组分对煤层气的吸附能力，惰质组的吸附能力高于镜质组。但对于鄂尔多斯盆地，煤岩中惰质组含量极低，故认为对甲烷含量造成影响的主要是镜质组的含量。通过对鄂尔多斯盆地显微组分定量分析和含气量的分析，可知随着镜质组含量的增加，煤层气含量也增大[图5-8(c)]。

5. 煤层段压力特征

煤层段的地层压力越低，吸附气体越易散失，从煤层基质孔隙向裂隙中运移，煤层含气饱和度越低；煤层段的压力越高，越易形成压力封堵型或水压封堵型煤层气藏。对大宁—吉县地区含气量与各井点压力的相关分析，得出含气量与压力的对应关系是：随着围岩压力的增大，含气量增加，二者呈正相关关系[图5-8(d)]。

(二)含气性评价

煤矿瓦斯突出现象、等温吸附实验及钻井现场解吸含气量均表征煤层含气性高低的主要地质参数。

1. 钻孔煤层瓦斯含量测定

煤层含气量是对前述煤层气基本地质条件和成藏条件的最终检验。如果没有煤层气探井，无法获得煤层现场解吸含气量数据时，可借助煤矿瓦斯突出鉴定数据和煤炭钻孔含气量测定结果，对鄂尔多斯盆地煤层含气性进行评价。

煤矿瓦斯突出数据来源于矿井瓦斯抽排测试。煤层瓦斯含量测定主要采用如下公式：

$$Q = \frac{q_{可燃物} \times [100 - (A + W + S)]}{100} \tag{5-3}$$

式中，Q 为煤层瓦斯含量，m^3/t；q 为单位重量的可燃物中的含气量，mL/g；A、W、S 分别为灰分、水分、硫分含量，%。

综合分析乌海地区矿井瓦斯测定和钻孔测定数据可得出，矿井瓦斯含量比钻孔瓦斯含量高1~2倍，其主要原因是：①矿井煤层裸露的面积大，压力释放快，煤层解吸半径大，突出的瓦斯含量高。②煤炭钻孔取样的时间长、瓦斯损失量高，致使测定数据偏低。但各方法间高瓦斯含量的对应关系一致，故可定性说明该区内煤层气含量。

但对于整个鄂尔多斯盆地来讲，煤矿区分布在各目标区外围，所反映的数据仅有相对性，只表明某一地区煤的瓦斯含量高或低，定性地认为瓦斯突出量高，表明该煤层含气性好。表5-8是部分煤矿瓦斯等级鉴定结果，该结果说明韩城地区石炭—二叠系煤，焦坪、崔家沟侏罗系煤具高瓦斯含量特征，仅能获得感性认识，但不能用来对目标区煤层含气性进行定量评价。

表5-8 部分煤层瓦斯等级鉴定结果表

煤矿	层位	沼气(CH_4)			二氧化碳(CO_2)		
		全矿井		鉴定等级	全矿井		鉴定等级
		绝对量/(m^3/min)	相对量/($m^3/t \cdot d^{-1}$)		绝对量/(m^3/min)	相对量/($m^3/t \cdot d^{-1}$)	
焦坪	J	3.92	12.30	高	3.35	10.51	高
崔家沟		5.89	23.05	高	3.38	13.23	高
彬县		2.25~2.69	3.84~6.08	低	2.02~2.04	4.05~5.46	低
旬邑		40~1.49	3.92~8.29	低	0.70~1.63	4.28~9.40	低
黄陵		0.74~2.12	3.51~5.09	低	0.30~1.78	1.42~4.27	低
桑树坪	C-P	16.17~39.90	82~18.05	高	10.30~19.79	7.35~11.50	低—高
马沟集		58.00	12.13	高	5.64	9.02	低
象山		21.09	17.57	高	6.82	5.68	低

2. 等温吸附实验评价含气性

等温吸附实验对煤层含气性评价较为真实，表5-6、表5-7是部分井点及地区煤层等温吸附实验结果，两表说明石炭—二叠系煤理论含气量普遍高于侏罗系，两组煤均有一定的生气潜力。但此方法受实验条件、研究经费等因素的制约，实验的数量有限，这些数据不能满足区域评价的需求。

3. 钻井现场解吸含气量

钻井现场解吸含气量可信度高，在鄂尔多斯盆地东缘吴堡、柳林和东南缘大宁—吉县等煤层气井分布的区域较适用。

对石炭—二叠系煤层气钻井现场解吸数据分析可知，大宁—韩城地区5#煤层含气量为4.41~23.36m^3/t，8#煤层含气量为5~18m^3/t；吴堡、柳林地区5#煤层含气量为9.5~18m^3/t，8#煤层含气量为10~20m^3/t。

合水—宁县地区所钻的7口侏罗系煤层气探井含气量为0~6.29m^3/t（表1-2），东部黄陵地区黄试1井延9煤层含气量平均约为6m^3/t，焦坪JPM—1井延8煤层含气量为5m^3/t，延9煤层含气量为6.4m^3/t。与石炭—二叠系相比，普遍显示煤层含气量低的特点，究其原因主要有：①煤岩热演化程度低，R_o为0.4%~0.8%，最高不超过1%，煤岩还未达到生气高峰期，因而煤层含气量低。②煤岩组分中惰质组含量与镜质组含量相当，煤岩受氧化作用破坏程度较高，煤层气保存条件较差。③煤层沉积在内陆湖盆环境中，煤中灰分含量变化大，致使含气量降低。

4. 理论经验公式与含气量

前文已述及煤层含气量受煤层上覆地层厚度、镜质体反射率、煤岩成分、煤质等多种因素的影响，原地矿部华北石油地质局根据柳林地区的现场含气量和理论含气量，制定了计算含气量的经验公式：

$$Q = -1.28 + 0.0037X_1 - 0.00055X_2 + 0.114X_3 + 5.98X_4 \quad (5-4)$$

式中；Q 为理论含气量，m^3/t；X_1 为煤层上覆地层厚度，m；X_2 为灰分含量,%；X_3 为镜质组含量,%；X_4 为镜质体反射率,%。

根据式(5－4)，计算盆地东部30多口井的含气量，分析认为，当煤层埋深为300～1000m时，5#煤层、8#煤层平均含气量为8m³/t；当煤层埋深为1000～1500m时，甲烷平均含量为10.4m³/t；当煤层埋深为1500～2000m时，平均含气量为12.5m³/t。

5. 气测资料分析煤层含气量

鄂尔多斯盆地自20世纪70年代初以来钻探的油气井已达上万口，由于以往没有认识到其对煤层气勘探的意义，因此，未专门测定煤层含气量。本次工作对数千口油气钻井的气测资料进行了复查，发现一些有气测资料的探井在延安组煤层段气测显示甚为明显，气测值大小在一定程度上代表煤层的含气情况，据此可以定性地反映煤层气的含气性特征，这对于分析煤层气含量具有重要参考价值。

1)气测值与煤层含气量的关系分析

根据山西晋城地区煤层含气量与气测值的对比，结果表明同一口井中，气测值高则煤层含气量高。说明煤层段的气测值大小与煤层含气量高低具有对应关系。表5－10列举了该区4口井两个主力煤层(3#煤和15#煤)的气测全烃含量和相应的煤层含气量数据。从表5－10中不难看出，在同一口井中气测条件相同的情况下，对于不同煤层而言，气测全烃含量高的煤层其含气量也高。例如晋试2井、晋试3井的3#煤层全烃含量分别为50.98%和78.96%，15#煤层全烃含量分别为24.20%和14.00%，两口井所对应的两层煤层的含气量平均值分别为22.8m³/t、19.2m³/t和21.5m³/t、14.0m³/t。同样，晋试4、晋试5井中的15#煤层的含气量高于3#煤层的实际含气量，15#煤层气测全烃含量大于3#煤层。鄂尔多斯盆地东部地区的吴试1井和吉试1井气测全烃含量与煤层实际含气量之间也存在同样关系(表5－10)。由此可见，上述规律具有一定的普遍性。

表 5－10　煤层气测全烃含量与煤层实际含气量对比表

地区	项目			
	井名	煤层编号	气测全烃含量/%	煤层含气量平均值/(m^3/t)
晋城地区	晋试 2	3	50.98	22.8
		15	24.20	21.5
	晋试 3	3	78.96	19.2
		15	14.00	14.0
	晋试 4	3	31.10	25.0
		15	46.93	26.3
	晋试 5	3	37.67	15.7
		15	83.30	20.9
鄂尔多斯盆地东部	吴试 1	5	37	11.3
		8	66	12.6
	吉试 1	5	100	14.55
		8	80	12.75

2）影响煤层气测的因素分析

通过研究发现，就同一地区的同一煤层而言，不同井之间的气测全烃含量和煤层实际含气量之间的对应关系并不明显。例如，晋城地区晋试 5 井 15#煤层的气测全烃含量最高，达到 83.30%，煤层含气量仅为 20.9m^3/t，该数值甚至低于气测全烃值较低、煤层含气量反而高的晋试 4 井、晋试 2 井。

造成上述现象的原因有多方面，如泥浆比重、泥浆泵的排量大小、气测仪脱气效率等，即使煤层含气量相当，由上面的因素造成的煤层气测值的变动范围一般为 1～4 倍，根据有关资料，在晋城地区这种气测值的变化为 1～3.4 倍，仍然难以显著区分出含气量的高低。但是，当气测值存在数量级的差别时，则提示煤层的含气量可能有明显的差别。例如，吉试 1 井上古生界煤层的全烃含量为 80%～100%，平均含气量为 13.1m^3/t，而彬县地区的 HW—B1 井中侏罗系延安组煤层的气测全烃含量约为 0.1%，含气量小于 2m^3/t，气测值相差 3 个数量级，含气量相差约 10 倍。

上述现象表示，在应用气测值判定煤层含气量时应当注意是否存在大的差异，据此可定性分析煤层含气量高低，对寻找高含气量区具有一定的参考价值。

3）煤层气测全烃浓度变化规律分析

鄂尔多斯盆地延安组除直罗地区的张 4 井、张 5 井外，全烃浓度以陇东—灵盐地区最高，为 20 ~ 7602ppm/m（1ppm = 10^{-6}），平均为 1421ppm/m（表 5 – 11）。盆地东北部的乌审旗地区全烃浓度为 902ppm/m，南部彬县、长武地区为 316 ~ 1230ppm/m，平均为 856ppm/m，均比陇东—灵盐地区低。全烃对数值在陇东—灵盐地区主要为 1.3 ~ 3.88，盆地南部为 2.5 ~ 3.09，乌审旗地区约为 2.96。

表 5 – 11　鄂尔多斯盆地不同地区延安组煤层气测全烃浓度及对数值对比表

气测全烃值	地区		
	陇东—灵盐地区	乌审旗地区	长武—庙湾地区
气测全烃浓度/(ppm/m)	$57\frac{20\sim7602}{1421}$	$1\frac{902}{902}$	$3\frac{316\sim1230}{856}$
Log 全烃浓度/(ppm/m)	$57\frac{1.3\sim3.88}{2.85}$	$1\frac{2.96}{2.96}$	$3\frac{2.5\sim3.09}{2.86}$

注：全烃浓度 = 样品数$\frac{范围值}{平均值}$。

总体来看，延安组煤层的气测全烃浓度有一定的变化，但是变化范围较小。仅直罗地区的张 4 井、张 5 井煤层厚度小于 1m，但气测全烃浓度达 23400 ~ 30756ppm/m，该区煤层气测全烃浓度值高可能与靠近延安组聚煤期湖泊沉积环境煤层气保存条件好以及后期构造影响作用较弱有关。

三、含气饱和度特征

(一) 上覆地层有效厚度与煤层含气饱和度的关系分析

地层原始沉积特征对煤层含气饱和度的计算至关重要。利用原始地层厚度求取含气饱和度的方法包括：①将原始地层的压力视为静水压力。②读取各井点的现今地层厚度及现今压力。③结合等温吸附线做出的现今压力段对应的地层含气量，将原始压力数据投到等温吸附线上求出原始地层含气量，两者的比值即为现今含气饱和度。其计算公式如下：

$$S_g = \frac{G_{今}}{G_{原始}} \times 100\% \qquad (5-5)$$

式中，S_g为含气饱和度,%；$G_{今}$、$G_{原始}$分别为现今和原始煤层的含气量，m^3/t。

根据上述方法，对合水—宁县、吴堡地区煤层含气饱和度进行计算（表 5 – 12），吴堡地区含气饱和度为 40% ~ 60%，并由东向西增大。合水—宁县地区含气饱和度为 45% ~ 75%，高饱和区处在瓦斜—焦村以西及以北，在固城—宁探 1 井一线，含气饱和度低于 50%。从这两地高饱和区的平面分布来看，高饱和区的分布与煤层埋深变化趋势一致，也与煤储层发育段的平面变化相符。煤层孔隙、裂隙发育区含气饱和度低，煤层埋藏较深的地段孔隙、裂隙不发育区，原始气藏保存条件好，煤层含气饱和度高。

表 5－12　利用煤层上覆地层有效厚度综合计算煤层含气饱和度

井号	层位	原始地层厚度/m	原始静水压力/MPa	现今地层厚度/m	现今地层压力/MPa	原始地层含气量/(m^3/t)	现今地层含气量/(m^3/t)	现今含气饱和度/%
旬探 1	Y_9	1494.6	14.9	135	3.1	14.0	5.2	37
黄深 1	Y_9	620	6.2	180	3.6	12.7	6.1	48
剖 11	Y_9	1160	11.6	600	6.5	20.5	8.2	40
剖 12	Y_9	1181.2	11.8	590	6.3	19.0	7.5	39
宁探 1	Y_9	1145.5	11.4	405	6.9	16.0	8.0	50
固 7	Y_9	1247	12.4	355	6.5	14.0	7.6	54
榆 5	C_3t	2440	24.4	2070	20.5	24.5	14.0	57
吴试 1	C_3t	2480	24.8	1280	13.1	20.0	10.8	54
ZK10	C_3t	2510	25.1	760	8.2	25.0	13.0	52
ZK11	C_3t	2520	25.2	590	6.3	26.7	12.0	45
ZK5	C_3t	2600	26	80	1.3	28.0	4.2	15

（二）声速、电阻率测井曲线与含气饱和度的关系分析

利用测井曲线求取含气饱和度的方法在常规气藏勘探中已被广泛使用，但应用于煤层含气饱和度计算的实例甚少，本次选取声速、电阻率等测井曲线，对鄂尔多斯盆地主要煤层气目标区的含气饱和度进行计算，以检验上文计算的含气饱和度的真实性、可靠性。其基本方法是：在测井曲线上读出煤层段的电阻率及声波时差值，首先利用下式求出煤层的孔隙度值：

$$\Delta t = (\Delta t_f - \Delta t_m)\phi + \Delta t_m \tag{5-6}$$

式中，ϕ 为煤层孔隙度，%；Δt 为煤层段声波时差，μs/m；Δt_f 为孔隙中的流体时差，μs/m；Δt_m 为岩石骨架时差，μs/m。

然后采用下式求出煤层段的含气饱和度：

$$S_g = \left\{\frac{R_{mf}R_w}{\phi_m[ZR_{mf} + (1-Z)R_w]R_t}\right\}^{\frac{1}{2}} \tag{5-7}$$

式中，R_t 为地层真电阻率，Ω·m；S_g 为含气饱和度，%；R_w 为地层水电阻率，取 0.0355Ω·m；R_{mf} 为泥浆滤液电阻率，Ω·m；ϕ 为测井计算的岩石孔隙度，%；Z 为泥浆与地层水混合经验系数，取 0.7；m 为孔隙结构指数，变化范

围为 1.5 ~2.2。

采用公式(5 -6)对 4 个目标区的含气饱和度进行定量计算，结果显示：侏罗系合水—宁县地区延 7—9 煤层含气饱和度为 45% ~75%，由东向西北增大；黄陵地区含气饱和度为 40% ~60%，并由东向西增大；吴堡地区含气饱和度为 40% ~60%；大宁—吉县地区 5# 煤含气饱和度为 30% ~50%，8# 煤为 45% ~70%，均由东向西呈环状增大。

两种不同的计算方法均得到相近的计算结果，该结果均较真实地反映出各区煤层含气饱和度的平面变化，同时也说明，含气饱和度大于 60% 的高饱和区煤层气勘探不利，因为煤层孔隙、裂隙不发育，埋藏变深；在煤层含气饱和度处于 40% ~60% 的地段，煤层储集条件好，在保存条件好时，可成为煤层气藏富集的有利场所。

第六章　煤层气藏类型划分及成藏保存条件分析

煤层气保存条件是衡量某一个地区煤层气是否最终聚集成藏的重要因素，与围岩岩性、断裂发育程度及水文地质条件密切相关。

第一节　煤层气藏类型划分

一、煤层气藏的定义

李明潮等认为，煤层气藏是煤中甲烷在具备适当外界条件时，相对集中在一定的围限内，围限内的气体富集程度、压力一般高于围限外；钱凯、赵庆波等以及李五忠等均认为煤层气藏是指在压力作用下“圈闭”着一定数量气体的煤岩体，并提出了“有效煤层气藏”或“经济煤层甲烷气藏”的概念；袁政文等认为煤层气藏主要是热成熟煤岩生成的烃(主要是甲烷)，其大部分已运移出去，仅少部分通过范德华力被吸附在煤岩基质微孔隙内表面，吸附量随压力增加而增大，随温度增高而减少，且认为煤层气藏生、储同层是受压力封闭(或圈闭)成藏，对构造圈闭条件要求不高；张建博等则认为，煤层气田是煤层气评价研究和勘探开发的基本单元，其在盆地中的位置与煤田的概念大致相当，其下再无须划分出煤层气藏，指出煤层气田应理解为具有一定规模，并具有商业开采价值的煤岩体；桑树勋等认为煤层气藏是地层中煤层气聚集的基本单元，其形成同样需要具备煤层气聚集和圈闭两个必要条件，只不过形成煤层气藏的圈闭为压力圈闭，与常规圈闭的容纳机制不同，没有确定的地质边界和确定的几何形态，因而将煤层气藏理解为是煤层气发生富集的压力圈闭，并认为压力圈闭是煤层气成藏要素优化配置的结果，压力圈闭的富气程度主要受控于煤层气成藏过程匹配关系的优化；张新民等亦认为，煤层气藏是进行煤层气勘探开发的基本地质单元，但认为其定义并不建立在圈闭概念之上，指出煤层气藏是指在地层压力(水压和气压)作用下保有一定数量气体的同一含煤地层的煤岩体，并具有独立的构造形态，在煤层热演化作用过程中形成，且在后期构造运动中未被完全破坏，呈层状产出。

尽管前人对煤层气藏的认识存在很大分歧，但以往的研究均表明压力对煤层气富集的影响明显。因此，煤层的顶、底板岩层及煤层的水动力系统所提供的压力，是形成煤层气富集与封闭的重要因素，也是煤层气藏概念反映的重要内容。基于以上认识，笔者认为煤层气藏是指在压力封闭作用下，吸附煤层气达到相当数量的煤岩体或煤层，是煤层气聚集和煤层气勘探开发的基本地质单元，具有以下特点：①煤层气藏必须含一定量的煤层气。②煤层气的赋存受压力控制，压力与流体性质密切相关；煤层气藏处于同一流体单元，是煤层气聚集的最小单元。③所谓的“煤岩体”，不仅指煤层，还包括煤层的部分顶板和底板。

二、煤层气藏的边界条件

煤层气的赋存状态不同于常规气藏，可通过边界条件确定气藏；煤层气藏的边界是煤层气藏划分的前提，也是煤层气勘探开发工艺选择的依据，水动力边界、风氧化带边界、物性边界、断层边界和岩性边界这 5 种边界类型，对确定煤层气藏范围具有重要指导意义。

以大宁—吉县地区为例分析盆地煤层气藏边界特征。石炭系沉积时期，鄂尔多斯盆地存在一个中央古隆起，石炭系由东向西变薄，煤层也向西变薄直至尖灭或形成极薄的低渗透带，其东部和南部部分区块以紫金山断裂为界线。以煤层组分、$\delta^{13}C_1$ 含量、水动力特征及试采排液特点进行煤层气藏成因分带，认为该区甲烷风化带边界埋深为 300m，主要位于紫荆山断裂以东、乡宁—韩城边界断裂带附近，风化带宽度为 1 ~ 5km，煤层含气量小于 $1m^3/t$，此带中煤层含气量特低，是煤层气勘探最不利的地区。由于本溪组 8# 煤和山西组 5# 煤形成于不同的沉积环境，岩石序列、物质类型均存在较大差异，虽然经历了相同的地质演化过程，但先天的差异使得两者形成了不同的静水压力系统，煤层气藏特征也明显不同，如 5# 煤的煤层含气量普遍高于 8# 煤，因此，根据水动力系统特征将山西组 5# 煤和本溪组 8# 煤划分为两个相对独立的煤层气藏。

三、煤层气藏的类型

按照变质程度可将煤层气藏划分为高煤阶煤层气藏、中煤阶煤层气藏及低煤阶煤层气藏 3 种类型，本文将 $R_o<0.7\%$（煤阶主要为褐煤和长焰煤）的煤层气藏定义为低煤阶煤层气藏，$0.7\%<R_o<1.9\%$（煤阶主要为气煤至瘦煤）定义为中煤阶煤层气藏，$R_o>1.9\%$（主要为贫煤和无烟煤）的定义为高煤阶煤层气藏；在煤阶分类的基础之上可进一步按构造形态、煤层围岩条件和地下水动力学特征分类：按构造形态可将鄂尔多斯盆地煤层气藏划分为低角度单斜型、高角度单斜型、背斜型、向斜型和伸展型5种气藏类型；按围岩条件和地下水动力学特征可划分为顶板网络状和承压水封堵型煤层气藏两大类，又可细分为4种类型。

(一)石炭—二叠系

1. 按构造形态划分

根据第四章第三节的分析可知，石炭—二叠系煤层气藏主要为中、高煤阶煤层气藏。按构造特征可划分为以下类型(图6-1)。

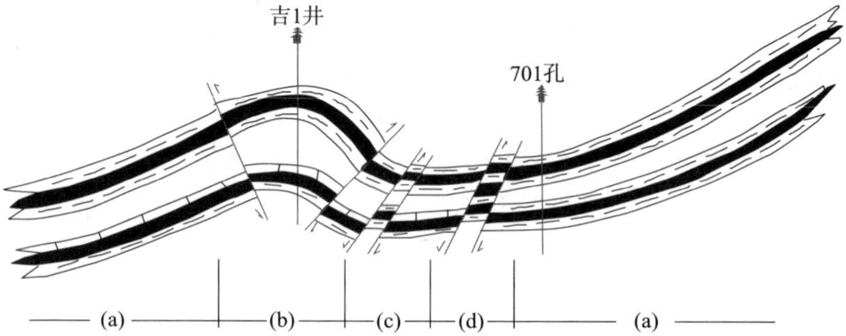

图6-1　大宁—吉县地区煤层气藏剖面图

1)低角度单斜型煤层气藏

该类气藏在鄂尔多斯盆地主要位于蒲1井—吉试4井—吉1井以西及蒲县—明珠以东的广大区域。单斜构造坡度小，地层倾角小于10°，一般为5°~10°，在煤层顶、底板封盖条件好的前提下，可形成煤层气富集区。此类气藏类型是该区煤层气勘探的最有利类型之一[图6-1(a)]。

2)高角度单斜型煤层气藏

该类气藏在平面上主要位于古驿—窑渠构造的东斜坡，地层倾角较陡，通常大于10°，层间水流动频率较大，不利于煤层气保存，煤层气藏类型较差。

3)背斜型煤层气藏

该类气藏包括对称与不对称背斜两种基本类型。在对称背斜型中，背斜构造顶部裂隙发育，形成游离气体逸散的通道，含气性往往变差，向两翼及倾伏端方向含气性变好，在吉1井和蒲1井所控的古驿—窑渠构造的东西两侧，由于构造挤压变形增大而产生的逆断层、断层面附近，煤粒破碎，煤层渗透率降低，形成煤层气侧向封堵的屏障，阻止煤层气进一步向背斜构造轴部运移，而背斜构造轴部供气范围小，仅靠其自身的产气能力向邻层提供游离气，使吸附气保存在煤层中。而该类煤层气藏的解吸半径小，供水范围有限，煤层气排水降压困难。因而，此类背斜型控气构造是一种"死"圈闭，不但煤层气不能富集成藏，且常规天然气不能聚集，吉1井、蒲1井的常规天然气钻探已证实这一点[图6-1(b)]。

4)向斜型煤层气藏

该类气藏位于向斜构造的轴部，在大宁—吉县地区，气藏位于薛关—山口—屯里、五龙宫南北一线。理论上讲，向斜构造轴部是煤层气聚集的最佳部位，但向斜部位煤层埋藏深度增加，煤岩储集性能会差，最理想的是煤层埋深500～1000m的稳定无断裂破坏的向斜构造，煤层气成藏条件最好。然而，受薛关—屯里南北向放射状断层组的影响，使区块内煤层结构遭到严重破坏，储集性能变差，煤层气保存条件受到影响，致使成藏条件变差。总之煤层气成藏条件的好坏视断层性质、煤体破坏程度而定[图6-1(c)]。

5)伸展型煤层气藏(断块式煤层气藏)

该类气藏一般受断裂控制，夹持在两条或数条断层之间，如果主控断层为逆断层，在逆断层之间所形成的断块内可形成局部煤层气富集区；如果主控断层为正断层，此类断层具开启性，断块内煤层气沿断层逸散，对煤层气成藏失去意义。在峪口—五龙宫间，由数条逆断层控制而形成多组伸展型煤层气藏，该类气藏成藏条件一般[图6-1(d)]。

2. 按围岩条件和水动力学特征划分

煤层顶、底板岩性的纵向组合及平面展布是划分煤层气藏和进行有利煤层气藏勘探有利区评价的关键因素，根据顶、底板组合特征，结合水动力条件可将煤层气藏划分为承压水动力封闭型单一成因煤层气藏、顶板微渗滤封闭型单一成因煤层气藏、压力封闭型煤层气与煤成气混合成因煤层气藏和顶板强渗滤封闭型混合成因煤层气藏4种类型(图6-2)。

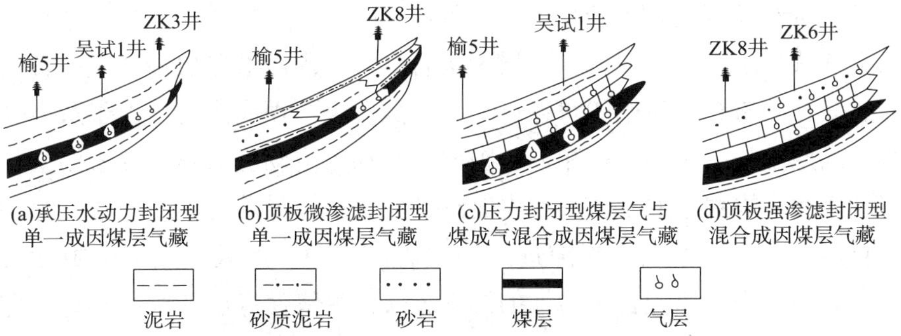

图6-2 鄂尔多斯盆地煤层气藏类型示意图

1）承压水动力封闭型单一成因煤层气藏

该类气藏是石炭—二叠系5#主力煤层的成藏类型之一，煤层顶、底板均为泥岩封盖，泥岩隔水层阻断了煤层顶、底之间的水力联系，使煤层处于承压状态，并缓慢由高压区向低压区流动，在其流动过程中，遇到渗入水侵入或上倾岩性相变，使得煤层承压水局部相对形成阻滞带，产生气水倒置现象，气层上倾部位的水在超压作用下阻止煤层气的侧向流动，最终使煤中的吸附气聚集成藏，分布于吴堡榆5井—吴试1井—ZK3井及大宁—吉县区块东斜坡部位的广大地区。该类气藏煤层气储气丰度高，成藏类型好，具有排水量大、气产量高等特点。

2）顶板微渗滤封闭型单一成因煤层气藏

该类气藏煤层顶板为砂岩或薄层泥岩，底板为厚层泥岩，砂岩顶板又被砂质泥岩封盖，底部与薄层泥岩或煤层接触。砂岩含水层的水体沿着煤层微裂隙渗滤，产生局部阻塞现象，水动力局限或较弱，起到大面积微渗滤作用，易形成低丰度、低产能的煤层气田。吴堡地区ZK8井和榆5井及其以北地区主要为该类煤层气藏，大宁—吉县地区5#主煤顶板条件相对较好，多为大于1m的泥岩封盖，形成顶板网络式煤层气藏的可能性不大。

3）压力封闭型煤层气与煤成气混合成因煤层气藏

该类气藏煤层直接顶、底板为灰岩，灰岩又被厚层泥岩覆盖，煤层与顶、底板之间在上倾端存在岩性变化带，经压实作用后形成大段高压地层，纵、横向组成一个完整、封闭且独立的压力体系，将其称为压力封闭型煤层气藏。该类气藏是石炭—二叠系8#主煤主要的煤层气藏类型，储层为煤层和灰岩，煤层中富集吸附气，灰岩的孔隙、裂隙聚集游离气，按其储层岩性可将该类气藏称为煤层气与煤成气混合成因气藏。气藏的形成一般靠近构造斜坡的下倾端，上倾端存在水动力封闭或两种封闭类型的过渡带。

4）顶板强渗滤封闭型混合成因煤层气藏

该类气藏煤层底板为泥岩，顶板为灰岩，灰岩顶面被厚层砂岩直接覆盖，缺乏泥岩过渡，砂岩含水层中的水通过灰岩裂隙向煤层顶面渗滤，由于灰岩裂隙与煤层割理同期生长，延伸特征相似，因此，水动力流动能力强。砂岩储层物性比灰岩好，因此，煤层中的游离气率先运移到砂岩中，随着时间的推移，煤层中的吸附气自然解吸，通过灰岩裂隙进入到砂岩储层中，形成煤层中吸附含气量降低、灰岩和砂岩中游离气含量增加的储气方式，最终使煤层气成藏类型变差、煤成气成藏类型变好。

对单个煤层气藏的成因及所对应的局部地段进行详细分析，认为这几类气藏不是孤立存在的，而是形成彼此难以分开、相互依存的复合式煤层气藏。根据各类气藏对煤层气成藏富集的贡献来评价，吴堡地区榆5井—吴试1井—ZK3井一线和大宁—吉县地区吉试3井—吉试1井—吉试4井—吉试5井西斜坡、ZK302—ZK201孔东斜坡煤层气成藏类型最有利于煤层气勘探。

(二)侏罗系

根据鄂尔多斯盆地构造、水文地质及煤层顶、底板岩性研究结果，将侏罗系延安组煤层气藏类型划分为向斜型、低角度单斜型和高角度单斜型3类煤层气藏(图6-3)。向斜型煤层气藏位于天环向斜轴部，主煤层埋深超过1500m，煤岩孔渗条件差，不利于煤层气开发；低角度单斜型煤层气藏主要位于该向斜以东的广大地区，地层倾角平缓，向东主煤埋深变浅，孔渗条件变好，有利于煤层气成藏；高角度单斜型煤层气藏位于西缘横山堡南北一线，地层倾角陡，一般大于10°，水交替活跃，不利于煤层气成藏。

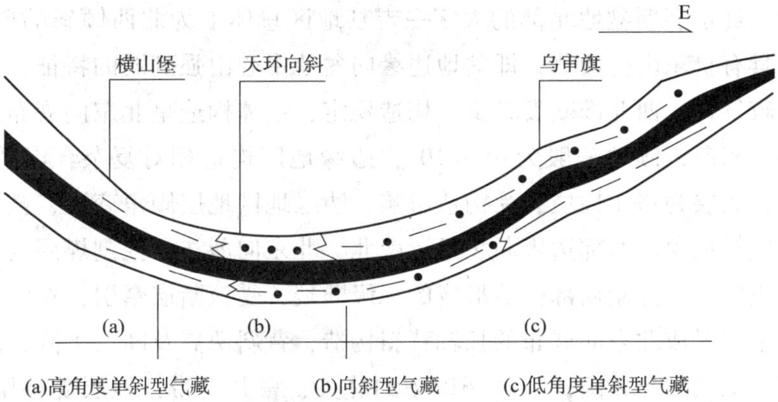

图6-3　侏罗系延安组煤层气藏剖面图

上述煤层气藏分类及评价以构造分析为基础，事实上，延安组煤层气藏类型不止上述几种，还有受水文地质条件控制的承压水封堵型煤层气藏，受煤层顶、底板影响的顶板网络状微渗滤型煤层气藏，且在同一个地区，这几类气藏不是孤立存在，而是彼此关联的整体，这5类气藏有时组合在一起成为复合式煤层气藏，有时还与水文地质条件相互穿插，使煤层气成藏更复杂。因此，分析乌审旗地区煤层气藏时，除根据构造形态划分煤层气藏类型外，还要综合分析水文地质、煤层顶、底板岩性等基本地质条件，只有这样，煤层气藏类型划分才符合实际，有利区评价才更准确。

第二节 煤层气保存条件

一、构造条件

(一)石炭—二叠系

历年研究成果表明，构造不但是煤层气成藏类型和煤层气富集的主控因素，而且对煤层埋深、储集性能均有一定影响。

1. 大宁—吉县地区

石炭—二叠系煤层气勘探的主要目标区位于晋西挠褶带南部的大宁—韩城地区，该区域有煤层气探井12口，二维地震测线4条约170km，煤炭钻孔32口，资料点齐全，为了突出研究重点，以该区为例，对煤层气藏形成的构造条件进行详细评价。鄂尔多斯盆地北部的大宁—吉县地区总体上为北西倾斜的单斜构造，构造变化具有自东南向西北，即盆地边缘向盆地中心由强到弱的特征，东南部断裂、挠曲较发育；西北部断裂较少，构造稳定，主体构造呈北东向展布。地层走向大致为北东向，倾角一般为4°~10°，边缘地区构造相对复杂，以断裂为主，褶皱较少，断层为挤压性质，受构造影响，边缘地区地层倾角变大，甚至存在地层直立或倒转现象。东部边界断裂呈近南北、北东向展布，控制煤层的分布，薛关—峪口正断层是控制局部构造形成的二级断裂，受该断层牵引，在断层上盘的古驿—窑渠间形成北东向展布的长轴背斜构造，背斜两翼及断层下降盘附近，构造线密集，地层倾角较陡；在断裂以东的薛关、曹井一带，地层受挤压而下坳，向东为单斜构造；薛关北东、屯里—吉家园为鼻坳构造；蒲县南—林家屯东南、放马岭等地为局部低凹地带，断裂构造不发育；南部乡宁一带也为单斜构造，柏山寺乡一带为局部隆起。

按构造控气理论，低角度斜坡部位有利于煤层气成藏和富集，背斜构造轴部煤层气成藏条件一般。但从区内煤层气钻探及试气结果来看，吉试14井、16井位于西倾单斜构造的斜坡部位，而吉试13井位于背斜构造轴部，试气不足30d，获2446m^3/d的高产气，地层产水保持为19~20m^3/d，吉试14井、16井试气产量均在200m^3/d以下，地层产水3~9m^3/d(表6-1)。如果试气结果能代表区内的真实情况，将对煤层气成藏理论提出挑战，意味着局部含煤构造高点也是煤层气富集成藏的有利部位。

表6-1 不同构造部位钻孔煤层气含量统计表

钻孔/井田	气含量/(m^3/t)			钻孔数/个	构造部位
	最小	最大	平均		
吉试3	13.00	19.19	16.10	1	构造斜坡带
吉试4	11.76	12.60	12.18	1	背斜轴部
吉试9	6.87	18.80	12.84	1	背斜轴部
象山	4.81	6.86	5.87	4	浅部第一挠褶带
	4.82	14.20	8.14	6	中部缓倾带及背斜倾伏带
	4.81	7.16	5.94	3	背斜轴部
下峪口	9.28	9.47	9.38	2	第二挠褶带
	10.76	15.52	13.18	5	缓倾带有背斜显示但十分宽缘
	6.94	10.83	8.98	4	背斜翼部、向斜轴部
桑树坪	7.41	11.45	9.27	4	缓倾带
	4.44	6.36	6.27	3	边浅部、褶皱翼部
	5.78	6.31	6.04	2	背斜轴部
	6.86	10.63	8.14	3	向斜轴和背斜交会处

合阳—韩城地区处于地质构造性质十分稳定的鄂尔多斯块体与构造性质比较活跃的渭河盆地之间，构造活动十分复杂，含煤区构造的形成、发展、演化，主要受秦岭挤压造山带和渭河伸展裂陷系统构造作用的控制。韩城地区构造的总体趋势是边浅部复杂，中深部简单，南北分区明显；构造变形呈断裂与褶皱并存，以断裂构造为主，构造的南北分区特点决定了南北不同的控气构造背景及控气性能。韩城北区为挤压型缓倾斜构造控气类型，同时存在层滑构造控气作用；而南区为伸展型构造控气类型。以马沟渠与燎原矿之间的文家岭一带为界，北区构造以褶皱为主，断层较少且主要为逆断层，煤层层滑构造发育，煤层多破碎，裂隙系统破坏，属封闭型的构造控气背景，含气量相对较高（表6-2），但渗透性较低；南区构造以断层为主，且大断层一般能够切穿煤系、通达地表，以开启性较好的扭性断层为主，褶皱少见，层滑构造不甚发育，煤体构造中原生结构煤、碎裂煤占比较大，且割理系统保存完整；由此可见，南区属开放型构造背景，造成煤层渗透性好、煤层含气量较低的特点。合阳地区为伸展性构造控气类型，遭受构造作用与韩城南区相似，但强度更大，因此，煤层破碎，断裂发育，而且断裂多具开放性，致使煤层含气量低。

表 6-2　韩城地区含气量数据统计表

地区	煤层编号	煤层气含量/(m^3/t)			控气类型
		最小	最大	平均/个	
南区	5#	3.64	16.34	9.22/25	开放型
	8#	4.48	20.8	10.28/37	
北区	5#	3.18	27.20	11.11/54	封闭型
	8#	4.22	21.33	11.04/42	

2. 吴堡地区

吴堡地区地处盆地东缘中段，在东翘西斜的背景之上，发育向西倾伏的吴堡—离石鼻状隆起，鼻隆主体位于离石—柳林之间，构造应力集中，易产生应力变形和构造煤，常规煤富集，但煤层气可解吸率低，饱和压差低，不利于排水降压解吸。榆 13 井、榆 9 井等以西地区处于向斜低部位，但埋藏深度大，储层物性差，于家沟—辛家沟以东至黄河沿线，构造斜坡带，煤层埋藏适中，远离甲烷风化带，地层水处于径流区，有利于煤层气聚集。

吴堡地区南部断裂构造较发育，除西边满堂川逆断层、东部吴堡逆断裂呈近南北向外，其他断裂均为近东西向展布，前者与燕山期主张应力轴方向一致，后者与主压应力轴方向相近。柳豪沟、吴堡西两组正断层的发育，断裂附近的煤层裂隙较发育，煤层气大量逸散，不利于煤层气的保存及富集成藏。

(二)侏罗系

延安组是充填在三叠系延长组之上的填平补齐式沉积，局部构造受三叠纪末期古地形控制，在凸凹不平的古地理条件下，形成一系列幅度较小的披覆压实构造。延 9 期末充填沉积终止，受燕山构造运动的影响，天环向斜东移乃至沉降，向斜东西两翼抬升，形成现今以天环向斜为沉降中心、东西两翼翘起的区域构造格局。在该向斜的东斜坡，构造平缓，地层倾角仅为 2°~4°，有利于煤层气成藏；向斜西翼，地层倾角为 8°~15°，断裂相对发育，影响煤层气的成藏和富集。

在中生界的乌审旗、庆阳—黄陵两个区域内，构造轴线近南北向，整体表现为向东翘起的西倾单斜构造，局部构造略有不同。

1. 乌审旗地区

乌审旗地区处于平缓的西倾单斜的斜坡部位，地层倾角平缓，水交替缓慢，煤层气藏类型主要为低角度单斜型煤层气藏，向东主煤埋深变浅，孔渗条件变好，有利于煤层气成藏；向斜型煤层气藏位于天环向斜轴部，主煤层埋深超过 1500m，煤岩孔渗条件差，不利于煤层气开发。从延 6 煤层顶面地震反射结构图可以看出，海拔100~800m，自东向西逐渐降低，地层倾角小于1°，内部结构简单，局部有小的鼻隆构造，北部构造幅度比南部构造幅度稍大。总体上，该地区构造简单、形态平缓，有利于煤层气保存与富集(图6-4)。

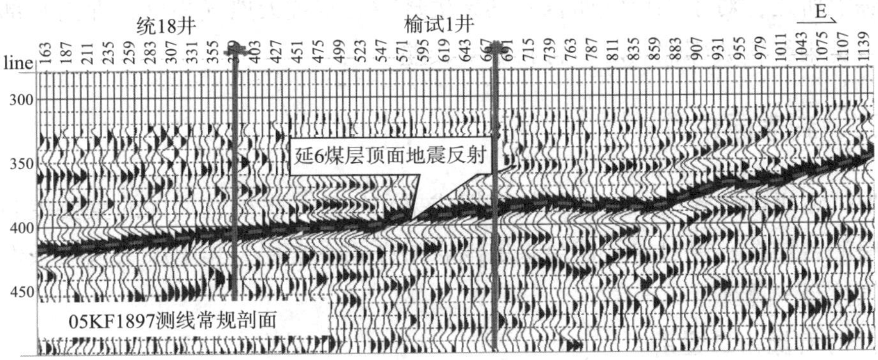

图6-4　乌审旗地区延6煤层顶面地震反射结构图

2. 庆阳—黄陵地区

庆阳—黄陵地区整体构造形态平缓，地层倾角为2°~8°，呈西倾单斜构造，该西倾单斜构造特征明显，局部发育一些小型鼻状隆起，隆起幅度为20~30m，在肖金—宁县间为坳陷，剖12井、南义等处在局部鼻隆的位置，隆、坳相间出现，东西呈行排列，有利于排水降压，亦有利于煤层气保存(图6-5)。

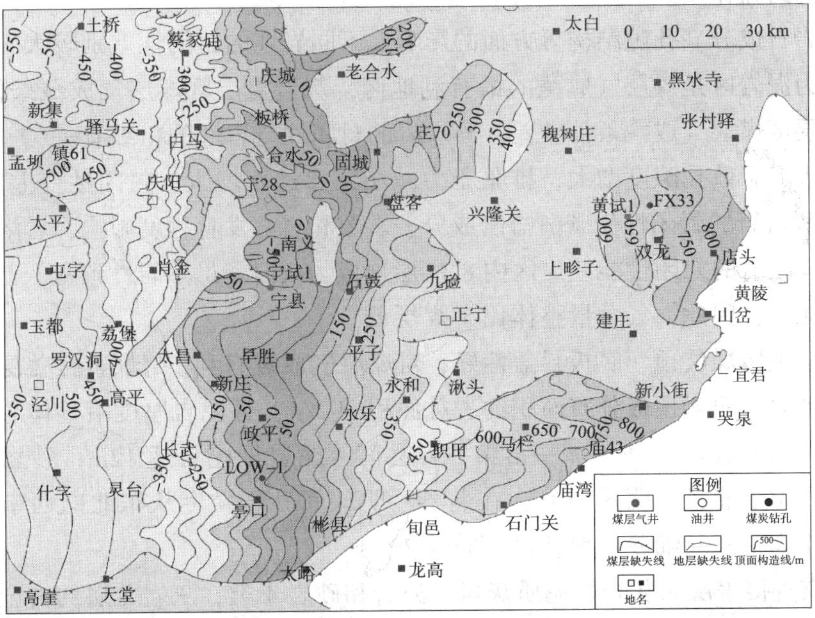

图6-5　庆阳—黄陵地区延9煤层顶面构造图

从煤层含气量的变化来看，214 井、D32 井、D33 井、宁 2 井、宁 28 井、JPC—1 井在鼻状隆起的低部位，煤层含气量高；LOW—1 井、LOW—2 井处在鼻状隆起的高部位，煤层含气量低。

综上所述，对于煤层气而言，其聚集规律与常规天然气相反，即向斜部位煤层气最富集，斜坡部位次之，背斜轴部较差。

二、封盖层条件

根据近年鄂尔多斯盆地煤层气勘探成果和经验，煤层气勘探的重要控制因素是煤层的含气性。煤层含气性与煤层围岩条件关系密切，其中煤层顶板条件对煤层含气性至关重要。

(一)石炭—二叠系

1. 大宁—吉县地区

大宁地区煤系区域盖层条件较优越。下石盒子组主要由泥岩构成，并有少量的粉砂岩层和细砂岩；上石盒子组主要为泥岩、粉砂岩、细砂岩；石千峰组以细砂岩和粉砂岩为主，夹有泥岩和泥灰岩；三叠系为泥岩与细碎屑岩互层。从下石盒子组到延长组发育多层泥岩，成为石炭—二叠系煤层很好的区域盖层，尤其是下石盒子组，不仅岩性细、厚度大，而且直接覆盖在煤系之上，对含煤地层起到了良好的封盖作用。

受岩石成分、孔隙结构等方面的影响，不同岩性的封闭性差别较大，主煤直接盖层为泥岩区是煤层气成藏的最有利地区，灰岩盖层区煤层气成藏条件一般，砂岩盖层区煤层气成藏条件较差。碎屑岩的封闭性与岩性的粗细有关，一般随着粒径增大，有效孔隙度增大，排驱压力减小，渗透率增大，封闭性变差(图 6－6)；碳酸盐岩的封闭性受碳酸盐岩成分、裂隙和岩溶发育程度影响，岩溶及裂隙发育的碳酸岩的封闭性能差。区内 8#煤层顶板为灰岩，虽然岩性致密，但封闭性略逊于泥岩，因此，气含量整体比 5#煤层低。

大宁地区煤层顶、底板封盖性好，对煤层气成藏有利。5#煤直接盖层主要为泥岩和砂岩。泥岩顶板分布面积约占总面积的 3/4，且泥岩厚度沿砂体分布带边缘向东、向西变厚，在午城—窑渠—吉县间，泥岩最厚可达 12m；砂岩盖层较少，主要位于蒲县—明珠以东，在蒲县—明珠间砂岩粒度从东北向西南由粗变细，依次为中砂—细砂—粉砂岩(图 6－7)。

8#煤直接盖层为灰岩、泥质灰岩、泥岩和砂岩 4 类，灰岩盖层约占全区总面积的 2/3，厚度为 2～17m(图 6－8)。灰岩顶板对煤层气藏的封盖能力受其岩性影响变化较大，如果灰岩区位于稳定地台区且没遭受断裂破坏或灰岩中泥质含量增高时，灰岩盖层具有一定的封盖能力；如果灰岩区位于背斜构造轴部，被断层所破坏或灰岩较纯，则不能作为盖层，而变为储层。例如，吉试3井、4井、5井8#煤盖层均为灰岩，由于所处的地理位置不同而导致煤层含气量差别较大。吉试3井位于构造的斜坡部位，8#煤含气量高达14.53m³/t，吉试4井靠近构造轴

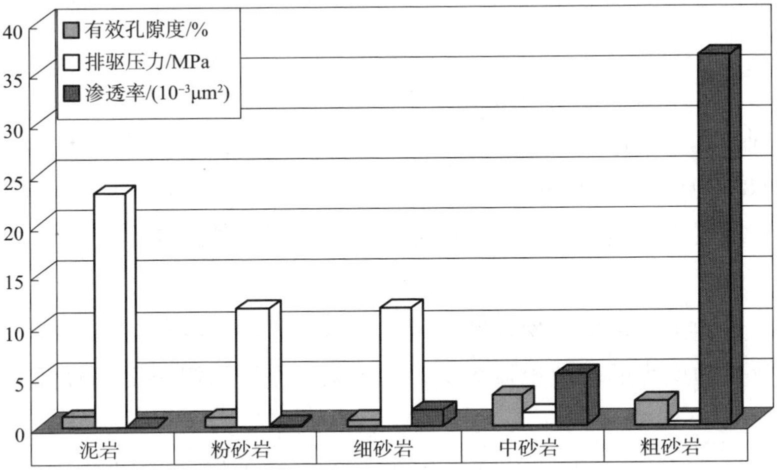

图6-6　鄂尔多斯盆地东南缘大宁地区5#煤层顶板孔隙结构特征图

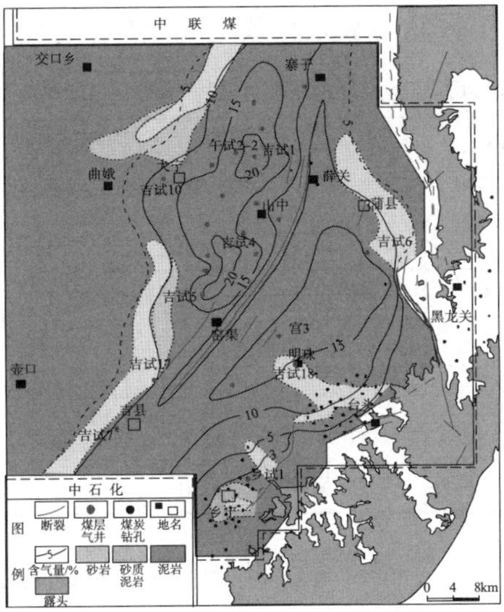

图6-7　大宁—吉县地区山西组5#煤层含气量及顶板岩性图

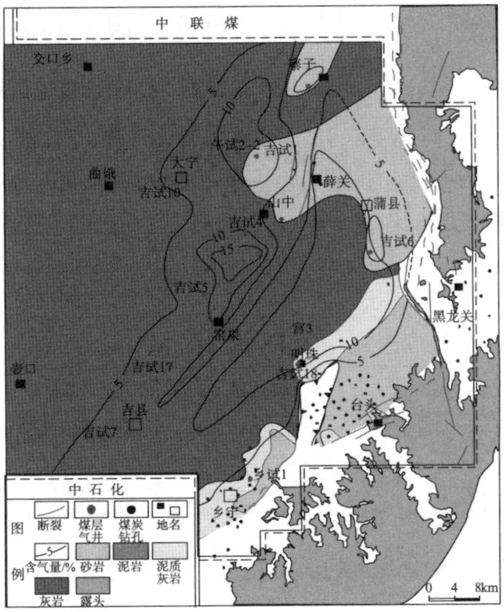

图6-8　大宁—吉县地区本溪组8#煤层含气量及顶板岩性图

部，含气量有所下降，仅为12.19m³/t；吉试5井位于古驿—窑渠构造西翼，靠近窑渠西NW向断层，煤层结构被破坏，含气量下降明显，降至6~9m³/t。8#煤盖层为泥岩的区域约占区块总面积的1/4，泥岩厚度为1~5m。8#煤盖层为泥岩的情况较为突出，与沁水盆地相比，独具特色，沁水盆地所有煤层气钻孔8#煤顶板均为灰岩，而该区却有泥岩区分布，这对该8#煤层成藏富集有利。8#煤直接盖层为砂岩的区域呈零星分布，对煤层气成藏极为不利，如吉试2井、吉试6井，8#煤直接盖层为中砂岩，含气量分别降至0~1.9m³/t和6~9m³/t。

石炭—二叠系煤系稳定，大宁—吉县地区细碎屑岩比例高，对煤层气藏的封盖比较有利。且5#、8#煤的底板均以泥岩为主，经测试其顶、底板岩石测试渗透率为$0.0048\times10^{-3}\sim0.0404\times10^{-3}\mu m^2$，由此可见，即使煤层本身的渗透率较好，煤层气因受煤层顶、底板围岩的隔挡，也难以向外逸散。

2. 吴堡地区

吴堡地区5#煤、8#煤均处在两套区域封盖层之内，石千峰组和石盒子组的巨厚泥岩可作为两层煤的区域顶板盖层，石炭系本溪组的铝土质泥岩可起区域性底板封盖作用(表6-3)。石千峰组泥岩单层最大厚度为35.0m，位于榆15井区，单层最小厚度为15.0m(榆9井)；石盒子组泥岩单层最大厚度为44.5m(榆9井)，单层最小厚度为21.0m(榆13井)；本溪组泥岩厚度为15.0~46.0m，榆15井区最厚，榆11井区相对较薄。从各井泥岩单层厚度及总厚度来看，巨厚的单层泥岩能够起到区域封盖作用，阻隔上、下层系间的水力联系。

表6-3 吴堡地区8#煤层顶部区域封盖层数据统计表 m

井号	8#煤顶—三叠系顶面厚度	石千峰泥岩厚度	泥岩单层最大厚度	石盒子泥岩厚度	泥岩单层最大厚度	本溪组泥岩厚度
吴试1	197.6	108.0	19.5	224.0	41.0	35.0
榆5	1860.6	149.0	32.0	182.0	23.0	18.0
榆9	1803.0	124.0	15.0	149.0	44.5	23.0
榆11	1486.0	153.0	28.5	102.0	25.0	15.0
榆13	2003.8	165.0	22.5	141.0	21.0	32.0
榆15	2129.8	129.0	35.0	155.5	26.0	46.0

该区煤层直接顶板岩性不同，按煤层直接顶、底板岩性组合特征，可划分为泥岩型、砂岩型和灰岩型3类，由于灰岩封盖能力较差，因而将煤层和灰岩作为统一储集体考虑，据灰岩顶部岩性组合，进一步划分为灰岩-泥岩、灰岩-砂岩两亚类(图6-9)。

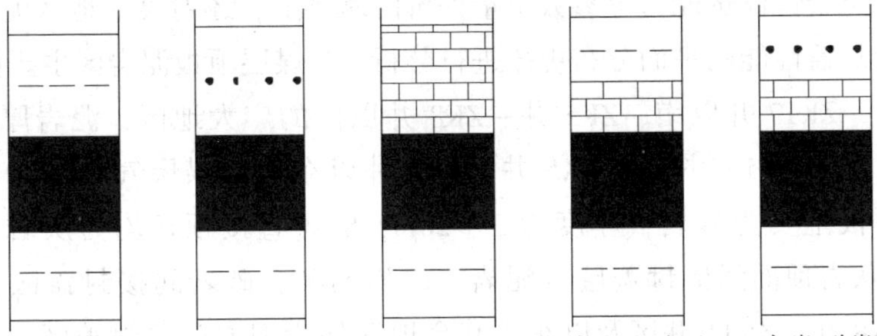

图6-9　吴堡地区5#煤、8#煤层顶、底板岩性组合类型示意图

两层煤底板均以封盖能力较强的泥岩为主，顶板岩性变化较大，5#煤层顶板岩性由泥岩、砂岩组成，而8#煤层顶板岩性主要为灰岩，间接封盖为泥岩、砂岩。由封盖层物性分析数据可以看出(表6-4)，灰岩的孔隙度为0.1%～4.91%，榆5井、13井、15井3口井的孔隙度超过长庆气田灰岩储层孔隙度的下限(2.7%)，渗透率为$0.1\times10^{-6}\sim5.08\times10^{-6}\mu m^2$，气体突破压力为1.6～7.0MPa。从孔隙度、渗透率和突破压力三者的组合关系来看，该区灰岩具有中孔、低渗透、低突破压力的特征，封盖性能不稳定，综合评价为Ⅱ、Ⅲ类封盖层。粉砂岩孔隙度为5.91%，渗透率为$1.12\times10^{-6}\mu m^2$，突破压力为2.0MPa，具有典型储集层特征，没有封盖能力。

表6-4　吴堡地层封盖层物性分析数据表

井号	层位	井深(段)/m	岩性	孔隙度/%	渗透率/($10^{-3}\mu m^2$)	突破压力/MPa	封盖类型
榆5	C_3t	2123.80～2129.50	泥灰岩	1.60	0.1×10^{-3}		Ⅲ
榆5	C_3t	2132.80～2133.40	泥灰岩	0.10	0.15×10^{-3}		Ⅲ
榆5	C_3t	2135.30～2136.50	泥灰岩	2.50	0.35×10^{-3}	5.12	Ⅲ
榆5	C_3t	2140.80～2143.50	泥灰岩	3.40	0.52×10^{-3}		Ⅲ
榆5	C_3t	2138.23～2139.50	泥灰岩	3.03	4.25×10^{-3}	6.85	Ⅱ
榆9	C_3t	2112.75～2114.30	泥灰岩	1.30	5.08×10^{-3}	7.00	Ⅱ
榆11	C_3t	1562.40～1564.00	灰岩	0.26	0.1×10^{-3}		Ⅱ
榆11	C_3t	1576.10～1576.60	灰岩	0.41	0.1×10^{-3}	1.60	Ⅱ
榆13	P_1s	1961.30～1962.30	灰岩	4.91	1.92×10^{-3}	6.50	Ⅱ
榆15	C_3t	2124.00	灰岩	3.10	0.42	2.40	Ⅲ
榆15	C_3t	2117.00～2121.05	灰岩	1.51	8.17×10^{-4}	5.00	Ⅲ
榆11	C_3t		粉砂岩	5.91	1.12×10^{-3}	2.00	Ⅲ

在对各类岩性渗透能力等参数定量评价的基础上，还对吴堡地区泥岩、砂岩及灰岩顶板封盖性能的平面分布规律进行分析。5#煤层顶板泥岩区主要位于榆13井—张家山—ZK17井以南、ZK5井—ZK8井以西的广大地区，泥岩厚度为5～30m；榆11井—榆13井区及ZK5井、ZK8井以东地区煤层气直接封盖能力变差，直接顶板主要为砂岩，厚度为3～20m；8#煤直接顶板均为灰岩，厚度为10～30m，灰岩顶面间接封盖层有泥岩、砂岩两类，砂岩间接封盖区主要位于ZK6井—ZK8井—ZK11井区及以东，其余地区均为泥岩间接封盖区，泥岩厚度为5～21.5m，且由东、东北、南向西泥岩厚度递增，对煤层气的间接封盖能力逐渐增强。

(二)侏罗系

沉积环境决定沉积岩特征，延安组煤层顶、底板岩性受该期沉积环境的控制明显，主力煤层延9至延6沉积时期，沉积环境主要为湖泊—三角洲沉积，沉积微相主要是分流河道和分流间洼地，分流河道沉积物主要为砂岩，在河道间洼地则主要沉积泥岩、粉砂质泥岩等细粒沉积物，在平面展布图上可以看到带状砂岩将泥岩分割。

1. 乌审旗地区

乌审旗地区煤层气勘探的主力煤层是延6、延7顶煤，其底板4/5为泥岩，砂岩含量极少，而顶板岩性变化较大，从泥岩到砂岩均有，且泥岩分布范围大。因此，延6、延7煤层的顶板岩性是该区煤层气勘探的重要影响因素。

乌审旗地区延6煤层顶板岩性多为泥岩，分布在河道砂体间，厚度一般为0～10m，煤层发育区泥岩厚度一般大于2m。泥岩厚度大于5m的地区主要位于陕195井、陕162井、陕10井、陕192井及桃3井区；该区发育了两支由北向南展布的砂岩带将泥岩分割，在煤层气勘探时应避开这些地区(图6－10)。

延7煤层顶板岩性与延6煤层相近，即砂岩与泥岩相间分布，不同的是受分流河道摆动影响，砂带位置、规模及展布形态有所变化。延7煤层顶板发育三支砂岩带，主要位于乌审旗地区东部和西北部，砂岩厚度为0～15m；其他地区多为泥岩，泥岩厚度为0～5m，泥岩厚度中心主要位于该区中部及西南角，厚度一般大于2m(图6－11)。

延安组煤顶、底板岩性变化大，砂岩顶板出现的频率大，可能形成顶板网络微渗滤型煤层气藏，此类气藏煤顶的砂岩水与煤层水串通，一方面使含气量降低，另一方面增大煤层气开采难度。因此，乌审旗地区延安组含煤层系的煤层气勘探应尽力避开此类气藏。

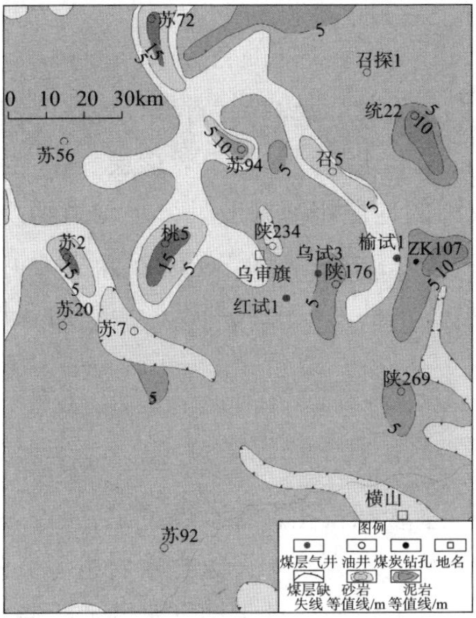

图 6－10 乌审旗地区延 6 煤层顶板岩性图

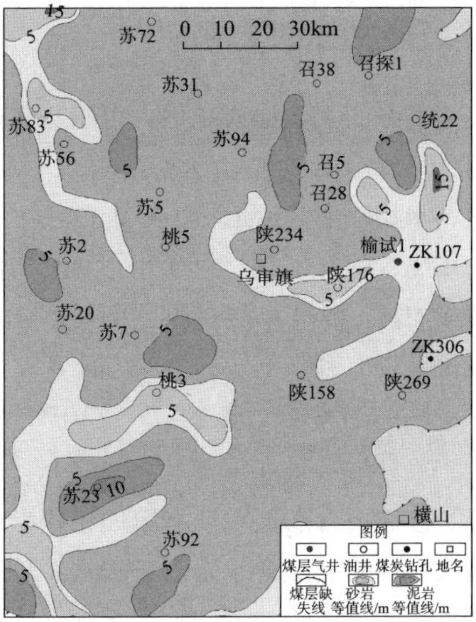

图 6－11 乌审旗地区延 7 煤层顶板岩性图

2. 庆阳—黄陵地区

延 6—延 9 煤层是延安组煤层气勘探的主力煤层，其中延 6 和延 7 煤层在盆地北部地区发育，延 8 和延 9 煤层在庆阳以南地区相对富集，庆阳—黄陵地区延 9 煤层最具有代表性，且是煤层气勘探开发的主力煤层，从南到北、由西向东均连续分布，厚度较大，因而分析延 9 煤层顶板岩性对煤层气成藏的控制作用具有代表性。

庆阳—黄陵地区延 9 煤层顶板岩性主要有泥岩和砂岩（泥质砂岩）两类，该区内泥岩顶板的分布面积极大，约占区块总面积的 4/5；砂岩顶板区约占 1/5，砂岩顶板主要分布在该区北部的蔡家庙地区、西部的屯字地区及东北部的庄 70 井—宁 39 井区。对于煤层气富集而言，砂岩顶板区不利于煤层气成藏，也不利于煤层气开发，如 LOW—1 井，煤层顶板为 23m 厚的砂岩，致使含气量降至 0，泥岩顶板区煤层气保存条件好，既有利于煤层气成藏，又易于煤层气开发。庆阳—黄陵地区煤层气勘探目标选择也应重点考虑煤层气藏的封存条件。

延安组发育多层厚度稳定且分布广泛的煤层，这些煤层本身就是其他煤层良好的封盖层。所以，对岩性封闭和相应水文地质条件综合分析，认为其对延安组中下部煤层的封存条件可能更有利。

三、水文地质条件

良好的水文地质条件，可阻止煤层气的侧向运移，起到侧向封堵煤层气的作用，形成承压水封堵型煤层气藏。深层成因的地层水呈封闭型，对煤层气保存有利，水型一般为$CaCl_2$型或$MgCl_2$型；浅层成因的地层水呈开放型，水动力活跃，对煤层气保存不利，水型中以SO_4^{2-}占绝对优势，水型为Na_2SO_4型；介于$CaCl_2$型或$MgCl_2$型与Na_2SO_4型之间的$NaHCO_3$水型，水动力较弱或局部受阻，对煤层气保存较有利。

（一）石炭—二叠系

1. 大宁—吉县地区

该区内含水层主要有第四系松散岩、第三系砂砾石孔隙含水层、二叠系、三叠系碎屑岩裂隙含水岩组、石炭系碎屑岩夹碳酸盐岩岩溶—裂隙含水岩组、奥陶系—寒武系碳酸盐岩裂隙岩溶含水岩组；煤系及上覆地层含水层富水性弱，隔水层发育。本溪组8#煤层上部的太原组庙沟灰岩是煤层直接充水含水层，灰岩岩溶裂隙含水层的富水、透水性相对较强，地下水流动携带煤层中气体运移，在岩溶裂隙发育地段或断裂带附近逸散，导致8#煤层含气量偏低。5#煤层顶、底板都为泥岩，对煤系地层中的砂岩裂隙承压含水层和底部北岔沟砂岩含水层具有隔水作用，这对煤层气的保存有利，煤层含气量较高。

大宁—吉县地区处在两个完全不同的水文地质单元中，以薛关—峪口南北一线为水文地质单元的分界线，东部水文地质单元包含一个完整的供水区—径流区—泄水区，而西部供水区特征不明显，可能东部泄水区又具有供水区的作用。东部水文单元中的供水区主要位于4301孔—101孔及以东，水型以Na_2SO_4型为代表，水交替强烈，煤层气保存条件差，成藏条件相应变差；径流区主要位于ZK302孔—ZK201孔—ZK102孔附近，地层水为$NaHCO_3$型，总矿化度大于3g/L，在径流区与供水区之间的接触面有可能产生“锋面”，形成承压水封堵型煤层气藏；泄水区主要位于薛关—明珠断层组附近，该区域断裂发育，煤层气保存条件差，成藏条件亦不利。西部水文地质单元内的径流区位于吉试1井、吉试4井、吉试5井一线，从大宁—吉县地区部分煤层气探井的水分析资料可以看出，薛关—峪口断层以西—大宁一带，地层水矿化度均为5.0~10.0g/L，水型为$NaHCO_3$型的过渡成因水，为地下水的弱径流区，水文地质条件有利，煤层气成藏条件有利。

在区域上，地下水自东向西径流，强度逐渐降低，不仅造成地下水的侧向封堵及区域封闭，还因储层压力增高，使煤层气的吸附储集能力增强。大宁—吉县地区地下水等势面表现的低水位分布区域以及高矿化度分布区域与高含气分布区域吻合(图6－12、图6－13)，反映了地下水的滞流或缓流对煤层气的保存有利。在吉试1井、吉试5井、吉试16井周围地下水水位低，处于地下水径流缓慢区，煤层气保存条件好，5#煤层含气量多在20m³/t左右；吉试6井周围地下水矿化度高，地下水径流缓慢，煤层气含量比周围地区高，5#煤层含气量在17m³/t左右；吉试13井位于背斜构造的轴部，背斜东翼依附在薛关—峪口逆断层的上盘，而背斜构造轴部裂隙发育，上倾方向有沿断面渗入的高矿化度地层水封堵，在背斜构造轴部形成煤层气富集区，使单井产量增高。因此，地下水的动力条件是煤层气富集成藏的重要影响因素，是预测煤层气富集区的重要依据。

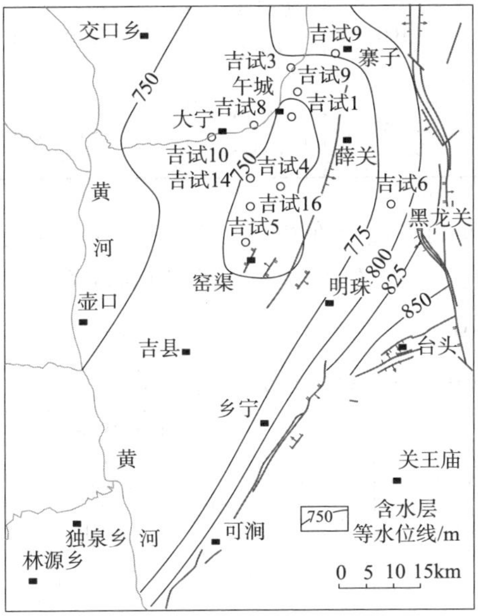

图6－12 大宁—吉县地区山西组含水层等水位线图

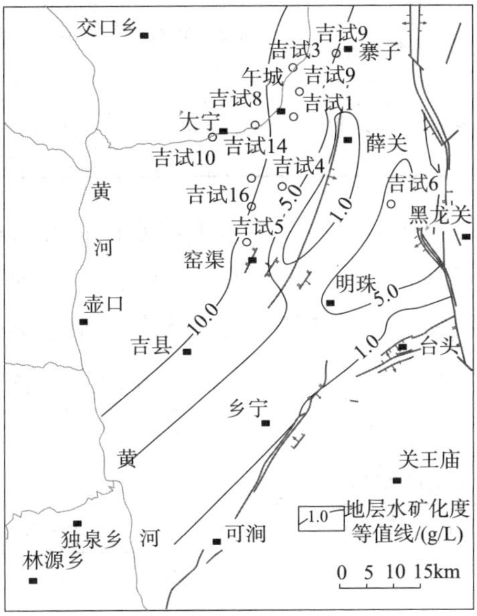

图6－13 大宁—吉县地区山西组地层水矿化度等值线图

2. 吴堡地区

纵向上，石盒子、石千峰组的巨厚泥岩阻隔了顶部地层水的垂向交替，本溪组较厚的泥岩、铝土质泥岩防止了奥灰水的上串，使含煤层系成为独立而封闭的水文系统。这种封闭性主要表现在含煤层系顶、底的水文特征各不同，对吴堡地区17口井的纵向含水层特征分析(表6－5)可知，含煤层系上部三叠系含水层的自流量为0.5～4.19L/s，矿化度为20～60g/L，水化学类型偏$CaCl_2$型，局部含Na_2SO_4型。山西—太原组含水层自流量为0.97～8.71L/s，矿化度为1～100g/L，

水型以过渡成因的 $NaHCO_3$ 型为主。马家沟组灰岩含水层的自流量为 28.5～61.05L/s，矿化度为 10～250g/L，水型以 $CaCl_2$ 型和 $MgCl_2$ 型为主。从这 3 套含水岩组的含水特征可以看到，含煤层系的自流量、矿化度均大于延长组小于马家沟组，水型差异甚大，说明含煤层系的纵向水文地质特征均具有独立性、封闭性，有利于煤层气保存。

表 6－5　吴堡地区承压含水层特征对比表

含水岩组	含水层顶板埋深/m	自流量/(L/s)	水质		水头标高/m
			矿化度/(g/L)	水化学类型	
三叠系延长组	6.0～200.5	0.5～4.19	20～60	$CaCl_2$ Na_2SO_4	299.73～535.89
二叠系山西组－石炭系本溪组	144.5～1977.5	0.97～8.71	1～100	$NaHCO_3$ $CaCl_2$	759.77～1021.61
奥陶系马家沟组	1661.5～2200.0	28.5～61.05	10～250	$CaCl_2$ $MgCl_2$	971.77～1244.11

从山西—太原组地层水矿化度、Cl^- 浓度的平面分布来看，吴堡地区水矿化度值的变化范围为 0.1～30g/L。按照矿化度的大小及 Cl^- 浓度含量的高低将该区的水文地质特征分为三大类五个亚类（表 6－6）。

表 6－6　吴堡地区山西—太原组水化学分类表

水型	Na_2SO_4 型		$NaHCO_3$ 型		$CaCl_2$ 型或 $MgCl_2$ 型
总矿化度/(g/L)	<0.1	0.1～0.5	0.5～5.0	5.0～20.0	>20.0
Cl^- 含量/(g/L)	<0.05	0.05～0.1	0.1～0.5	0.5～5.0	>5.0
成因类型	地表成因型	地表成因型	过渡成因型	过渡成因型	深层成因型
水文地质分区	供水区	强交替区	弱交替区	滞缓区	停滞区

吴堡地区的供水区处在刘家山—聚则塔以东一线，地层水总矿化度小于 0.1g/L，Cl^- 含量小于 0.05g/L，属地表成因型，渗入水极少发生交替现象，煤层气保存极为不利；强交替区分布在高家山—车家塔一带，总矿化度为 0.1～0.5g/L，Cl^- 含量为 0.05～0.1g/L，仍为地表成因类型，水交替活跃，地下流体呈水多气少状态分布，煤层气保存条件差；弱交替区位于中兴社—地龙堡南北一线，矿化度为 0.5～5.0g/L，Cl^- 含量为 0.1～0.5g/L，为过渡成因类型，水交替缓慢，易于形成承压水封堵型煤层气藏，保存条件好—较好；滞缓区位于安家山—柳毫沟一带，总矿化度为 5.0～20.0g/L，Cl^- 含量为 0.5～5.0g/L，水交替

局部受阻，易于形成压力封堵型或水压封堵型气藏，煤层气保存条件好；停滞区处在高家塔—呈试1井以西，总矿化度大于20.0g/L，Cl^-含量大于5.0g/L，具有深层成因特征，煤层气保存条件最好，但煤岩孔渗条件变差。

总之，吴堡地区水文条件由东向西变好，对煤层气保存愈来愈有利，除供水区、强交替区煤层气保存条件较差外，弱交替区、滞缓区的煤层气保存条件最佳。

（二）侏罗系

1. 乌审旗地区

该区缺乏水分析资料，根据全盆地整体规律趋势推测，乌审旗地区延安组地层水总矿化度小于20g/L，水型以$NaHCO_3$型为主。乌审旗地区地下水的赋存形式、补给、径流、排泄、富水程度、水质类型严格受地形、地貌、地层岩性、区域构造等因素控制，东部由于靠近煤系地层露头区，接受大气降水及地表水补给作用，地层水交替活跃，煤层气保存条件较差；向西部随着与煤层露头区距离的增加和煤层埋藏深度的增大，地层水流动滞缓，煤层气保存条件较好。

与侏罗系延安组煤系地层有关的含水层主要有延安组底部的“宝塔山砂岩”、延安组延4+5下部的“真武洞砂岩”、直罗组底部的“七里镇砂岩”。

1）七里镇砂岩含水层

该含水层岩性横向变化大，由西向东粒度由粗变细，由含水逐渐变为不含水或弱含水，西部埋深大于300m的地区均以承压水的形式赋存，水型为Na_2SO_4型，水交替缓慢，阻止下部煤层气体散失。

2）真武洞砂岩含水层

该含水层砂体呈透镜状分布，由西向东逐渐变为泥质粉砂岩或泥岩，横向连通性差，深部均以承压水的形式赋存，水型为Na_2SO_4型或NaCl型。随着埋深的增加矿化度增加，变为弱含水层。

3）宝塔山砂岩含水层

该含水层为区域含水层，但区内砂岩不发育，厚度小，岩性变化大，物性差，区内所有煤炭钻孔均未发现涌水现象。

总之，乌审旗地区内侏罗系延安组含水层及上覆的直罗组含水层，在勘探目标区（井深大于600m）均以承压水的形式赋存，而且横向连通性差，对煤层气保存有利。延6顶煤之上的真武洞砂岩为弱含水层，延7煤及其以下煤层，上、下均无明显含水层影响。

2. 庆阳—黄陵地区

该区区域上自东向西，出露地层由老到新，依次为三叠系、侏罗系和白垩系。岩性粗、细相间，地下水的补给、运移、排泄也呈层状特征。富水性较强的基岩地下水为洛河组砂岩裂隙、孔隙地下水，直罗组下段砂岩裂隙、孔隙地下水和三叠系砂岩裂隙、孔隙地下水。在露头区接受大气降水补给，顺层向深部运移，部分含水层被沟谷切穿后以泉的形式泄出地表，补给地表水。随着埋深加大，地下水交替速度逐渐减缓，甚至滞流，地下水矿化度增高。

地形上西北高、东南低，海拔为 1022.75～1537m，相对高差为 514.25m，地表河流分为沮水河和葫芦河两个水系。据煤田勘探资料，延安组分为两个隔水层和 1 个含水层。

1）延安组上部隔水层

该隔水层位于七里镇砂岩顶板以上，厚度为 3.33～102.83m，岩性为深灰色、灰黑色泥岩、砂质泥岩、粉砂岩夹细砂岩，厚度由南向北增厚。

2）延安组中部含水层

该含水层包括主力煤层和煤层以上的七里镇砂岩，厚度为 5.99～36.50m，主力煤层厚度为 0.8～6.75m（FX27 号孔），内生裂隙（割理）发育，但多被方解石、石膏填充；七里镇砂岩为灰白色的中、细砂岩，厚度为 1～34.20m，一般小于 10m，在局部地区相变为粉砂岩，属于弱承压含水层，但该层在煤田钻孔施工中出现涌水，如 L97 号孔涌水水头高度为 2.27m，FX4 号孔涌水水头高度为 7.34m，说明该区延安组含水层存在超压条件。

3）延安组下部与富县组相对隔水层

该隔水层主力煤层底板以下的延安组厚度为 0.40～26.70m，一般为 3.0m 左右，岩性主要由泥岩、砂质泥岩组成，富县组厚度为 0～40.70m，南部缺失，向北部变厚，岩性由杂色泥岩、粉砂岩组成。

延安组埋藏较深，岩性以泥岩、粉砂岩为主，砂岩不稳定。地下水补给区主要位于店头一带，区内为承压径流区。河谷施工的煤田钻孔如 FX4 号孔水头高出地面 7.34m，矿化度高达 50g/L 以上，说明地下水交替迟缓，以滞流状态为主，是煤层气成藏和保存得天独厚的条件。

基于上述分析，鄂尔多斯盆地煤层气成藏主要受构造、煤层顶底板岩性、水文地质条件的控制。有利的局部构造是煤层气富集成藏的必要条件。区域含煤区的局部构造高点及直接盖层稳定的低角度斜坡是煤层气富集成藏的有利地带，局部构造高部位应力相对集中，各种裂缝相当发育，孔隙之间相互连通，孔隙配置好，增大了有效储集空间，促进了煤层气的解吸，相对构造高点的两翼又是烃类供给的指向区，容易富集成藏；低角度构造斜坡带本身地层倾角平缓，煤层埋深较浅，次生割理发育，渗透性较好，远离甲烷风化带，有利于煤层气保存；伴随着区域性分布稳定的直接盖层，加上地层水交替缓慢，处于相对滞水封闭的环境，下倾部位有充足的烃类供给，具备形成高渗透、高含气量和高含气饱和度煤层气藏的条件。

煤层顶板岩性及水动力条件相互配套，是煤层气保存的重要条件。围岩的透气性对煤层甲烷含量影响极大。当煤层顶板为泥岩时，煤层中含气量较高，如柳林柳 5 井的 5#煤、8#煤顶板为泥岩，煤层中含气量大于 $10m^3/t$；当煤层顶板为灰岩或砂岩时；煤层气含量低，如彬县—长武一带侏罗系延安组延 9 煤顶板是砂岩时，煤层中的含气量小于 $6m^3/t$；若灰岩或砂岩顶面又被泥岩所覆盖，煤层则与砂岩或灰岩因泥岩的封盖而构成统一的煤层气藏；若灰岩或砂岩被砂质泥岩或粉细砂岩覆盖时，封盖能力较差。因此，在考虑煤层气保存条件时，先选择顶板为泥岩区，兼顾间接顶板为泥岩区。

在远离供水区之后的径流区，水交替缓慢，所对应的水型为 $NaHCO_3$ 型，这一水文地质区域渗入水流向与地层水流向相反，在其接触面上产生水流相对阻滞的“锋面”，易于形成承压水封堵型煤层气藏。

第七章　煤层气成藏过程分析

第一节　“四场”互动特征与煤层气成藏

一、地温场(热应力场)与煤层气成藏

鄂尔多斯盆地自结晶基底固结之后，先后经历了中—晚元古代的坳拉谷发育阶段、早古生代的陆表海发育阶段、晚古生代—中生代的华北克拉通坳陷盆地沉积阶段和晚三叠世—白垩纪鄂尔多斯内陆坳陷盆地发育阶段，在长达 17 亿年的地质历史演化中，地温场整体比较平稳。在侏罗纪以前，地温以缓慢下降为主，中侏罗世—白垩纪，地温梯度显著增高，之后缓慢降低。因此，鄂尔多斯盆地地温场演化可分为三叠纪及其以前的内克拉通盆地型低温场期、中侏罗世—白垩纪的构造增温型高温场期和第四纪的中温场期共 3 期。

(一) 内克拉通盆地型低温场期

早古生代，鄂尔多斯盆地为面向秦祁洋的陆架，地温梯度为 2. 5 ~3. 0℃/hm，晚古生代直至三叠纪，盆地类型为陆内克拉通盆地，以持续的稳定沉降为主，没有发生断裂和岩浆活动。与国外相同类型的盆地对比，认为应取值为 2. 2 ~2. 4℃/hm。该时期是盆地内地温梯度最低期。

(二) 构造增温型高温场期

中侏罗世—白垩纪，鄂尔多斯盆地接受了约 1500m 厚的沉积，盆内以整体抬升为主，盆地边缘冲断作用表现非常强烈。盆地西北部发生了强烈的逆冲推覆作用，贺兰山、桌子山均属此期构造运动的产物；在盆地以东的山西地块中大型的复背斜和复向斜也开始发育；盆地南部的渭北隆起区逆冲作用也非常强烈，除地面大量发育的逆断层和三叠—侏罗系内的褶皱外，地下逆冲断层也较发育。

该期强烈的构造运动使得盆地的地温场发生很大的变化。根据镜煤反射率、包裹体均一温度和磷灰石裂变径迹数据计算，此时盆地内地温梯度为 3. 92 ~

4.45℃/hm，远大于盆地现今地温梯度(约2.8℃/hm)。磷灰石裂变径迹反映盆地经历了一次强烈的地温增温期，高温高峰期在100Ma附近，其后逐渐降温，约在85Ma又经历一个突变期。热释光分析成果也表明，侏罗系和上三叠系内释光强度突然增大，比早期增高近10倍，综上分析，燕山期盆地高地温场是可靠的，存在由区域构造运动引起的剧烈增温过程，这一增温过程使得三叠系烃源岩成熟生烃，也使得上古生界煤系地层达到成熟，而大量生烃。

(三)过渡性中温场期

鄂尔多斯盆地在早白垩世末期沉积厚度达到最大，其后持续抬升，地温梯度逐渐降低，约在85Ma之后，降温速度加大，导致现今地温场的平均地温梯度明显低于高温场期，但比低温场期高，所以称其为中温场期。在现今地温场中，地温梯度最高的区域分布在盆地东部，为2.8~3.1℃/hm，从西到东逐渐增高，推测是该区内地壳较薄所致。

盆地的西缘掩冲带、天环坳陷研究段古地温梯度为1.5~2.1℃/hm，比现今地温梯度(1.9~2.5℃/hm)略低。盆地主体(包括中央隆起、渭北隆起、伊陕斜坡北缘及伊盟隆起)研究段古地温梯度(3.5~4.7℃/hm)比现今地温梯度(2.0~3.1℃/hm)高。盆地西缘坳陷与中央古隆地区的过渡带，古地温梯度略比现今地温梯度高，均为2.0~2.5℃/hm(表7-1)。

表7-1　鄂尔多斯盆地磷灰石裂变径迹分析古地温梯度表(据汤达祯)

构造分区	井区	退火带范围/m	地层年龄/Ma	平均有效加热时间/Ma	古地温梯度/(℃/hm)	现今地温梯度①/(℃/hm)
西缘掩冲带	KS-1	1200~4200	480~235	215	1.8	2.1
天环坳陷	LH-1	1000~3700	260~205	203	2.0	2.1
	TS-1	700~4200	510~208	204	1.5	1.9
	QS-2	1300~3900	255~203	206	2.1	2.5
坳隆过渡带	DT-1	1600~4200	510~205	205	2.5	2.4
	E-6	1650~4000	550~205	203	2.3	2.1
中央古隆起	Hua-158	1600~3050	250~205	205	3.8	3.1
	HT-1	1600~3050	480~205	205	3.7	2.7
伊陕斜坡	ZT-1	1800~3600	1300~230	240	3.5	2.5
伊盟隆起	E-1	1600~2750	1300~245	242	4.7	2.4
渭北隆起	ST-1	2700~3850	510~450	300	4.6	2.0

注：①根据有关热流数据和实测热导率及生热率计算的结果。

二、地压场与煤层气成藏

(一)石炭—二叠系煤层压力特征

根据吴堡地区5#煤、8#煤顶压力数据统计(表7-2)。该区煤顶压力大部分为常压区，仅吴试1井的5#煤、河东的华威1井煤层段为异常压力，前者表现为异常低压，压力系数为0.63，后者显示出超压特征，压力系数为1.17，产生超压的主要原因是：煤层上覆地层遭受剥蚀后，含煤层段仍保持原来的压力状态，当煤层顶、底封盖及侧向封堵条件配置良好时，煤层段产生局部超压，超压区是煤层气高饱和的象征。

由吴堡地区8#煤顶压力平面分布图可以看到，整体从东向西，煤层顶压力呈增大趋势，压力的平面分布与该煤层埋深趋势一致，亦与构造形态相吻合，说明该区大部分地区煤顶压力为正常压力，局部有超压区存在，且超压区一般在黄河沿线的弱径流区分布。

表7-2　吴堡地区5#煤、8#煤顶压力数据统计表

井号	煤层号	实测压力/MPa	压力系数
榆11	5#	15.5	1.04
	8#	17.8	1.1
榆13	5#	20.18	1.03
	8#	19.53	0.97
榆15	5#	21.28	1.02
	8#	21.9	1.01
吴试1	5#	8.06	0.63
	8#	12.81	0.95
华威1	5#	15.10	1.17
	8#	17.68	1.03

(二)侏罗系延安组煤层压力特征

侏罗系延9层压力系统呈现从东向西增大的简单状态，在此背景上发育东西向带状增高、降低区。其中在西5井—固城、庆37井—宁县间为压力增高区，在岭5井—剖14井、西峰—什社地区为压力降低区，地层压力一般为4～16MPa。延9期的地层压力特征基本代表盆地南部延安组的地层压力状况。从压力系数和简单压力梯度图均可以看出，区域上，在庆阳—马栏—东华池等地存在超压分布区，超压区的分布与上倾方向地表水的渗入或剥蚀等因素有关。这一超

压区的存在，一方面可使煤层吸附气量增大，煤层渗透率提高；另一方面可起到侧向封堵煤层气向上倾方向的运移，形成水动力封闭型煤层气藏。

按照上述压力分布特征，结合煤层顶、底板岩性及煤层气藏形成原理，延安组煤层气藏的类型以压力封堵型、承压水封堵型为主，其次为顶板网络状微渗滤型煤层气藏。压力封堵型煤层气藏位于西南庆37井—探1井区，煤层顶、底板均为泥岩，且煤层向上倾方向变薄或尖灭；承压水封堵型煤层气藏位于固5井—固10井区，煤层上倾方向超压，承压水由西向东流动，渗入水与其方向相反，在两种水型接触面处局部阻滞，水流不畅，产生超压；顶板网络状微渗滤型煤层气藏位于固10井—葫40井一线，此类气藏煤层顶板为砂岩，砂岩水沿煤层裂隙微渗滤，局部形成超压，但气藏稳定性差，一旦开发，煤中吸附气进入砂岩，使煤中贫气而砂岩中富气形成常规油气藏。该现象已被目标区以东的钻探实践所证实(表7-3)。

表7-3 鄂尔多斯盆地富县—黄陵地区部分见气钻孔一览表

孔号	日期	施工单位	气层深度/m	层位	岩性	气层情况
富2		长庆	78.74～95.95	$J_{1-2}Y_3$	泥岩	含氮干气，属泥页岩裂隙气藏，长期冒气
富5	1970-11～1970-5-26	长庆	371～390	$J_{1-2}Y_3$	泥岩	甲烷气层，全烃0.12%～0.37%(平均0.24%)
			415～460	$J_{1-2}Y_2$	砂岩、泥岩	油气储集，全烃0.215%～1.037%
			644～695	J_3Y_5	砂岩、泥岩	二次井喷，为高浓度甲烷气藏，日产气1000～4000m^3，重烃含量为0.24%～0.38%，为含氮干气
富6	1973-4-20～1973-6-12	长庆	265.55～269.66	$J_{1-2}Y_2$	砂岩	井下翻气，泥浆气侵，用密度为1.49g/m^{3}的泥浆才压住。试气获低产天然气1460.4m^3
			370～377.56	J_3Y_5	砂岩、泥岩	泥浆气侵，用密度为1.46g/m^{3}的泥浆仍有气泡冒出
			519.11～568.38	J_3Y_5	砂岩、泥岩	泥浆气侵，用密度为1.48g/m^{3}的泥浆才压住
富7		长庆		$J_{1-2}Y$		气喷，压力3～5个大气压(1个标准大气压101325Pa)，日产气量超过1000m^3
新葫47	1972-1-26～1972-3-4	长庆	285～291.4	$J_{1-2}Y_2$	中细砂岩	气层，试气获低产天然气388m^3

续表

孔号	日期	施工单位	气层深度/m	层位	岩性	气层情况
P50	1996－1－15～1969－2－3	185 队	259.4	T_3Y_5	泥岩	终孔时，大量冒气，点燃火焰高1m，20min后扑灭。封孔后2～4日仍有气泡冒出，并可点燃
控2	1971－10－21～1971－10－29	194 队	255.34～270.79	$J_{1-2}Y_3$	泥岩为主	孔内涌水，冒气，压力20个大气压，井喷高10m多，酿成火灾，火高4～5m，火烧二日，用两台长庆高压泵1200个大气压才扑灭
L32	1984－2－31～1984－11－27	194 队	204	T_3Y_5	细砂岩	气喷，气体持续100min，导管引出点燃，火焰呈蓝紫色
F28	1990－7－18	194 队	282.12～283.62	$J_{1-2}Y_3$	中砂岩	少量天然气逸出
			294.15～297.15	$J_{1-2}Y_3$	细砂岩	大量气体喷出，高12余m，据现场分析估计压力4～5个大气压，日产气量$1\times10^4m^3$，属甲烷气层

三、地应力场(构造应力场)与煤层气成藏

煤岩割理是煤岩的内生裂隙，除受煤岩内在因素影响外，与地质构造密切相关，主要反映在煤岩割理的方向性与地表岩石节理的相关性中。鄂尔多斯盆地自晚古生代煤层沉积之后，主要经历了印支构造运动、燕山构造运动和喜马拉雅构造运动，每次构造运动均不同程度留下痕迹，下面主要根据长庆油田1997年野外节理的测量结果进行分析，对鄂尔多斯盆地东部中生代以来的应力场特征进行研究(图7－1)。

(一)印支期应力场

印支期盆地的西北、西南和东部所受应力场方向不同，分别为南东、北东和近南北向压应力。根据应力场伴生的构造变形特征，盆地西部的应力场显示强于盆地东部，在西部逆冲推覆构造已初具规模，三叠系与上覆地层为角度不整合接触，盆地东部应力场表现较弱，三叠系与上覆地层为平行不整合接触。

盆地东部应力场主要表现为近南北向挤压应力场，主张应力轴近东西向。三叠纪早—中期，构造线走向近南北向，局部构造的轴线也近南北向，故推测是西

部应力场的产物。在三叠纪晚期，构造格局具有南北分带特征，构造线表现为东西向，显然已演变为东部应力场的产物。

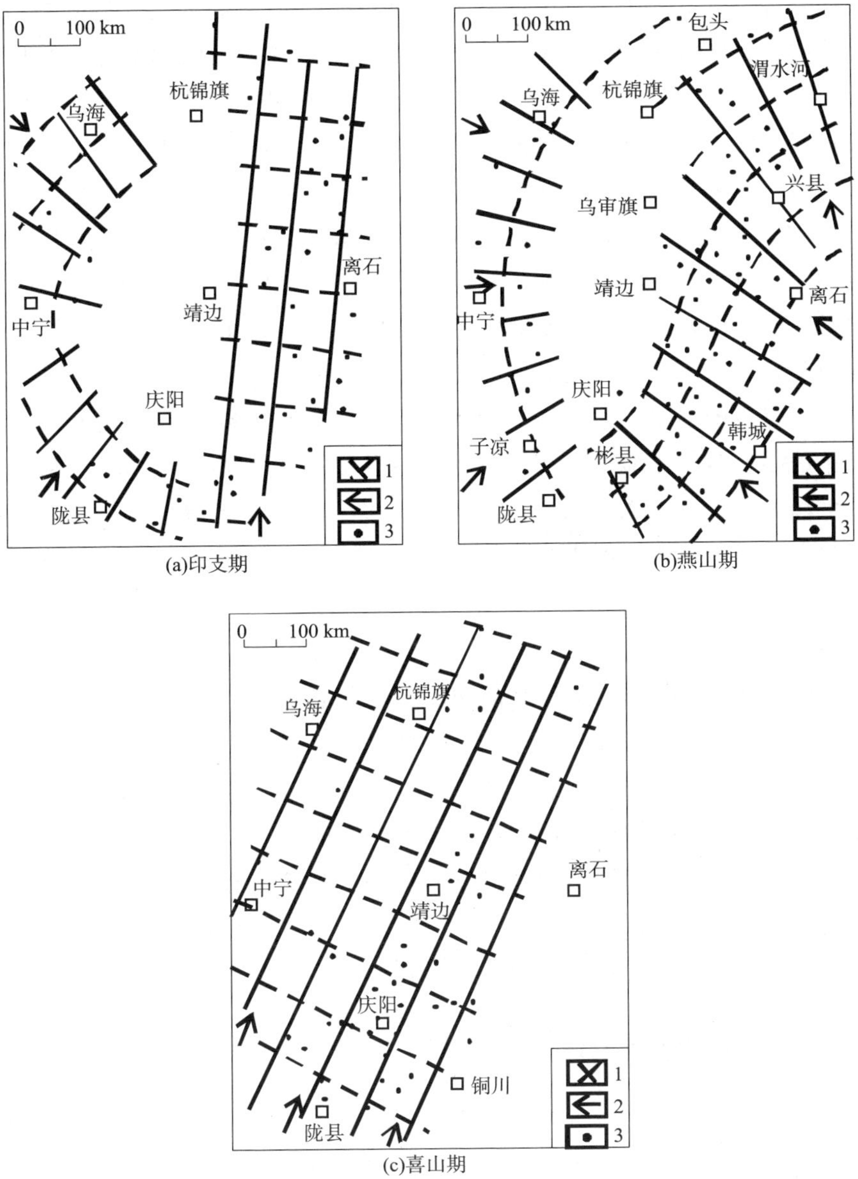

图 7－1　鄂尔多斯盆地构造应力场主应力轴轨迹图

注：1. 实线、虚线分别为主压应力轴、主张应力轴轨迹；2. 压轴方向；3. 测点位置。

(二) 燕山期应力场

燕山期构造运动在盆地所有构造运动中最剧烈。此时，鄂尔多斯盆地仍处在东、西两个不同的应力场中，西部应力场继承印支期特征，强度继续加大，发生了强烈的由西向东的逆冲推覆。

盆地东部南、北应力场的方向各不相同。以离石作为分界，其北应力场表现为北北西向，其南表现为北西向。由于受到强烈剥蚀，区内构造面貌难以全视，很难从古构造格局中分析应力场特征，但从构造纲要图中可看出，大宁地区以南发育的众多左旋雁列背斜、临县地区的雁列背斜，均是燕山期应力场的产物。根据前人的研究成果，在与盆地东缘相邻的山西地块主要有复背斜和复向斜两个构造单元组成，两构造单元之间为雁列排序，其构造轴向与鄂尔多斯盆地东部的雁列褶皱轴向一致。虽然不同的地区构造应力场存在差异，但整体来看，区域应力场与印支期应力场相近，为近南北向的左旋挤压，强度加大，加上边界条件及岩性条件的差异，该区燕山期的局部应力场表现更突出。

燕山期应力场强烈，还表现为岩浆岩体的进入。盆地东部紫金山地区的火山岩侵入体是鄂尔多斯盆地唯一在地表出露的侵入岩，根据样品分析，该侵入体的同位素年龄为93.7～192.4Ma，为多阶段、多期侵入的岩体，但均属于燕山期。在稳定的克拉通盆地内，侵入岩位于盆地内约30km，也突出反映了这次构造运动的强烈程度。

（三）喜山期应力场

鄂尔多斯盆地喜山期应力场与前面应力场明显不同，东部、西部不同方向的构造格局趋于一致，整体表现为北北东向挤压应力场。这主要受始新世以来印度板块与欧亚板块碰撞后持续向北推压的影响，该期构造应力场在盆地周缘形成了一系列断陷盆地，在盆地南部和东部形成了汾渭地堑。

喜山期应力场使得鄂尔多斯盆地整体抬升，东部的抬升幅度远大于西部，造成黄河以东二叠系大面积出露地表，黄河以西三叠系大面积出露地表，盆地内部构造应力场较弱，未发生强烈的构造变形和岩浆活动。

四、地下水化学场与煤层气成藏

地下水化学场是水文地质条件控制下水—岩作用的结果，反映地下水的交替条件和径流特征，对煤层气的富集条件具有一定指示作用。

（一）石炭—二叠系

1. 本溪组灰岩含水层

上石炭统本溪组岩溶—裂隙含水层的地球化学场，受构造及含水层补给、径流、排泄条件的控制，在空间上呈规律性的变化。水型一般为$HCO_3^-\cdot Ca^{2+}$型、

Na^+型、Mg^{2+}型，随含水层埋深增大，岩溶水径流条件逐渐减弱，矿化度逐渐增高。总体上，西南部的径流条件相对较强，龙祠泉域水系统与龙门山水文地质单元分水岭区域地下水矿化度均小于1.0g/L，柳林泉域系统、黄河东断凹水文地质单元及龙门山水文地质单元分区已不明显，其矿化度由东向西由1.0g/L增至10.0g/L以上，在大宁西部、柳林沙曲井田形成相对滞水地带，矿化度分别大于10.0g/L和5g/L。前者与大宁西侧、屯里乡高含气中心一致，后者与柳林沙曲井田高含气中心吻合，这正是沙曲井田8#煤层含气量高于5#煤层的主要原因。

2. 山西组砂岩含水层

基于前人的水质分析资料，系统分析，认为鄂尔多斯盆地东缘局部地下水化学场存在差异：北部、南部阳离子以K^+、Na^+为主，中部以Ca^{2+}、Mg^{2+}为主，北部阴离子以HCO_3^-、Cl^-为主，中部SO_4^{2-}占绝对优势，南部则以HCO_3^-为主，反映北部、南部山西组砂岩水径流能力强于中部，且地下水中几乎未检测到侵蚀性二氧化碳，表明水对岩石的侵蚀性很弱，地下水所处的循环交替条件较差；南部乡宁台头矿实测矿化度只有0.27g/L，中部石楼原则河矿为1.924g/L，北部柳林沙曲矿为1.482g/L，相同标高下实测矿化度亦反映出山西组砂岩水径流能力南部、北部强于中部。

下二叠统山西组砂岩含水层地下水地球化学场的区域展布格局在一定程度上继承了下伏太原组含水层的总体面貌，但矿化度变化的水平梯度较太原组相对较缓，反映山西组砂岩含水层的径流能力弱于本溪组灰岩含水层，这也是上主煤层(山西组5#煤层)含气量普遍高于下主煤层(本溪组8#煤层)的主要原因之一。此外，山西组含水层组矿化度等值线在柳林沙曲井田表现为高矿化度中心南移，南部除在大宁西侧继续保持高矿化度中心外，还在明珠乡形成另一个高矿化度中心。这表明滞水地带与5#煤层高含气中心高度一致。

(二)侏罗系

延安组地层水沿边缘露头或古高地向盆地内部水化学分带明显，总体来看，随着地层层位变低及由盆地边部向盆地内部，地层水矿化度增大，水型由Na_2SO_4型和$NaHCO_3$型变为$CaCl_2$型和$MgCl_2$型。如马岭油田上部延5—延8地层水矿化度平均为20~70g/L，水型以Na_2SO_4型为主，而到延9层以下层段的地层水矿化度平均为70~100g/L，水型以$CaCl_2$型为主；在西缘断褶带李庄子—摆宴井一带，整个延安组地层水矿化度平均仅为8~15g/L，水型以$NaHCO_3$型和Na_2SO_4型为主(表7-4)。

表 7-4 侏罗系延安组地层水纵向变化表

层段	地区							
	盆地西部		盆地中部				盆地东部	
	西缘断裂带		马岭地区		红井子、王家场地区		靖边、安塞地区	
	矿化度/(g/L)	水型	矿化度/(g/L)	水型	矿化度/(g/L)	水型	矿化度/(g/L)	水型
Y2	—	—	—	—	—	Na_2SO_4	—	—
Y3	—	—	—	—	—	Na_2SO_4	—	—
Y4	—	—	—	—	—	Na_2SO_4	—	—
Y5	14.0	$NaHCO_3$	23.9	Na_2SO_4	42.0	Na_2SO_4	—	—
Y6	7.9	$NaHCO_3$	47.7	Na_2SO_4	47.5	$CaCl_2$	—	—
Y7	14.7	Na_2SO_4	56.3	Na_2SO_4	48.8	$CaCl_2$	14.7	$NaHCO_3$
Y8	11.2	$NaHCO_3$ Na_2SO_4	73.6	Na_2SO_4	61.2	$CaCl_2$	16.7	$NaHCO_3$
Y9	—	—	68.0	$CaCl_2$	70.5	$CaCl_2$	15.0	$NaHCO_3$
Y10	15.0	Na_2SO_4	95.9	$CaCl_2$	83.1	$CaCl_2$	25.9	$NaHCO_3$ $CaCl_2$

为了定量表示煤层气保存条件的优劣，依据地层水的总矿化度和水型特点将其分为3类：①Ⅰ类煤层气保存条件好，地层水矿化度大于40g/L，水型为$CaCl_2$型。②Ⅱ类煤层气保存条件较好，地层水矿化度为20～40g/L，水型以高矿化度的Na_2SO_4型和$CaCl_2$型为主。③Ⅲ类煤层气保存条件较差，地层水矿化度小于20g/L，水型以Na_2SO_4型和$NaHCO_3$型为主。

延5—延7层只存在Ⅱ类、Ⅲ类保存条件。煤层气保存条件较好的Ⅱ类地区位于镇原—宁县—志丹—盐池—大水坑—环县之间。其中在马岭、华池油田地层水矿化度大于40g/L，水型以Na_2SO_4型为主；红井子、王家场油田矿化度大于40g/L，以$CaCl_2$型为主；志丹—定边一线东北方向的靖边地区为保存条件较差的Ⅲ类地区，矿化度低于20g/L，水型以Na_2SO_4型为主(图7-2)。

延9—延10层3类保存条件均存在。相对于延安组上部层位，Ⅰ类、Ⅱ类保存区范围扩大，尤其是Ⅰ类区范围达镇原—合水—华池—环县—大水坑地区，地层水矿化度为40～120g/L，水型为$CaCl_2$型。Ⅱ类区范围向南达到华亭—灵台—旬邑一线之北，向东接近露头区。矿化度大于20g/L的范围的界线相对北移。Ⅲ类区主要位于靖边、安塞以北及盆地周缘的断裂带和地层出露区附近(图7-3)。

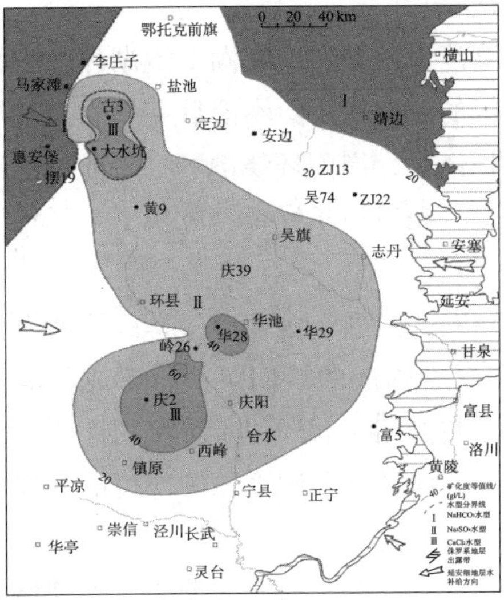

图 7－2　延 5－延 7 期水化学性质分布图

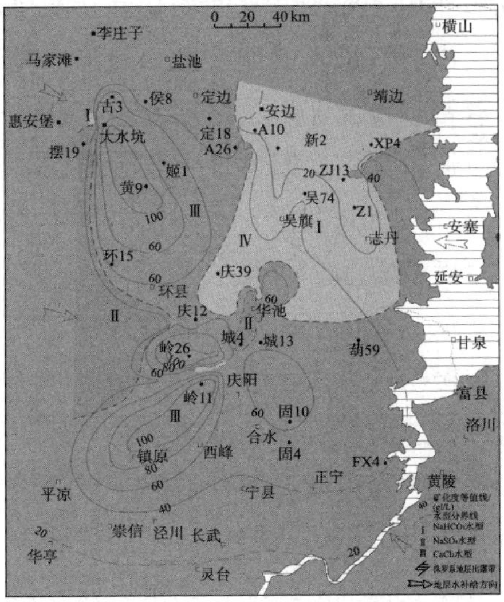

图 7－3　延 9－延 10 期水化学性质分布图

根据对延安组地层水化学特征分析，延安组煤层气的保存条件总体反映为：纵向上，延安组下部煤层的煤层气保存、成藏条件优于延安组上部煤层；平面上，盆地中部优于盆地边缘。

第二节　“五史”配置关系与煤层气成藏

一、煤层沉积及埋藏史分析

考虑到鄂尔多斯盆地东部晚古生代含煤地层具有相似的沉积发展史，因此，选用本溪组顶界在不同地质时期的沉积埋藏史，对该区煤系地层的沉积发展史进行分析。二叠纪到三叠纪之前，鄂尔多斯盆地作为大华北盆地的一部分，连续接受了巨厚的沉积物，在三叠纪末期，太原组顶部沉积中心主要集中在南部地区，最大沉积厚度可达 3000m 以上，北部为相对隆起区，最小埋深小于 1700m。至中侏罗世末期，北高南低的构造格局基本没变，但沉降中心有向西偏移的趋势，最大沉积厚度在南部可达 3500m 之上。中侏罗世之后，受吕梁隆起的影响，地层抬升遭受剥蚀。至白垩纪末期，现今构造格局基本形成。

中石炭世末期，鄂尔多斯陆块岩石圈在伸展构造应力作用下整体缓慢下沉，海水入侵并覆盖了板块的大部分范围，在内陆坳陷中形成陆表海盆地，拉开了晚古生代沉积作用的序幕。当时鄂尔多斯盆地位于古陆边缘海岸环境，地壳稳定，沉积作用主要受海平面变化和物源供应控制。

中石炭世本溪期，区内地形比较平坦，潮汐作用强烈，在潮上潟湖环境中沉积富铝、铁质泥岩，之后发生了多次规模不等的海侵作用；本溪后期发生大范围的海退，鄂尔多斯盆地主要为海湾—潟湖沉积体系，周围环绕潮坪—海滩、泛滥平原和三角洲沉积。本溪期末发生大规模海退，泥炭沼泽发育，沉积了全区稳定且厚度较大的 $8^{\#}$煤层。

早二叠世太原期，地壳升降频繁，海平面动荡强烈，多旋回多幕式快速海侵和缓慢海退形成由多个碳酸盐岩、碎屑岩和煤岩构成的旋回沉积，形成了障壁岛—堡岛后泥炭坪，或障壁岛—局限台地—滞留潟湖—潟湖泥炭坪沉积序列。由于古气候和古地理条件适宜，在河流岸后边缘沼泽及三角洲平原等部位的泥炭沼泽环境中沉积了数层较稳定的煤层。

早二叠世山西期，鄂尔多斯盆地在一定程度上承袭了太原晚期的古地理格局和古气候特点，地形主要表现为北高南低的楔状体，沉积环境自北向南主要为冲积扇扇端—河流相—三角洲及滨浅湖沉积。在河流相河漫滩、三角洲平原沼泽、分流间湾及废弃的三角洲朵体为植物生长提供了良好的场所，有利于泥炭沼泽发育，形成全区较稳定的 $5^{\#}$煤层。随着海退，泥炭沼泽在三角洲前缘十分发育，但由于离湖泊较近，泥炭沼泽中水体受到的影响比较大，煤层中夹矸较多，局部地方可形成较厚的炭质泥岩。

早二叠世早期，鄂尔多斯盆地以渐变形式结束了海侵，全区成为统一内陆坳陷。石盒子期和石千峰期大致沿袭山西期的构造格局和沉积背景，下石盒子组沉积了一套以灰色泥岩为主的陆相岩层，沉积厚度约为 120m；上石盒子组为一套陆相三角洲与湖泊沉积，厚度大于 200m；石千峰期，气候干旱，沉积了河流相杂色碎屑岩，厚度为 200 ~ 300m。

三叠纪，华北地台继承晚古生代沉积背景，鄂尔多斯盆地一直处于沉降状态，由于距物源区较近，物源充足，沉积厚度大，为 1661 ~ 3057m。晚三叠世末期，华北地区地壳抬升，湖、河萎缩，先前沉积地层遭受剥蚀，但由于构造作用的强度较低，抬升幅度不大，煤系未受到大的影响。

侏罗纪，华北盆地东部总体上处于抬升状态，沉积边界和沉积中心向西缩退。鄂尔多斯盆地在侏罗纪早期一度抬升，之后又处于沉降状态，沉积厚度约为 700m，在延安组沉积时期，沉积厚度约为 200m，主要发育湖泊—三角洲沉积体系，广泛分布的三角洲平原沼泽为聚煤作用的发生提供广阔的空间和物质基础。侏罗纪末期，燕山构造运动使鄂尔多斯盆地抬升，沉积范围进一步缩小。

早白垩世，鄂尔多斯盆地再次沉降，沉积边界与现存盆地边界差别不大。盆地东部蒲县坳陷沉积厚度为 700 ~ 1100m。之后，发生在早晚白垩世之间的燕山构造运动使盆地全面隆起(图 7 - 4)。

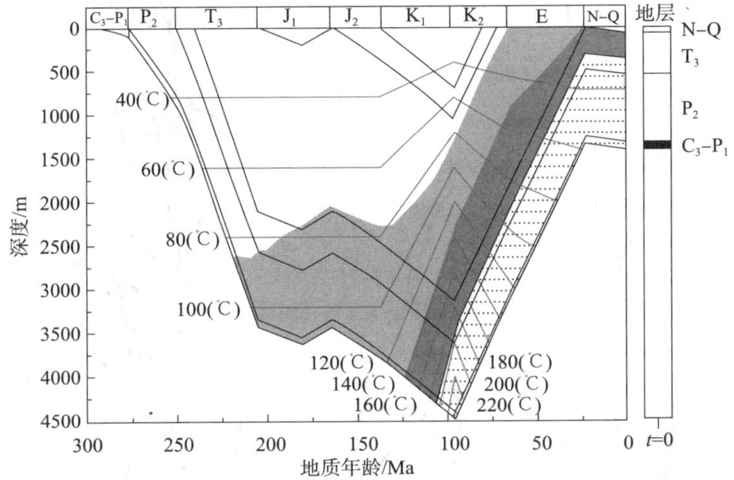

图 7 - 4 大宁—吉县地区石炭—二叠系煤层埋藏史及热演化模式图
(据中国石油长庆油田资料修改)

总之，鄂尔多斯盆地晚古生代经历了海侵—海侵扩大—海退—海陆交互—陆缘湖泊的沉积演化，构成了一个海侵、海退旋回，从而形成了从滨浅海相到海陆过渡相再到陆相的沉积。自山西期沉积后，该区一直处于陆相沉积状态，在石炭—二叠纪煤系沉积后的较长时间，地壳稳定，处于连续沉积状态，为煤的演化、生气及煤层气的保存创造了良好的环境。侏罗系煤层则埋藏较浅，煤岩变质程度低，生气及含气量均不如石炭—二叠系煤层。

二、煤层热演化史分析

三叠纪之前，鄂尔多斯盆地上古生界煤系地层的演化程度主要受深变质作用的控制，三叠纪末期，本溪组煤层演化程度主要表现为南北向的变化，即从南向北 R_o 值依次降低，在南部已基本进入低成熟阶段($R_o > 0.6\%$)，向北到柳林—府谷一带，大部分地区还处于未成熟阶段，R_o 值多小于 0.5%，此期间煤层演化程度的平面分布趋势与上述三叠纪末期地层埋深南厚北薄的格局基本一致，充分体现了深变质作用的特点(图 7 - 5)。

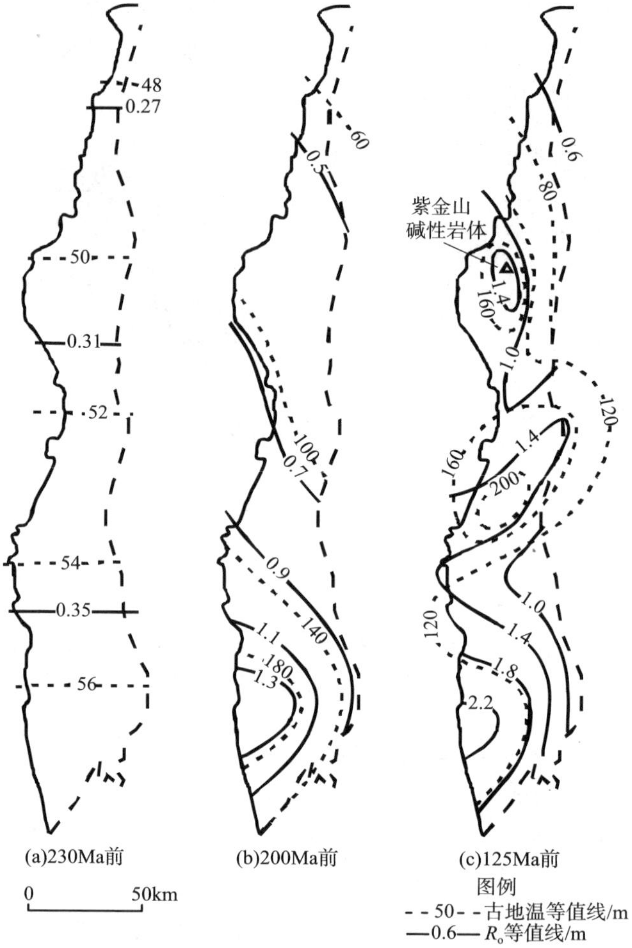

图7－5　鄂尔多斯盆地东缘煤化作用演化史(据汤达祯，2000)

汤达祯(2000)对鄂尔多斯盆地东缘的受热史进行了模拟演化，结果表明：三叠纪时期，鄂尔多斯盆地东缘的地热状态出现过不同程度的起伏变化，北部和南部地层所受的最大热流值分别为1.2HFU和2.18HFU，且由北向南盆地沉降中心的热流值明显增大；三叠纪之后盆地东缘整体抬升，与沉降有关的地热状态的横向变化也逐渐减弱直至消失。分析可知异常地热事件主要来自燕山期岩浆活动，区内紫金山碱性火山岩体呈孤岛状出露在三叠系中，该岩体产生的高热流明显叠加在盆地东缘中部地区，促进了煤变质程度的增高(图7－6)。

三叠纪之后，由于燕山构造运动在鄂尔多斯盆地的强烈影响，基底热流值普遍升高，地温增加，热演化程度加深；到早白垩世末期，本溪组煤层的演化已达到成熟—过成熟阶段，与三叠纪末期相比，不仅演化程度明显提高，而且其平面

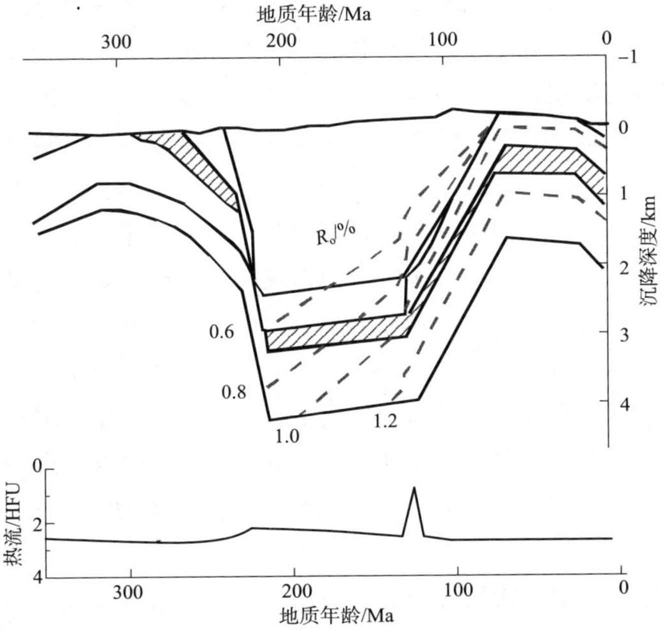

图 7－6　鄂尔多斯盆地东缘中段构造—地热—煤化作用史

分布格局大相径庭，南北向虽保留有从南向北煤层演化程度依次降低的趋势，但变化程度已远不如后者明显，且在吴堡—柳林一带出现 1 个相对低值带，其中变化最为明显的是出现东西向分带，从东向盆地内部，演化程度明显增加，R_o等值线表现为向盆地中心收缩明显的半椭圆状；本溪组煤层演化程度在该区总的分布趋势是从西南到东北，R_o值依次降低，在西南宜川—延长一带，R_o可达 3.0% 以上，至东北部的府谷—兴县地区，R_o降至 0.8% 以下；值得注意的是：在白垩末期，鄂尔多斯盆地的沉积中心已西移至天环向斜，位于沉积中心的天 1 井太原组地层的 R_o值仅达 2.0% 左右，与该区南部宜川—延长一带相当层位的演化程度相比，其值明显偏低。早白垩世末期，本溪组煤层演化程度的平面分布趋势与当时地层埋深格局存在差异，这主要与当时的区域地热场升高有关。

早白垩世之后，鄂尔多斯盆地主要处于整体降温阶段，煤系地层的变质作用基本停止。山西组煤层的热演化史基本与本溪组煤层一致，本文不再予以复述。

三、煤层生烃史分析

通过对鄂尔多斯盆地构造发展史以及盆地沉积史进行研究发现，该区煤的变质演化和煤层气的生成经历了以下阶段。

由煤层沉积埋藏史的分析看出，鄂尔多斯盆地自石炭—二叠纪煤层沉积期到晚三叠世，煤系基本上处于持续深埋状态，该时期煤层古地温持续增加，热演化不断加深。三叠纪沉积时期，石炭—二叠系煤层基本处于连续沉降状态，演化为深成变质作用，盆地沉积厚度为1661～3057m。根据分析，可知早二叠世到晚三叠世地温梯度约为2.5℃/hm，推测石炭—二叠纪至三叠纪末期煤层地温为80～110℃。根据 Левенщтейн(1969)建立的温度与煤变质关系，盆地煤变质达气煤和肥煤阶段，煤处于低—中度生气阶段，根据煤的热模拟实验，气煤的视煤气发生率为10～54m^3/t，肥煤为27～102m^3/t。该时期地壳稳定，上覆地层连续沉积，因此，煤层气保存条件优越。

晚三叠世末期，在印支构造运动作用下，地壳抬升，先前沉积的上部地层被剥蚀，煤系盖层变薄，煤层温度出现较小范围降低，煤的第一次深成变质作用终止，生气暂时停止。由于剥蚀程度低，该时期构造运动对煤层气的保存影响不大。

当煤层温度大于第一次深成变质作用的温度时，煤将发生第二次深成变质作用。晚三叠世末期印支构造运动之后，盆地地壳基本处于沉降状态，在持续埋深过程中，煤系地温增高，煤发生二次深成变质作用，并继续生气。盆地侏罗纪沉积厚度约为700m；侏罗纪末至早白垩世，燕山构造运动使地壳抬升，沉积作用一度终止，但由于构造作用强度相对较弱，因此，与侏罗系的沉积可视为一个连续的过程，石炭—二叠系煤层埋深进一步加大，到早白垩世末期，石炭—二叠系煤层达到最大埋藏深度，为3370～4840m，二叠系煤层地温为100～135℃，煤变质达到肥煤和焦煤阶段，经二次深成变质作用达肥煤和焦煤阶段。煤的热模拟实验显示，焦煤的视煤气发生率为55～170m^3/t。在早白垩世末期，燕山构造运动再次强烈，构造活动加剧，热流值增高，使煤的变质程度进一步增高，石炭—二叠系煤层在深成变质作用的基础上，又叠加了岩浆热变质作用，煤演化变质为瘦煤、贫煤和无烟煤，煤层气大量生成。热模拟实验显示，瘦煤、贫煤和无烟煤的视煤气发生率分别为108～246m^3/t、132～333m^3/t和268～393m^3/t。由构造及沉积演化分析看出，在侏罗纪—早白垩纪末期，盆地煤层气保存条件均较好，发生在早晚白垩世期间的燕山运动使盆地地壳大幅度抬升，并伴生大的断裂构造，煤层气保存条件变差(图7－7)。

燕山构造运动后期，盆地基本处于抬升剥蚀状态，煤层埋藏变浅，温度降低，煤的变质演化基本终止，煤层气的保存条件也进一步变差。

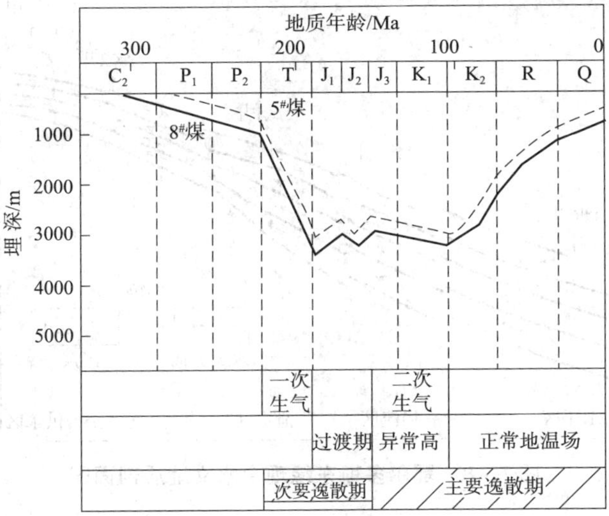

图7－7 鄂尔多斯盆地大宁—吉县地区主力煤层埋藏史及生烃史简图

由此看来，气源岩的生烃史与其热演化史具有很好的一致性，随气源岩热演化程度的不断提高，生烃强度也相应增加。鄂尔多斯盆地石炭—二叠系煤的演化变质程度高，生成了大量的煤层气，生气量足以满足目前煤的吸附及储集，在煤层气保存条件较好的情况下，完全可以形成高丰度的煤层气藏。

四、地下水活动史分析

鄂尔多斯盆地地下水活动主要受盆地单斜构造的控制，其次受地形地貌一定的影响。大气降水是地下水活动的主要补给来源，其径流方向与地表水流向大体一致，但不同地段、不同含水层存在明显差别，这正是煤层气赋存非均一性的重要原因。

盆地内主要的供水区在吕梁山一带，由东向西，水文系统由供水区—径流区—泄水区—径流区—承压区过渡(图7－8)。由第六章第三节的研究和水文地质剖面分析可知，吴堡地区张家墕断裂以西的煤层气保存条件优于以东地区，山西组地层水等位线图分布规律呈西高东低，流向多为东及东北方向，在榆林—延安—甘泉一带有承压区供水区存在，米脂—绥德地区为相对低水位区，也是地层水运移的指向区，吴堡—河东一线由西向东地层水位依次降低，将吴堡地区、永和—大宁地区、临县—兴县地区的水动力条件进行比较，认为永和—大宁地区水文地质保存条件最好，吴堡地区居中，临县—兴县较差。

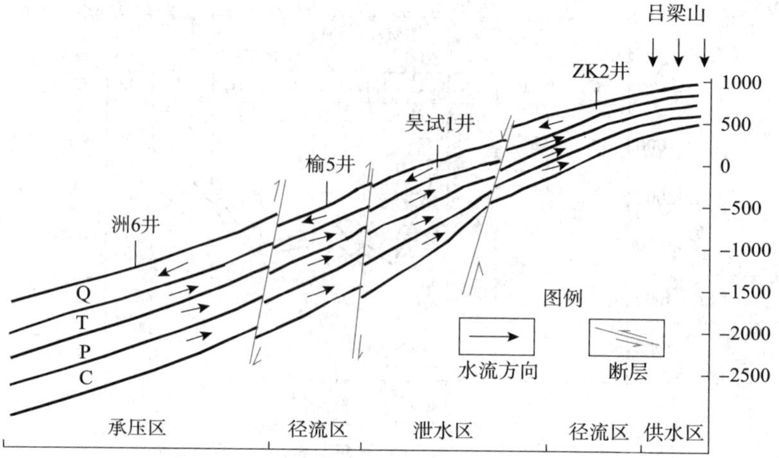

图7－8　鄂尔多斯东缘现今水文地质剖面图

(一) 石炭—二叠系地下水活动特征与煤层含气性

上石炭统含水层以太原组灰岩为主。8#煤层的顶板为庙沟灰岩，该层灰岩及其8#上煤层的毛儿沟灰岩是鄂尔多斯盆地内本溪组8#煤层的主要含水层，也是煤层气井的主要充水含水层。据盆地内太原组灰岩钻孔抽水资料可知，垂向上水位标高比中奥陶统高25～50m，地下水的径流特征与中奥陶统基本一致，即在盆地中北部，总体由东向西径流，在西南部由东南向西北径流，东南部地下水则由西北向东南径流，但在西部地下水由东南向西北径流，径流强度由东向西变弱；但与中奥陶统灰岩含水层相比，柳林泉域水文地质单元控制作用已很微弱，龙祠泉域水系统与龙门山水文地质单元分水岭区域水位线变化梯度较陡，地下水的径流作用相对较强，8#煤层的含气量普遍低于5m^3/t。

下二叠统山西组含水层为5#煤层顶、底板砂岩。据盆地钻孔抽水资料，垂向上其水位标高比太原组高25m左右，水位标高由东向西由850m逐渐降至775m，在大宁县西部、明珠形成地下水的相对汇聚区，其径流特征与太原组基本一致，径流强度由东向西变弱。

在大宁县西部、明珠乡地下水的相对汇聚区，5#煤层的含气量大于15m^3/t，局部高达20m^3/t，含气量普遍高于8#煤层，大宁—薛关—蒲县山西组水文地质剖面图(图7－9)显示：大宁县西部地下水位标高因小断层和次级褶皱横向变化不大，山西组水位线近于直线，地下水径流极其微弱，极有利于煤层气的保存，5#煤层的含气量高达20m^3/t；明珠乡地下水位标高因次级褶皱在中部变化很少，5#煤层的含气量维持在15m^3/t左右，向东、向西因径流能力逐渐增加，含气量逐渐降至10m^3/t。

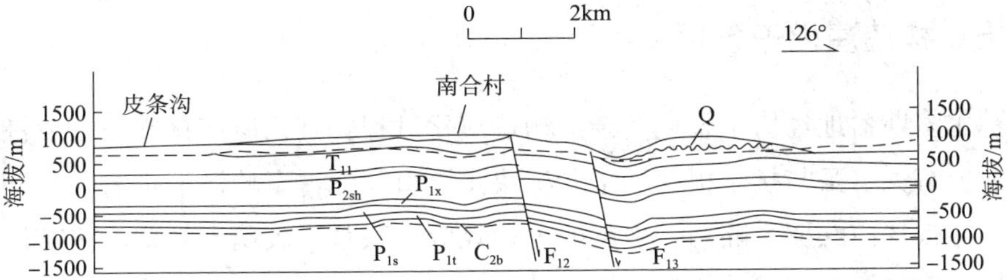

图7－9 大宁—薛关—蒲县水文地质剖面图

(二)侏罗系延安组地下水活动特征与煤层含气性

延安组地层水补给主要来自鄂尔多斯盆地周缘地区地表和大气降雨的补给。补给方式有两种：一种是通过断裂构造的垂向补给；另一种是通过地层露头区的侧向补给。众所周知，鄂尔多斯盆地现今构造为西倾单斜，总体形态为东高西低，北高南低，盆地西缘断裂褶皱构造发育，中部斜坡带构造简单，而东部、南部沿东胜—榆林—安塞—富县—店头—彬县一线为延安组露头区，南北长度为400km以上，东西宽度为20～80km。该构造背景直接控制着地下水的补给方式。延安组地层水的侧向补给主要来自东部和南部的露头区。由于地表淡水沿地层渗透带向盆地内部流动，随着距离加大，地下水的交替、流动趋缓，地层水矿化度增高，水型由 Na_2SO_4 型过渡到 $NaHCO_3$ 型，最高到 $CaCl_2$ 型和 $MgCl_2$ 型，从地层水平面变化规律不难看出，延安组地层水分带性明显。

地表水向盆地内部的运动速度主要取决于含水层的渗透率，一般情况下，渗透率高的地区水流速度大，流动距离远；渗透率低的地区水流速度小，流动距离短。从前面所述及的水化学性质分布图可以看出，来自东北方向靖边一带的地下水补给运动更活跃，主要为低矿化度的地下水；盆地北部三角洲平原相分布范围较广，河道砂体发育，从而成为地下水流动、交替的通道。对于煤层气勘探开发而言，应尽量避开河道砂体。

盆地西缘和西南缘的部分地区，地下水以垂向补给为主，如摆宴井油田延5～延10各层组地下水矿化度接近地表浅层水矿化度，说明垂向补给占主导，但西缘断裂带地下水的垂向补给区范围较窄，从而低矿化度地下水的分布带也较窄。根据大水坑、红井子、马坊3个油田地层压力换算静水位高程对比结果(静水位分别为1353.4m、1263.5m、1243.3m)，可知自西而东水位降低，补给能量随补给距离的增加而减小。

延安组地层水的泄水区不明显，但根据补给、流动方向以及水势分析，主要位于盆地东部，以泉的形式沿沟谷、河道排泄。

五、构造演化史分析

鄂尔多斯盆地经历了长期复杂的构造演化过程，其构造演化既与古亚洲洋消失、愈合有关，又与扬子板块和华北板块碰撞引起的古秦岭洋消亡有关，同时也与太平洋板块向欧亚大陆俯冲引起的远程效应相联系，表现出复杂的多旋回前进式发展趋势。煤层气藏的改造受控于区域构造运动，盆地晚古生代煤系沉积后主要经历了印支构造运动、燕山构造运动和喜马拉雅构造运动。

（一）印支期

地壳基本处于稳定状态，鄂尔多斯盆地缓慢下降，接受沉积，在印支末期的晚三叠世，构造活动加剧，鄂尔多斯盆地主体表现为南北向挤压的应力场，在盆地南部边缘地带形成一系列 EW 向次级褶皱和断裂，规模较大的褶皱主要分布在盆地西南部及其以西地区，煤层气在褶皱翼部及向斜轴部往往相对富集。盆地东缘，印支期构造应力场作用在单斜的区域构造背景上形成近东西向的离柳宽缓鼻状构造。构造运动使地壳抬升，隆起区三叠纪顶面遭受剥蚀。总体看来，在晚三叠世以前，盆地处于连续沉积的状态，晚古生代煤的演化和生气处在相对稳定的环境，构造环境对煤的演化、生气及煤层气的保存均较有利；晚三叠世地壳抬升，煤的演化和生气受制约，煤层气的保存条件也受到一定程度破坏，但由于构造作用时间短，地壳抬升幅度小，因此，该期构造运动对煤层气保存条件的影响并不显著。

（二）燕山期

鄂尔多斯盆地主体遭受北西－南东向挤压构造应力场作用。盆地东部构造作用强度大，断裂发育，地壳抬升幅度大，剥蚀严重，煤的演化及生气趋于停止，煤层气的保存条件变差。但在白垩纪末期，构造运动强烈，同时伴随有岩浆侵入活动，在岩浆侵入区及附近，煤发生岩浆热变质作用，变质程度进一步增高，生气强度增大，生气量增多，有利于煤层气的储集。

该时期构造运动使煤的演化及煤层气保存条件变化的同时，也使煤体结构、煤层裂隙状况发生不同程度的变化。韩城地区南部出现强烈挤压构造带或推覆带，同时伴随产生了规模较大的压性断裂，因挤压性构造作用有利于煤层气保存，但煤层层间滑动导致北部出现构造使煤储层渗透率降低；盆地东缘南部的大宁—吉县地区构造强度相对较弱，煤层原生结构较好，裂隙比较发育，构造作用形成的北北东向的次级褶皱，有利于煤层气富集。

（三）喜山期

喜山期是新生代断陷盆地形成、伸展构造形成和发展期，地壳进一步抬升，晚古生代煤层气藏最终定型。新生代早期，晚白垩世地壳整体隆升，煤的演化终止，煤的生气作用停止。由于上覆地层剥蚀，煤层气藏保存条件进一步变差，晚古生代煤层气藏在燕山构造运动改造的基础上再次受到改造，并最终定型。

该时期鄂尔多斯盆地构造应力场挤压方向转变为北东向，先期的压性断裂多变为张性，并形成大量东西向或北东向正断层，不利于煤层气保存。盆地南缘渭河地堑的形成，使渭北隆起的铜川、蒲白、澄合矿区煤层气沿正断层大量散失。韩城矿区南部先压后张且现今表现为正断层性质的构造较为发育，造成象山、马沟渠、燎原等矿区的煤层气含量相对较低，但次级构造轴部向深部一侧的含气量往往较高，如象山背斜、英山背斜等（杨起等，2005）。

总之，鄂尔多斯盆地构造运动总体表现是：印支期晚古生代煤层埋深加大；印支末期—燕山初期，盆地整体抬升遭受剥蚀而使煤层埋深变浅；燕山中期，盆地接受沉积埋深再度加大；燕山末期，地壳抬升，盆地发育史结束。印支末期—燕山初期的构造作用强度低，地壳抬升幅度小，对煤层气保存没有显著影响；燕山末期—喜马拉雅初期，构造运动对盆地中心部位煤层气的保存影响不大，但对盆地边缘地带煤层气藏影响深刻，不仅使煤层气保存条件破坏，造成煤层气大量逸散，而且破坏了煤体结构，降低了煤层渗透性；喜马拉雅构造运动使煤层气藏最终定型。

综上所述，石炭—二叠系煤层气成藏过程复杂，煤层气的形成具有明显的阶段性；侏罗系低煤阶煤层气成藏过程相对简单，煤层气的生成阶段性和持续性并存。石炭—二叠系煤层热演化程度高，生气量大，煤层吸附能力强，但煤层形成之后经过多次抬升剥蚀，成藏过程复杂，且煤储层大裂隙系统发育，基质孔隙不甚发育，不利于煤层气吸附解吸，因此，成藏过程中“三史”（构造运动史、沉积埋藏史及生烃史）之间的有效配置是该类煤层气富集成藏的关键；另外寻找高孔、高渗透的煤储层及良好的保存条件，以保证煤层气的富集。侏罗系煤层气藏储层基质孔隙发育，物性较好，但热变质程度低，煤层生气量有限，储层吸附能力弱，含气量普遍低，但巨厚的煤层可以弥补含气量的不足，因此，保存条件成为该类煤层气能否富集成藏的最重要的控制因素，尤其是现今的构造特征和地下水的赋存状态是控制成藏的关键。

第三节　煤层气成藏模式

综上对鄂尔多斯盆地煤层气藏的成藏条件和过程的详细分析，按照煤层的热演化阶段可建立鄂尔多斯盆地不同地质背景下高、中、低煤阶3种煤层气富集成藏的模式。

一、高煤阶煤层气成藏模式

关键时刻(煤层气藏演化过程中所受温度最高、生烃强度最大的时刻)之后，煤层的吸附能力不断增加，利于煤层气富集成藏。按成藏演化特点不同，以典型地区为代表可划分为两种类型。

(一)大宁—吉县地区

该类型高煤阶煤层气藏的煤层一般经过两次煤化作用，存在着二次生烃(图7-10)。一般区域的热事件时期是煤层气成藏演化的关键时刻，煤层气藏的地质化学特征和煤层气的赋存总量由此定型，煤层的后期抬升使得吸附能力增加，而沉降造成吸附能力降低，因此，如果没有后期的气藏调整，现今的煤层气藏均处于欠饱和状态；抬升过程中或抬升后，煤层气的运移、散失、再聚集决定了现今

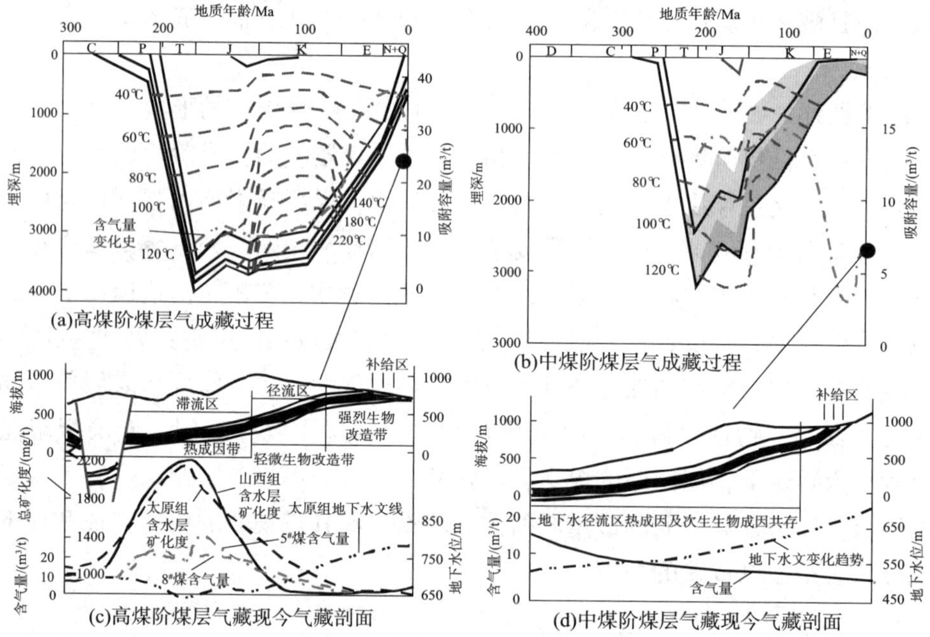

图7-10　鄂尔多斯盆地中、高煤阶煤层气成藏模式

含气量的空间展布格局，煤层气藏的调整、改造和有利的封闭条件使得此类煤层气藏成为最有利的煤层气藏。此类煤层气藏的埋藏史和含气量演化史有利于煤层气富集成藏。

(二)柳林地区

该类型高煤阶煤层气藏演化历史与大宁—吉县地区基本一致，不同的是燕山期热事件影响有限。但次生生物成因气从煤层气抬升到微生物能活动的深度开始一直持续生气，这可作为煤层气含气量的重要补充。这种补充不可忽视，如淮南地区，次生生物气占煤层气含量的主要部分，美国的圣胡安和黑勇士盆地都具有类似情形。具备这种演化历史的煤层气藏不仅有较高的含气量，而且有优越的储层渗透性，属于高产富集煤层气藏，是最有利的煤层气藏。

该种模式下形成的煤层气藏主要有以下特点：①有利的成煤环境形成了厚且连续稳定的煤层，构成了煤层气富集成藏的物质基础；盆地东缘本溪组 8#煤和山西组 5#煤煤层厚度较大，连续性好，聚煤中心与煤层埋深匹配，渗透率中等—较好，煤储层吸附能力强，是较好的储层。②具备较强封闭能力的顶、底板，侧向存在封闭性的边界，如封闭性的窑渠断层、地下水分水岭和沿露头的水动力封堵。③印支期与燕山期的两次变质作用，形成了中、高煤阶焦煤和无烟煤，镜质组反射率达 1.2% ~2.6%，对应的两次生烃生成了大量煤层气，其中晚期生烃起主要作用。所生成的煤层气在喜山期持续抬升过程中发生了严重的调整与改造，最终形成了现今的煤层气藏。④煤层气含量高，5#煤层的含气量普遍大于 8#煤层的含气量，主要为热成因，可能存在次生生物成因气。⑤储层压力主要取决于地下水动力条件，包括沿露头的地下水补给、运移、滞流形成的压力，类似于动态的异常压力封存箱，因此，深部的地下水滞流区，特别是具有异常高压或正常压力的滞流区是煤层气的有利聚集区。目前的高产、稳产煤层气井多位于地下水弱径流区和滞流区。

二、中煤阶煤层气成藏模式

关键时刻之后煤的吸附能力不断下降，不利于煤层气富集成藏(图 7 - 10)。如盆地东缘北部，在煤层达到最大埋深即达到最大的热演化程度，后期的热事件并没有造成热成熟度的增加。晚三叠世—早侏罗世的抬升造成煤层气吸附能力增加，而早侏罗世—中侏罗世的沉降却造成吸附能力下降，煤层气饱和度为 100%，晚侏罗世—早白垩世的热事件没有造成成熟度的增加，晚三叠世之后煤储层便进入了持续抬升阶段，这次抬升使得煤的吸附能力显著增加，直至白垩世末期，埋深达到1500m时，理论吸附量达到最大值(此时的饱和度在80%左右)，此后随着煤层的抬升，煤层的吸附能力呈急剧降低的趋势，到第三世末期，煤层埋深最浅，理论含气量最低(此时饱和度为100%)，之后随着煤层埋藏深度的增加，理论含气量有所提高，这导致饱和度再次降低，低于90%；更重要的是保存条件的影响，煤层长期的抬升剥蚀，煤层埋藏深度浅，造成煤层气大量散失，使煤层气饱和度进一步降低。也就是说，后期煤层气藏的调整、改造没有弥补含气量演化史的不利影响，尽管有次生生物气的补充，但极差的保存条件使得此类煤层气藏难以进行商业开发。

三、低煤阶煤层气成藏模式

关键时刻之后煤的吸附能力存在波动，相对有利于煤层气富集成藏(图7-11)。对于像鄂尔多斯盆地侏罗系延安组低煤阶煤层气藏而言，以深成变质作用为主，即使存在岩浆活动影响，也仅为接触变质，影响范围有限，煤层的生成具有阶段性和持续性并存的特点。煤层埋深达到最大时，主体进入成熟阶段，生烃达到高峰，这时的饱和度为100%，为煤层气成藏演化的关键时刻；煤层的后期抬升和沉降及热事件的影响使得含气量出现波动，但变化不大；现今煤的吸附能力达到极大值，但含气饱和度降低，由于低煤阶煤的吸附能力比中、高煤阶低，含气量总体较低。然而此类煤层气藏煤层巨厚、保存条件有利，尤其是次生生物气的重要补充，使得现今煤层气藏深部的饱和度为80%～90%。可见煤层气富集

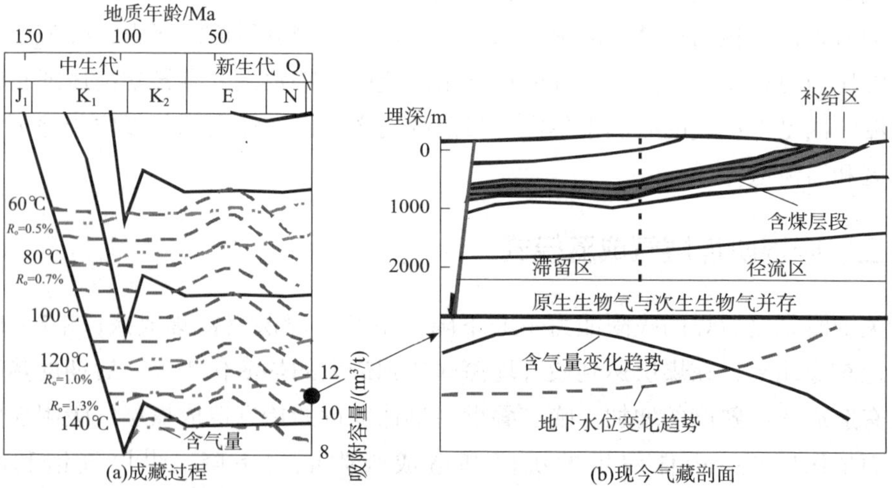

图7-11　鄂尔多斯盆地低煤阶煤层气成藏模式

成藏不仅取决于含气量演化史，更重要的是后期的调整、改造，如果具备有利的保存条件，能够保持历史时期的饱和度，再加上次生生物气的补充和运移、再聚集，不利的含气量演化史也可形成商业性煤层气藏。同时低煤阶储层基质孔隙对储层渗透率的贡献使得这类煤层气藏具备高产条件。

该类煤层气藏特点包括：①有利的成煤环境使侏罗系延安组发育了巨厚煤层，由多层主力煤层组成，且以多煤层、厚煤层为主；煤储层渗透性中等偏低，其主要贡献者为基质孔隙，储层压力低，随埋深的增加，储层由欠压逐渐变为正常压力。②上覆盖层主要为泥岩和粉砂岩，缺乏区域性的泥岩盖层，封闭能力较弱，顶板起主要封闭作用的为网络状渗滤形成的水力封堵，侧向主要为水动力封闭和岩性封闭。③在早白垩世末期，煤层埋深达到最大，煤层镜质组反射率只有0.4%～0.7%，达到热成因气的生成阶段，主要为微生物降解作用下生成的原生生物气，在局部煤阶较高的地区含次生生物气。④从这一阶段开始一直持续至今的区域性构造隆起，使鄂尔多斯盆地大范围向西倾斜，奠定了现今的构造格局，该构造格局影响着地下水的补给、运移和排泄，对煤层气藏的调整和改造起决定作用，是影响煤层气生成的关键，也是控制成藏的关键。地下水沿含水层向西流动，在上、下泥岩的封闭或顶板网络状渗滤形成的水力封堵作用下，对煤层气藏形成水动力封闭。⑤由于煤层热演化程度低、埋藏浅、压力低，对气体的吸附作用也弱，鄂尔多斯盆地煤层气含量低，但巨厚的多煤层结构弥补了这一不足，资源丰度大。

第八章　煤层气成藏的主控因素及富集高产规律

第一节　煤层气成藏的主控因素

一、大宁—吉县地区

（一）沉积作用与煤储层关系分析

1. 沉积环境控制聚煤作用

早二叠世早期，鄂尔多斯盆地地壳下沉，来自盆地东部、西部的海侵进一步向北部及中央古隆起侵漫，潮坪、潟湖和滨岸沉积逐渐超覆中央古隆起，形成了各种海相环境的泥炭坪沉积。盆地内潟湖泥炭坪分布较广，成为主要成煤环境之一，形成的煤层多，厚度大，分布较稳定。

早二叠世山西期，在大规模海退背景下，开始进入陆相聚煤环境，潟湖泥炭坪、障后泥炭坪等主要成煤环境逐渐被三角洲平原和（河流）岸后泥炭沼泽取代。陆相三角洲岸后泥炭沼泽沿湖盆中心呈环带状分布，成为该时期主要的聚煤环境；湖滨泥炭沼泽的空间发育与部分岸后泥炭沼泽相邻，范围更为局限。随着三角洲萎缩退积，河控三角洲泥炭沼泽逐渐由南向北推进，造成盆地南部地区煤层分布在山 2 段，北部地区山 1 段也有分布。从中二叠世开始，泥炭沼泽因受地形及沉积体系的控制而趋于消亡，成煤性逐渐变差，多不能形成规模煤层。

2. 煤储层的发育与古地理环境的关系

古生界山西组山 2 段的 5#煤、本溪组本 1 段的 8#煤是煤层气勘探的主力煤层。鄂尔多斯盆地具有煤层厚度大、平面分布稳定、主力煤层相对集中的优势，煤层总厚度为 5 ~ 22.5m，煤层整体由四周向中心增厚，在古驿—午城、山中、蒲县东等地区形成 3 个煤层总厚大于 15m 的富煤中心。富煤厚度中心的形成与沉积环境有关，三角洲分流间湾、潮坪洼地沼泽化形成厚且稳定分布的煤层，而煤层的厚度与煤层气的含量密切相关，在多煤层地区，一般煤层厚度越大，含气量越高，如乡宁赵家湾矿区 9#煤层气含量与煤层厚度呈不明显的线性正相关关系(图 8-1)。

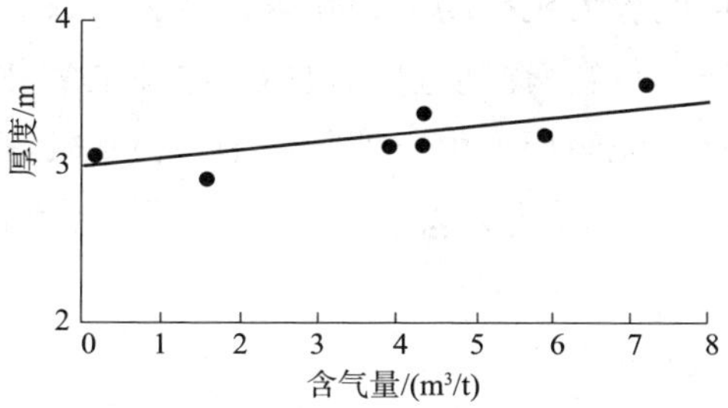

图 8-1　乡宁赵家湾矿区 9#煤层气含量与煤层厚度关系图

5#煤层形成于陆相环境，单层厚度为 1~7m，大于 4m 的富煤厚度中心位于薛关—曹井、乡宁—明珠、蒲县东一带，5#煤层单层厚度大于 5m 的富煤厚度中心主要分布在山中—窑渠南北一线。该区 5#煤层聚集的主要特点是：聚煤厚度中心呈带状展布，且富煤中心依附在薛关断层的两侧；8#煤层形成于海相沉积环境，单层厚度为 1~9m，厚度大于 5m 的富煤中心位于大宁—窑渠、蒲县东、吉县东南一带，8#煤层单层厚度大于 7m 的厚度中心主要在山中—午城、蒲县东两处分布。8#煤层分布的主要优势是：聚煤厚度中心由南北两端向区块外围延伸，东部位于吕梁山西侧，并具有煤层单层厚度大、分布稳定且集中的特点。两煤层相比，5#煤层的厚度及平面展布的稳定性不及 8#煤层，这与海相成煤环境优于陆相等诸因素有关。

3. 沉积相控制煤岩的组成

聚煤泥炭沼泽沉积相的变化比其他沉积相更复杂，不同成煤环境的泥炭沼泽具有不同的植物组合、不同的水文地质条件、不同的补给物源、不同的成岩演化过程，不同类型煤岩在不同的聚煤环境中形成。

大宁地区宏观煤岩类型主要是半亮型煤，其次是光亮型煤和半暗型煤，暗淡型煤较少。一般煤层越厚，光亮型煤和半亮型煤的比例越高，此外，山西组煤比本溪组煤也显示出相对较高的光亮型煤和半亮型煤成分。影响煤岩类型的因素除了与有机物质组成有关外，还明显与无机矿物种类、含量和分布状态有关，在本溪组煤中含量相对较高的硫化铁矿物(黄铁矿)除了常以瘤状结核出现外，还以细分散状产出，导致煤的平均光泽变暗淡。

沉积环境的更替在更高程度上影响煤岩性质横向上的变化。鄂尔多斯盆地东缘由北往南，煤层中的夹矸层数减少，煤层剖面中暗淡型煤和半暗型煤的比例明显减少。一般在三角洲平原中发育的泥炭沼泽具有丰富的陆源物质供给，地势较高，受径流影响，环境相对动荡，矿物质的加入促进暗煤成分的增加，在洪泛和充水时期，泥炭堆积可能被无机矿物沉积完全代替，形成煤层的夹矸。泥炭沼泽中的高地，由于覆水浅，短暂暴露明显加快植物遗体的氧化、分解。在潮坪—潮道—潮砂脊基础上发育的泥炭坪，由于地势低平，覆水较深，有助于植物遗体保存，常见大块植物茎干直接转化为煤层中的中—厚条带状镜煤，增加亮型煤的发育。

4. 沉积相控制煤岩组分含量

鄂尔多斯盆地煤中有机组分含量高，有机质以镜质组为主，平均为73.95%；5#煤层镜质组含量平均为75%，8#煤层为72.97%；其次是惰质组，平均含量为23.48%；壳质组含量很少，仅在个别地区的个别煤层中发现且含量极低。煤岩显微组分在纵向上略有变化，自下而上镜质组含量增加，惰质组含量减少，山西组较本溪组煤镜质组含量略高，而丝质组和无机矿物略低；平面上，从北向南镜质组含量增加。显微组分的变化与原始聚煤条件关系密切，如本溪组13#煤层在鄂尔多斯盆地东缘北部显示相对较高的惰质组含量及较低的镜质组含量，另外还含有一定的壳质组分，至中部煤层镜质组含量显著增加，惰质组含量相应较少，壳质组亦随煤阶增加逐渐消失，再向南到韩城镜质组含量较中部有所较少，但仍比北部高。该煤层显微组成的平面变化与成煤期北部的冲积平原体系、中部的三角洲体系、南部的潮坪—潮道体系相关，垂向上的变化体现陆表海由北向南逐渐退出，海相变陆相的沉积环境。

5#煤层和8#煤层的矿物质含量相对较低，一般小于10%，北部平均为3.5%；南部较高，平均为8%。水分含量一般较低，为0.26%～3.10%，横向变化不明显，但低成熟样品中水分含量稍高。

煤中灰分含量变化较大，为7.58%～25.04%，5#煤层挥发分含量平均为14.7%、8#煤层为16.4%，挥发分含量均较低，显示了中、高变质煤的特点（表8-1）。总体来说，平面上山西组煤灰分产率变化不大；纵向上本溪组煤灰分产率高于山西组。煤储层具有很强的非均质性，不同煤层之间、同一煤层不同地点灰分产率变化很大，一般认为在沉积凹陷边缘煤岩沉积薄，中心沉积厚，相应凹陷边部灰分产率高而中部低；越接近剥蚀区，灰分产率越高，越远离剥蚀区越低；即使同一煤层纵向上灰分产率变化也很大，镜煤、亮煤灰分产率最小，半亮型煤次之，暗淡型煤最大，此外泥岩顶、底板及夹矸也对煤层的灰分产率产生影响，其影响程度主要受成煤沼泽水体动荡强度控制，当沼泽水体平静时影响较小。

表8－1　大宁—吉县地区煤岩工业分析数据表

煤层编号	灰分含量/%	挥发分含量/%	水分含量/%	备注
5#	5.3～13.3	14.7	<5	均为各样品的平均值
8#	10.8～15.4	16.4	<3	

研究证明，除热演化程度外，煤层含气性还明显受煤岩组分、灰分含量的影响。对煤层气资源评价单元来说，煤岩镜质组含量与煤层含气量、储集性能成正比，镜质组含量越高，煤储集性能越好，生气和含气量均较高；煤层灰分含量也是间接影响煤层含气量的主要指标，一般灰分含量高往往含气量低，鄂尔多斯盆地孤山地区煤层灰分含量对含气性的影响极为突出，如果把煤层灰分含量基值定在15%，灰分含量每升高10%，煤层含气量降低2.5～3m³/t，煤层灰分含量与含气量成反比的特征尤为显著。而煤岩组分、显微组成均受控于沉积环境。基于该因果关系，沉积作用在很大程度上控制煤层气的生气基础。

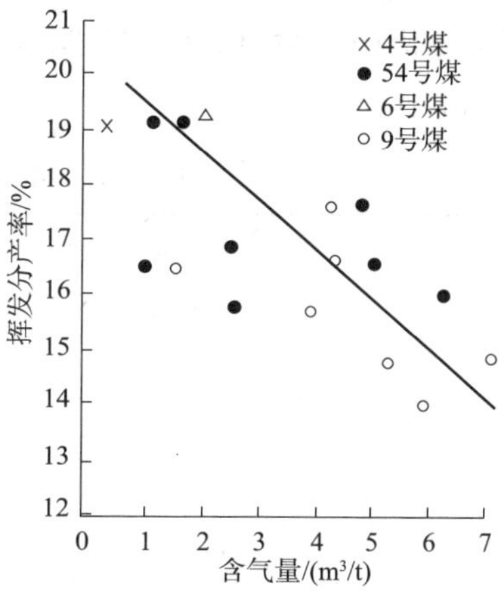

图8－2　乡宁矿区煤层气含量与挥发分产率关系图

煤的变质程度从两方面影响煤层气的含量：一是决定煤层的生气量，这已被大量的热模拟实验证明；二是影响煤层吸附气体的能力。实验证明在其他条件相同时，煤层气吸附气量与煤变质程度成正比，乡宁矿区煤层气含量与煤阶具有相同的变化趋势，二者为正相关关系(图8－2)。综上分析，鄂尔多斯盆地煤的演化变质程度高，在演化过程中生成了大量的煤层气，生气量足以满足目前煤的吸附及储集，在煤层气保存条件较好的情况下，完全可以形成高丰度的煤层气藏。

石炭—二叠纪煤系沉积后的较长时间，地壳稳定，处于连续沉积状态，为煤的演化、生气及煤层气的保存创造了良好的环境。煤储层的形成与展布、煤岩组成、岩相组成及其空间组合与煤层气含气量密切相关，而这些特征均受控于沉积环境，基于这种因果关系，沉积作用在很大程度上决定煤层气生成的物质基础以及煤储层、盖层的几何特征和物性，并通过煤层与围岩之间的组合关系影响煤层气的保存条件。

(二)环境因子与储层物性关系分析

1. 煤储层孔隙系统差异发育的主控因素

为了研究鄂尔多斯盆地东缘煤储层孔隙系统差异发育的主控因素，笔者选用灰分含量(*Aad*)(%)、矿物含量(%)、凝胶化指数(*GI*)、植物保存系数(*TPI*)、镜惰比(*V/I*)、流动指数(*MI*)及森林指数(*WI*)7 个参数对样品进行主因子分析，进而用主因子分析的结果与煤储层物性参数做 *R* 型聚类分析，分析各环境控制因子与储层物性的关系。

煤阶是影响煤储层孔隙特性的主控因素之一，叶建平等认为煤孔隙性的特征可能主要受控于煤阶，而其他影响因素则仅在煤阶背景上叠加储层的控制作用，为了使研究更具有针对性，分别对鄂尔多斯盆地东缘北部低煤阶煤相、中部中低煤阶煤相及南部中高煤阶煤相的样品进行主因子分析，结果表明：在长焰煤—气煤阶段反映沉积环境的各参数明显可以降维为两个参数反映成煤环境，随着煤变质程度的升高，煤自身显微组成的变化，反映煤沉积环境的不同参数发生分异，因子分析中主因子数明显增加，且每个主因子代表的地质意义变得更加模糊(表 8－2)。

表 8－2　鄂尔多斯盆地东缘主控环境因子分析

编号	变量	低煤阶		中低煤阶			中高煤阶		
		*f*1	*f*2	*f*1	*f*2	*f*3	*f*1	*f*2	*f*3
1	矿物含量/%	0.108	0.927	0.853	－0.088	－0.152	0.979	－0.038	－0.083
2	*Aad*/%	－0.057	0.936	0.930	－0.140	0.001	0.633	－0.092	0.511
3	*GI*	0.992	－0.078	－0.243	0.931	0.040	－0.126	0.934	－0.199
4	*TPI*	0.986	0.037	0.228	0.000	0.916	－0.010	－0.141	0.927
5	*V/I*	0.995	－0.069	－0.267	0.903	－0.108	－0.123	0.757	－0.448
6	*WI*	－0.159	0.851	0.917	－0.234	0.133	0.883	－0.319	－0.026
7	*MI*	0.981	－0.008	－0.307	－0.069	0.852	－0.127	0.753	0.459
特征(方差)值累积百分数/%		56.823	91.740	46.069	69.855	87.107	43.986	65.298	84.958

在大宁地区的中高煤阶煤相区，*f*1、*f*2 和 *f*3 前 3 个因子的方差累积百分数为 84.958%，这表明前 3 个因子已经能反映原始数据的绝大部分信息。虽然主因子 *f*1、*f*2、*f*3 较全面表达了原始数据的信息，但除主因子 *f*1 外，每个主因子所代表的地质意义已经不太明显。故在变量之间进行 *R* 型聚类分析时仍取原始数据，从图 8－3 中仍可以看出，*Aad*、*Mad*、*WI* 这 3 个参数相关性较强，并与惰质组含量、*TPI* 及小孔占比同处一簇；与 *GI*、*V/I*、镜质组含量关系相近，表征储层中凝胶化成分，从而控制微孔的发育；而 *MI* 和大孔占比相关(图 8－3)。

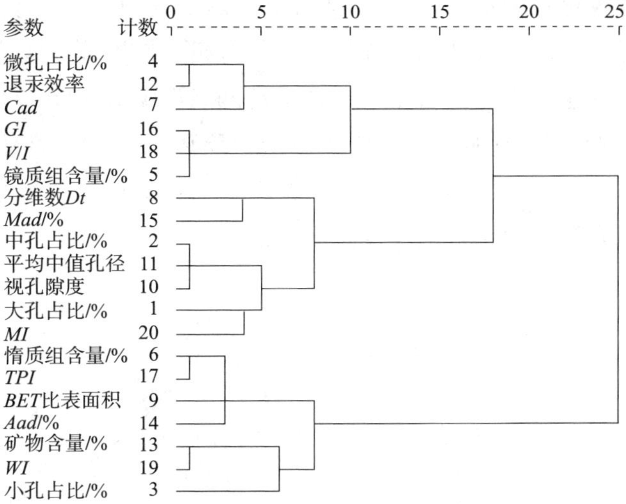

图 8-3 鄂尔多斯盆地东缘南部地区 *R* 型聚类分析谱系图

2. *矿物含量及类型与储层物性关系*

显微煤岩组分鉴定表明，鄂尔多斯盆地煤中矿物含量整体偏低，仅部分矿物含量较高，矿物类型主要为黏土矿物和黄铁矿，研究发现矿物为大量黏土矿物的煤层，往往较其他类型煤具有更高的比表面积。为讨论方便，将煤中矿物分为黏土矿物和非黏土矿物两大类，笔者认为黏土矿物会提高煤储层的比表面积，非黏土矿物可能会降低煤储层的比表面积，这与黏土矿物结构有关，黏土矿物由基本层和层间域组合在一起的层状单位结构沿结晶轴 *C* 轴方向重复堆叠而成，由于主要黏土矿物高岭石、蒙脱石和伊利石单位结构厚度分别为 0. 75nm、1. 54nm 和 1. 43nm，这些黏土矿物单位结构间的超微割理以及层间域和基本层间可能存在的分子缺陷，提供了大量的小微孔隙，使得煤储层比表面积提高，而非黏土矿物仅充填了煤储层孔隙，比表面积降低。

一般认为，煤对气体的吸附能力随着煤阶的增高而增大，按照这一规律，煤储层的比表面积也应随着煤阶的增高而增加，但对鄂尔多斯盆地东缘煤样进行低温氮测试的结果却不完全如此。总体上当黏土矿物含量小于 10% 时，其对煤储层比表面积的影响仍为煤变质程度背景上的叠加；当黏土矿物含量超过 10% 时，其影响程度往往会超过煤变质程度的影响，而对煤储层比表面积构成实质性的影响(图 8-4，图 8-5)。张松航通过分析鄂尔多斯盆地东缘孔隙分布特征指出，中南部地区煤样阶段黏土矿物的孔隙主要是孔径为 3 ~ 4nm 的“墨水瓶”形孔，但在北部地区即使矿物含量很小，也存在这样的“墨水瓶”形孔，显然在此演化阶段，煤储层本身也存在大量孔径为 3 ~ 4nm 的“墨水瓶”形孔，随着埋深加大、压实作用增强，煤岩变质程度增高，煤岩大分子有机侧链断裂、缩短，煤中该尺度孔隙逐渐减少，甚至消失。但对于矿物含量高的暗淡型煤来说，其硬度较大，受沉积压实作用影响相对较小，以丝质体、半丝质体为主的惰性组分物性变化较小，所以其内部孔隙大部分得以保留，这样矿物对煤储层的影响会随变质程度增大而提高，使煤岩微孔隙系统演化发生分异。

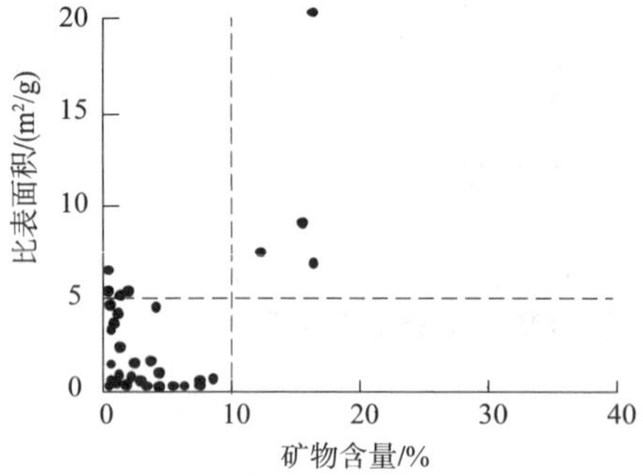

图 8 - 4　矿物含量与比表面积关系

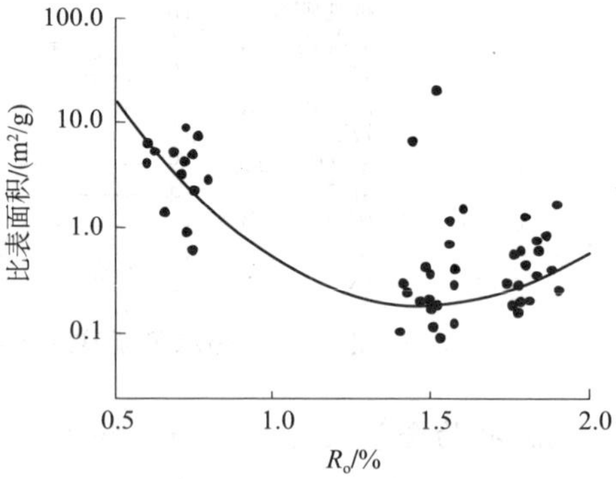

图 8 - 5　比表面积随煤阶变化图

(三) 煤层含气性分析

煤层含气量与煤岩煤质和保存条件有关，也是煤层气地质成藏条件的最终体现。在煤质雷同的前提下，煤层热演化程度高、煤层顶板泥岩封盖优、构造稳定的地区煤层含气量高。该区 5#煤层含气量为 6 ~ 22m^3/t，8#煤层为 6 ~ 17m^3/t；横向上煤层高含气区主要位于古驿—窑渠背斜构造的东、西两翼。纵向上 5#煤层含气量比 8#煤层高，主要原因在于 5#煤层顶板岩性多为泥岩，对煤层气藏的封堵能力强，从而使煤层含气量增高；而 8#煤层顶板多为灰岩，垂向距奥灰水较近，灰岩顶板本身具有双重性，在构造活动区有可能变为储层，导致煤层含气量降低。

二、延川南地区

深层煤层气富集高产受沉积控气、构造控气、水文控气以及后期压裂改造效果等多因素的控制，基于延川南区块大量分析化验资料及生产动态资料，分析了延川南区块深层煤层气富集高产的地质控制因素。

(一) 沉积控气作用

根据延川南区块部分探井取心样品煤岩测试数据，应用 Diessel 提出的结构保存指数(*TPI*)和凝胶化指数(*GI*)两个煤相参数，编制了该区 5#煤层的 *TPI*—*GI*

煤相图(图8-6)。煤相图显示，延川南地区5#煤层形成于三角洲平原环境，并以下三角洲平原湖沼、覆水森林沼泽煤相为主，这与该区山西组的总体沉积环境一致。根据其凝胶化指数和结构保存指数的范围，其煤相具有覆水较深、泥炭层埋藏速度相对较慢的特征。

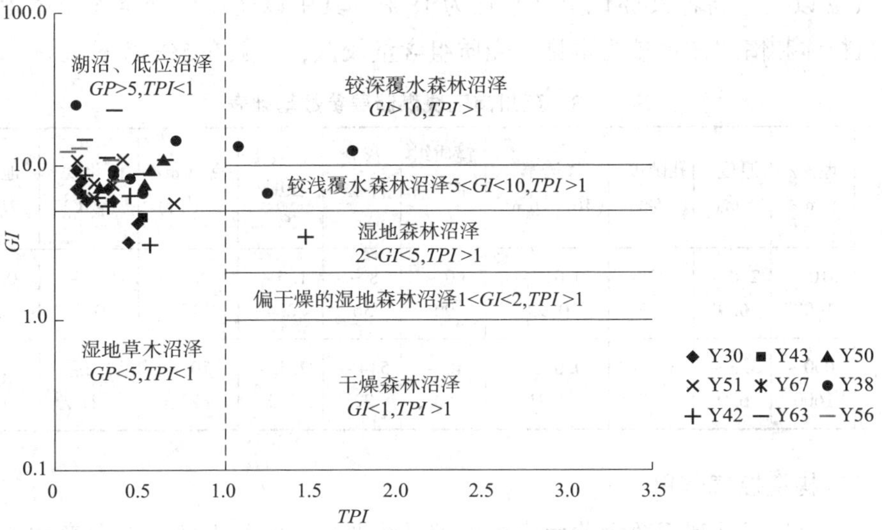

图8-6　延川南区块5#煤层 *TPI*—*GI* 煤相图

一般来说，镜质组形成于潮湿还原环境，而惰质组则形成于干燥氧化环境，所以镜惰比(*V/I*)这一参数可以较为直观地反映沼泽的覆水程度及气候的干湿情况。Smith 把 *V/I* 看作成煤泥炭遭受氧化程度的参数，认为 $V/I<1$ 时指示成煤泥炭曾暴露于氧化环境。延川南山西组5#煤层 *V/I* 范围在1.5~9，其中，西部万宝山区块 $V/I>4.5$，灰分含量<9%，反映覆水较深、还原性较强的下三角洲平原湖沼环境，煤层含气量普遍大于12m^3/t；东部谭坪区块 $1.5<V/I<4.5$，比值相对降低，但灰分含量>9%，说明泥炭层的水动力流动性增大，反映了三角洲平原覆水森林沼泽特征，煤层含气量一般小于9m^3/t。

从山西组主力煤层夹矸分布特征可以看出，夹矸主要为灰黑色泥岩和炭质泥岩，上、下两层夹矸均发育于延川南区东北部，夹矸厚度亦最大，延37井附近夹矸厚度可达3.8m，煤层含气性亦较差，往该区西南方向逐渐减薄，夹矸厚度一般为0.1~0.8m，平均为0.3m，至低位森林泥炭沼泽环境不发育夹矸，煤层含气性逐渐变好。

5#煤层 R_o 为1.9%~3.2%，属于贫煤—无烟煤阶段，煤层热演化程度高，煤层气含量亦高(表8-3)。主力煤层镜质组含量为47.9%~85.3%，平均为

75.3%；惰质组含量为4.4%～33.5%，平均为15.6%；壳质组含量为0～6.3%，平均为2.6%，镜质组含量较高，一方面有利于煤层割理裂隙生成，储层物性变好；另一方面，煤层生气能力增强。镜质组主要为基质镜质体，其次为均质镜质体、结构镜质体和碎屑镜质体，团块镜质体较少。惰质组含量较丰富，一般在10%以上，高者30%以上，平均为18%，其中以丝质体和半丝质体含量最丰，粗粒体和惰屑体也较为常见。壳质组含量较低，一般在5%以下。

表8－3　延川南区块煤储层参数基础表

区块	埋深/m	厚度/m	孔隙度/%	渗透率/($10^{-15}\mu m^2$)	镜质组含量/%	灰分含量/%	热演化程度/%	含气量/(m^3/t)	矿化度/(g/L)	地层压力系数
谭坪	610～1000	2.8～6.9	4.2～6.7	0.017～0.99	60～90	8～36	1.9～2.4	6～12	0.1～0.5	0.3～0.6
万宝山	1000～1600	3.5～6.0	3.0～5.3	0.013～0.91	40～80	5.4～22	2.1～3.2	10～22	0.6～21	0.4～0.9

(二)构造控气作用

趋势面分析是利用数学曲面模拟地理系统要素在空间上的分布及变化趋势的一种数学方法，构造趋势面法是研究局部微构造特征较有效的方法。采用构造趋势面分析方法对延川南区块二叠系山西组5#煤层顶板标高进行了一次趋势面分析和二次趋势面分析，其顶板标高一次和二次趋势面分析拟合较好，相关系数超过0.99。因此，该区整体形态特征可以采用一次或二次趋势面描述。对拟合度更高的二次趋势面进行分析，认为该区山西组5#煤层整体构造形态为走向北东向、倾向北西向的单斜构造，该区北部煤层走向以南北向为主，向南逐渐过渡为北北东及北东向，与现今煤层埋深趋势图一致。从该区二叠系山西组5#煤层顶板标高二次剩余趋势面等值线图可以看出：代表局部凸起的正剩余区和代表局部凹陷的负剩余区整体呈北东和北西两个方向相间分布，其中以北东向表现明显(图8－7)。

沿北西向发育呈北东或北北东向展布的4个局部凸起和3个局部凹陷，其展布方向由东向西呈凹、凸相间展布，由北东向转化为北北东向，靠近西部边界为近南北向，说明该区至少经历了两期不同作用力方向的应力作用：一是在北西—南东向的挤压应力场作用下形成的近北东向展布的背、向斜构造；二是在北东—南西向的挤压应力场作用下，形成横跨在近北东背、向斜构造之上的凹、凸构造形态，并且二者复合叠加或相互改造，从而形成了现今凸中有凹、凹中有凸，沿

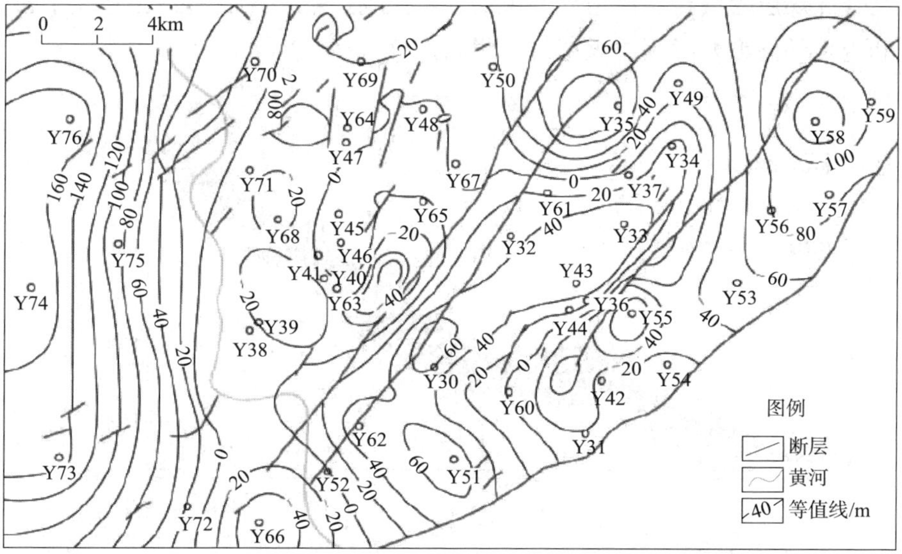

图8－7　延川南地区5#煤层顶板标高二次剩余趋势面等值线图

构造走向呈波状起伏的形态。从排采数据来看，目前高产井多位于局部凸起部位，如谭坪区块延43井—延30井区、延51井—延62井区以及万宝山区块延63井—延48井区，平均单井日产气高于1500m³，而不产气井或低产气井大多位于凹陷部位，说明局部凸起部位煤层渗透性优于凹陷部位，间接证实了局部构造高部位易高产。这与该区碎裂结构煤发育区基本吻合，即碎裂结构煤层厚度大于1m的煤层产气效果较好。

（三）水文控气作用

水文控气主要包括水动力分区、水动力强度以及水文地球化学等对煤层气富集的控制作用，东部谭坪区块水动力强度高于西部万宝山区块，水动力流动方向由高势区流向低势区，煤层含气量由东部径流区向西部滞流区逐渐增大，即弱径流—滞流区煤层含气量高于径流区。

（四）富集高产模式

煤层气富集成藏模式一般根据成藏条件划分为水动力型、构造吸附型及热演化型等。水动力型煤层气藏模式是以水动力为主要控藏条件，包括水动力封堵型和水动力破坏型；构造吸附型煤层气藏是以构造特征为基础，分为煤层自生自储吸附型和内生外储游离型；热演化型煤层气藏模式是以煤层热演化阶段划分为低煤阶煤层气藏、中煤阶煤层气藏和高煤阶煤层气藏。

在鄂尔多斯盆地东缘延川南区块深层煤层气富集成藏地质条件研究的基础

上，结合深煤层含气量、渗透率等煤层气富集高产耦合控制机理，建立了自生自储型和内生外储型两类深层煤层气富集高产模式(图 8－8)。

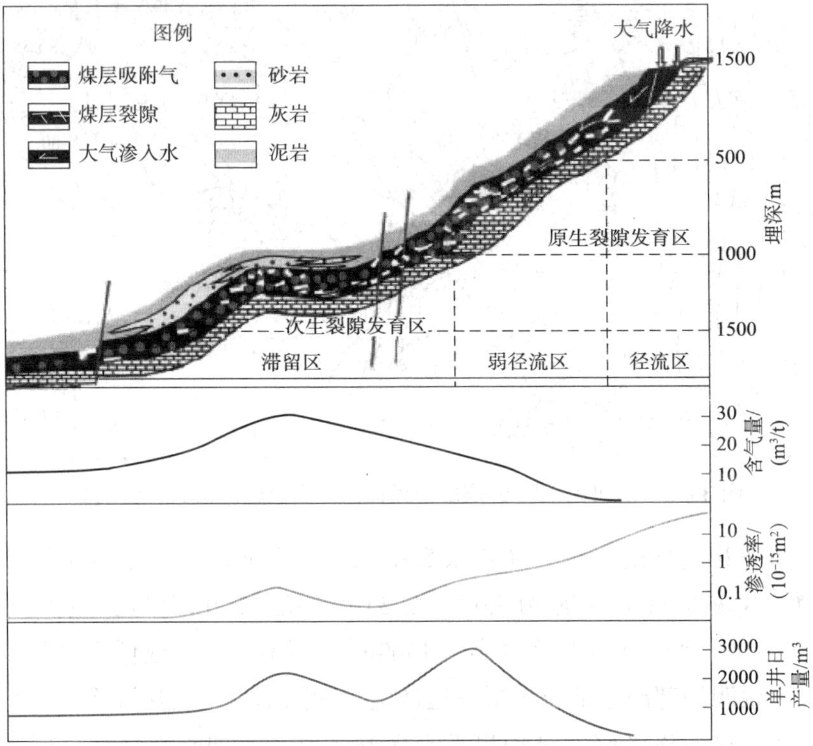

图 8－8　延川南区块深层煤层气富集高产模式

延川南区块 2#煤层 *TPI—GI* 煤相图指示其形成于下三角洲平原环境，煤相具有覆水较深、泥炭层埋藏速度相对较慢的特征；5#煤层属于中高变质程度烟煤，R_o 为 1.5% ~2.5%，煤层镜质组含量平均为 72%，煤层含气量为 5.5 ~20.5m^3/t，平均为 11.3m^3/t，煤层含气量较高，有利于煤层气富集。

基于构造趋势面分析方法，二次剩余趋势显示延川南区块 5#煤层顶面构造呈三凹三凸格局，凸起部位延 43 井区、延 51 井—延 62 井区、延 38 井—延 48 井区是有利高渗透区，煤层产气效果最好。

结合沉积煤相、构造趋势面及水文地质等控气作用分析，建立了延川南区块煤层气富集高产的选区参数指标，优选出 4 个煤层气富集高产区，其中延 43 井区、延 51 井—延 62 井区和延 63 井—延 48 井区为自生自储型气藏，延 38 井区为内生外储型气藏，这两类气藏具备高产稳产的地质条件，可为气田上产并达产提供基础。

根据延川南煤层气富集高产的地质控制作用分析，结合沉积控气作用、构造控气作用等关键参数建立了该区块富集高产选区指标参数(表8－4)，并据此优选出延43井区、延38井—延48井区及延51井—延62井区为煤层气富集高产区块。

表8－4　煤层气富集高产选区指标参数表

参数		区块划分			
		非富集区	较富集区	富集区	
				高产区	非高产区
沉积控气	煤相	高位沼泽相	中位沼泽相	低位森林沼泽相	
	V/I	$V/I<1$	$2<V/I<5$	$4<V/I<10$	
构造控气	构造特征	局部凹陷	局部凸起斜坡	局部凸起	
	碎裂结构煤厚度/m	不发育	—	>1	<1
水文控气	水动力强度	径流区，水动力活跃	弱径流区，水动力交替较活跃	弱径流—滞流区	
	矿化度/(mg/L)	<2600	2600～4000	>4000	
	钠氯系数	>5	3～5	<3	
	变质系数	<10	10～20	>20	
	脱硫系数	>5	1～5	<1	
	镁钙系数	>1	0.3～1	<0.3	
	水型	$SO_4^{2-}\cdot HCO_3^- - Ca^{2+}\cdot Mg^{2+}$	$HCO_3^- \cdot Cl^- - Na^+$	$HCO_3^- \cdot Cl^- - Ca^{2+}\cdot Na^+$	

第二节　煤层气富集高产规律及有利区域评价

一、煤层气富集成藏条件

在上述煤层气藏基本地质条件、成藏保存条件及成藏过程分析的基础之上，总结了煤层气富集成藏的条件，详述如下。

(一)煤层埋藏深度不宜过深亦不能太浅

在“十三五”国家科技重大专项创新成果的带动下，鄂尔多斯盆地东缘大宁—吉县区块深部煤层气勘探获得了重大突破，对煤层气传统地质认识和勘探理念发生了根本性的转变，颠覆了对深部煤层气开发“深度禁区”的认识，由此可使全国埋深小于2000m的现有30.05×10^{12} m^3煤层气资源量（埋深大于2000m一直未开展评价）大幅度增长，可使深部煤层气一跃成为保障国家油气安全、实现碳达峰和碳中和目标的重要接替资源之一，极大地坚定了深部煤层气规模效益开发的信心，煤层气勘探开发和产业发展将由此进入一个新阶段。

基于鄂尔多斯盆地东缘大宁—吉县区块深部（埋深2000～2520m）煤层气勘探开发和试采现状，初步明确了深部煤层气的成藏地质参数，但随着勘探开发的深入开展，仅有这些地质认识难以满足实际需要，仍需针对深部（层）煤层气的地质与对应工程技术特点，开展理论研究与技术攻关，才能保证开采的效益。

煤层埋深大、煤岩热演化程度高、生气量大、含气量亦大、向上逸散量小、保存条件优越，随着煤层埋深的增大，煤岩的储集物性变差，增大了煤层气开采的难度，使经济效益降低。根据区内煤层埋藏的特点，结合国内外对煤层埋藏条件的要求，区内煤层埋深优选300～1500m。

（二）煤层厚度大、物质基础雄厚

由于煤层气藏是煤储层中自生自储的、以吸附状态赋存在煤层中的烃类气藏，煤层越厚，烃源岩生气强度越高，储集空间越大，含气量越多，根据区内煤岩层数较多，单层厚度变化大的特点，主力煤层的单层厚度至少大于2m，煤层总厚度应大于10m。

（三）镜质组含量高、灰分和水分含量低

煤岩组分不仅对煤岩的生烃能力有影响，而且影响煤的机械性能、煤岩储层及吸附性能等方面。若煤岩中镜质组含量低，煤岩的生烃能力下降，而煤中灰分和水分含量增加，会导致煤岩孔隙阻塞，吸附能力降低，同时造成煤的机械性能改变，如硬度变强，会增加对煤层压裂改造的难度。据此，确定煤岩镜质组含量大于70%，惰质组含量小于15%，稳定组含量小于10%，同时要求煤岩的灰分含量低于20%，水分含量不超过5%。

（四）$1\% < R_o < 2\%$，煤阶为肥煤、焦煤、瘦煤及贫煤者好

煤岩的变质程度一般用R_o衡量，R_o越大，煤阶越高。而煤阶过低时，成熟度低且煤岩硬度大，基质孔隙不发育，含气量少，如府谷以北的长烟煤含气量仅为3.57m^3/t，煤岩过于成熟时，生气高峰期已过，不利于成藏聚集，如山西阳泉矿区，煤阶为无烟煤，煤层甲烷含量不超过5m^3/t，美国黑勇士盆地无烟煤区的含气量亦为5～7m^3/t。因此，处在肥煤～贫煤的煤阶，煤层气含气量高。相比较而言，焦煤最为理想，这是因为焦煤的煤岩孔隙、裂隙均比其他煤阶发育好，有利于煤层气的富集。

（五）煤岩储集性能是影响煤层气富集的主要因素

煤岩储集性能常用孔隙度、渗透率表征，当煤岩的孔隙度、割理发育，渗透率高时，储集性能好，煤岩物性一般为砂岩低，且孔隙结构单一，根据前文储集性能的分析，选择煤岩孔隙度大、割理发育的地区为煤层气勘探有利区，但煤岩割理、裂缝的发育常与构造应力场的分布有关，在煤岩储集性能评价时，必须进行综合分析。

（六）有利的局部构造是目标区选取的必要条件

尽管煤层气一般情况下在向斜轴部或斜坡部位富集，但通过对区内榆 5 井、吴试 1 井及 ZK5 孔、吉试 13 井和吉试 4 井的钻探及试井结果分析，背斜构造轴部相对比翼部煤层气富集，单井产量也较高，这是因为在构造低部位裂隙不发育，基质孔隙间沟通不好，导致物性变差，同时增加了开采难度；而构造高部位应力相对集中，各种裂缝相当发育，孔隙之间相互连通，增大了有效储集空间，促进了煤层气的解吸，井筒流动性强，产量较高。一般情况下，煤岩构造裂隙呈高角度状与岩层垂直或近于垂直，平面上与局部构造长轴方向斜交，据此判断大型鼻隆构造带存在高渗透带，其主裂隙的延伸方向与主张应力方向一致。

区内煤层气成藏条件好的区域主要位于径流区；承压区煤层气成藏条件虽好，但煤层埋藏深度大，富集因素不佳；供水区位于甲烷风化带上，煤层含气量低，成藏条件不利；泄水区煤层挤压破碎，成藏条件差，煤层气钻探应尽量回避供水区和泄水区，重视径流区的煤层气勘探。地层水水型原则以 $CaCl_2$ 型区带为优，Na_2CO_3 型或 $NaHCO_3$ 型区带居中，避开 Na_2SO_4 型区带；由于 $CaCl_2$ 型分布区一般煤层埋深均大于 1500m，因而可适当选择 $NaHCO_3$ 型过渡水区为目标区。

二、煤层气富集成藏基本地质规律浅析

鄂尔多斯盆地煤层气形成、赋存条件具有复杂性和特殊性，认识及总结煤层气富集成藏的基本地质规律对指导煤层气勘探具有重要的地质意义。

（一）区域含煤区构造高点是煤层气富集成藏的有利部位

早期煤层埋藏深度大，煤层生气条件好，后期处于构造抬升部位，构造应力较集中，煤储层次生割理发育，渗透性好，煤层埋深相对浅，所受压实作用较弱；在上覆盖层有利、水流动较滞缓的环境中煤层割理裂隙尚未被矿化，煤层气藏亦不受水动力破坏；相对构造高点的两翼是烃类供给的指向区，容易形成高渗透、高含气量、高饱和的煤层气藏。

如大宁—吉县地区构造应力场与煤层埋藏深度呈正相关关系，深度越大，构造应力场越大，故背斜轴部宽缓部位应力场相对较小，煤层渗透率较高，容易富集高产，试井资料也显示处于局部构造高点的吉试4井、吉试9井、吉试13井等多口煤层气井，含气量均较高(图8－9)。

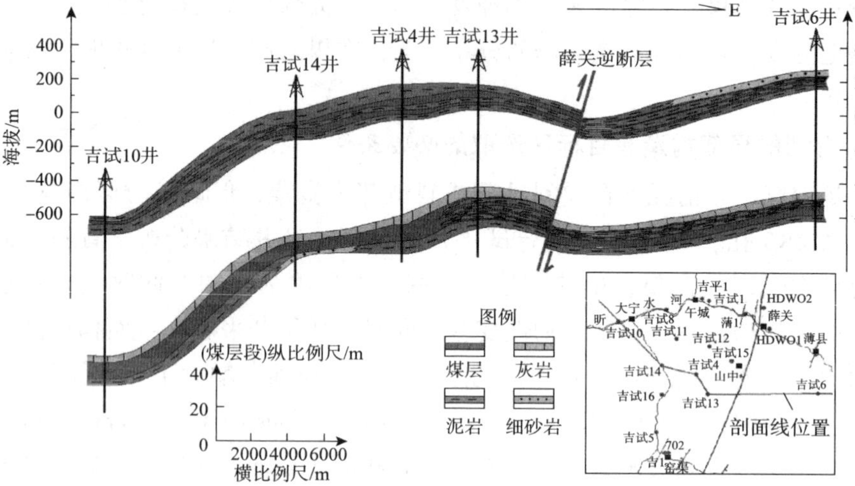

图8－9　吉试10井—吉试6井构造剖面图

(二)构造热事件有利于煤层气富集成藏

燕山构造运动导致鄂尔多斯盆地东缘在构造抬升过程中伴随火山岩活动的发生，火山岩侵入煤层，直接接触带多形成天然焦，不利于煤层气富集；距离火山岩体一定距离内、在上覆盖层有利的条件下，火山岩活动导致地温急剧增加，煤层热演化加剧，生气强度增大，使气源更加充足；后期煤系地层快速冷却，使煤体快速收缩，次生割理发育，后期经构造抬升，煤层变浅，储层渗透性得到改善，形成煤层气富集高产的有利区块。

盆地东缘北段(兴县以北)至今处在湿气早期发生阶段，主要地质阶段煤层气发生量相差较小，煤层气总发生率较低；中段(兴县—大宁)至三叠纪末期深成变质作用只能达到湿气早期发生阶段，在燕山期岩浆活动影响强烈的地区，煤层气发生量显著升高，主产气时段集中，燕山期煤层气发生量占60%以上，距离侵入体较远的地区，各煤层气产气段差别较小；南段(大宁以南)在三叠纪末期发生大幅度沉降，使煤化作用达到湿气中期发生阶段，其阶段生气量占比为49%～69%，与中段不同的是，在侏罗—白垩纪，煤层气发生量仅占总量的10%以下(按未受异常地热影响计算)，至今，仍难以排除南段高煤阶存在异常地热的影响，如经证实，则燕山期煤层气发生率会有所提高，但不会超过中段同期所占的幅度。综上所述，煤的二次生烃作用主要受燕山期岩浆活动的影响，盆地东缘中段受构造热事件影响导致煤层气富集成藏(表8-5)，近年来，区内勘探开发获得的资料也有力地证明了这一点：盆地东缘和北缘600m埋深的煤层含气量均小于5m^3/t，中段相同埋深的含气量6~20m^3/t，南段600~1000m埋深处含气量也仅为5~10m^3/t。鄂尔多斯盆地东缘中段(兴县—大宁)，煤层厚度大，且连片分布，即使埋深较浅的煤层，在异常热叠加的背景之下也曾激发过强烈的二次生烃作用，使该区具有良好的勘探开发前景。

表8-5 鄂尔多斯盆地东缘煤层气阶段发生率(据汤达祯，2000)

分段		地质年代	阶段末煤阶 R_o/%	煤层气生成阶段	阶段生气率/G_p/($m^3 \cdot t^{-1}$)	累积生气率/G_p/($m^3 \cdot t^{-1}$)
北段(兴县以北)	较高煤阶	C-P	0.33	生物气	14.28	14.28
		T	0.6	生物气—湿气早期	29.68	43.96
		J-K	0.8	湿气早期	21.97	65.93
	较低煤阶	C-P	0.31	生物气	12.09	12.09
		T	0.42	生物气	12.08	24.18
		J-K	0.53	生物气—湿气早期	12.08	36.26
中段(兴县—大宁)	较高煤阶	C-P	0.35	生物气	16.48	16.48
		T	0.8	生物气—湿气早期	49.45	65.93
		J-K	1.9	湿气早期—干气早期	120.88	186.81
	较低煤阶	C-P	0.34	生物气	15.38	15.38
		T	0.6	生物气—湿气早期	28.58	43.96
		J-K	0.8	湿气早期	21.97	65.93
南段(大宁以南)	较高煤阶	C-P	0.36	生物气	17.58	17.58
		T	1.25	生物气—湿气早期	97.8	115.38
		J-K	2.0	湿气早期—干气早期	82.42	197.80
	较低煤阶	C-P	0.35	生物气	16.48	16.48
		T	0.9	生物气—湿气中期	60.44	76.92
		J-K	1.0	湿气中期	10.99	87.91

(三)直接盖层稳定的低角度构造斜坡带利于煤层气富集成藏

低角度构造斜坡带本身地层倾角平缓，煤层埋藏较浅，次生割理发育，渗透性较好，远离甲烷风化带，有利于煤层气保存；伴随着区域性分布稳定的直接盖层，加上地层水交替缓慢，处于相对滞水封闭的环境，煤层割理尚未被水打开；

下倾部位有充足的烃类供给，烃类气体由深层高温高压“热蒸解”向浅层低温低压“冷吸附”成藏，具备形成高渗透、高含气量和高含气饱和度煤层气藏的条件。

鄂尔多斯盆地石炭—二叠系吴堡、大宁—吉县区块的勘探实践及延安组乌审旗、庆阳—黄陵地区的勘探实践均证明了这一点：盖层主要为泥岩的低角度斜坡构造带煤层含气量、含气饱和度均较高，如在埋深相近、顶板均为灰岩的情况下，位于低角度斜坡部位的吉试 3 井 8#煤层含气量高达 14.53m^3/t。

(四) 泥岩—煤层—泥岩的岩性组合利于煤层气富集成藏

第六章指出煤层围岩特别是顶、底板岩性及封闭性能与煤层气富集关系密切，煤层顶、底板之间岩性组合是鄂尔多斯盆地煤层气富集成藏的主控因素。不同岩性的封闭性差别较大，泥岩—灰岩—砂岩煤层气成藏条件依次变差，如大宁—吉县地区，在构造相近、5#煤层埋深小于 8#煤层埋深的情况下，含气量仍高于 8#煤层，主要原因是 8#煤层顶板灰岩距离奥陶系灰岩含水层较近，当顶板灰岩富含水时，含气量降低，如庆阳—黄陵地区 LOW—1 井，煤层顶板为 23m 厚的砂岩，使含气量降至 0。

因此，寻找顶、底板均为泥岩区是盆地内煤层气勘探的有效途径；当顶板为灰岩时，优选灰岩未受破坏的、灰岩顶面被泥岩间接封盖且泥岩厚度与灰岩厚度之比大于 0.5 的地区进行勘探；尽量避开顶板为砂岩的地区。

(五) 封闭好的浅层低煤阶厚煤层有利于煤层气富集成藏

尽管侏罗系煤层煤阶低、生气量和含气量均较低，但是巨厚的煤层弥补了含气量低的缺点，只要有好的封闭条件，阻止地层水沿煤层割理、裂缝形成动力流，加之上倾部位压实作用较弱，煤层渗透性好，吸附饱和度高，可形成高渗透、高饱和度煤层气藏，甚至形成游离气、吸附气共生互动共储的煤层气藏。如侏罗系延安组煤层气探井 JPC—1 井延 9 煤层发育，煤层埋深为 911m，煤层厚度为 13.16m，含气量为 6.4m^3/t，煤层气排采效果较好，最高日产气量为 1500m^3，日产气量为 1000m^3 左右稳产长达 3 个月。

三、煤层气富集成藏有利区域评价

(一) 石炭—二叠系

石炭—二叠系煤层气勘探有利区主要集中在盆地东缘，但在盆地东缘的不同位置，基本地质条件及煤层气成藏的主控因素亦不相同(表 8－6)，北部的准格尔旗构造倾角为 12°～15°，主煤顶板多为砂岩和灰岩，位于供水区与强径流区的结合部位，煤阶仅为褐煤～长焰煤，煤层厚度虽大，但埋深浅，成藏条件差；兴县—临县地区煤层气成藏的有利因素与准格尔旗相近，但构造保存条件相对较好，主煤顶板岩性60%为砂岩，水文地质条件位于供水区和中等径流区，承压区位于该区块西部，煤层气虽可成藏，但富集条件欠佳。中部的柳林和吴堡地区，煤层厚度相同，埋深相差较大，煤层顶板岩性相同，但构造类型和水文地质条件有所差异，相比之下，柳林的煤层气成藏条件好于北部和吴堡区块。

与南部区块相比，大宁—吉县地区煤层厚度大，煤化程度居中，构造条件与石楼相近，好于韩城地区。煤层顶板岩性、水文地质条件均优于韩城地区。与整个盆地东缘相比，大宁—吉县地区的煤层气成藏条件最好，韩城与兴县—临县地区可比性强，煤层气成藏地段有好有坏，北部准格尔旗地区煤层气成藏条件差。

表8－6 鄂尔多斯盆地东缘煤层气成藏条件对比

区带		成藏条件					
		煤层厚度/m	煤层埋深/m	R_o/%	构造条件	主煤层顶板岩性	水文地质条件
北部	准格尔旗	15～30	200～500	0.3～0.5	高角度单斜	80%区域为砂岩＋灰岩	供水区—强径流区
北部	兴县—临县	15～25	400～700	0.4～0.6	低角度单斜	60%区域为砂岩＋灰岩	供水区—中等径流区
中部	柳林	5～15	300～600	0.7～1.6	低角度单斜	泥岩＋纯灰岩	弱径流区
中部	吴堡	5～15	1200～1500	1.0～1.7	高角度单斜	泥岩＋纯灰岩	承压区
南部	石楼	5～20	800～1500	0.8～1.8	低角度单斜	泥岩＋泥灰岩	承压区
南部	大宁—吉县	5～25	200～1500	0.7～2.2	低角度单斜	泥岩＋10%砂岩＋灰岩	弱径流区—承压区
南部	韩城	5～15	100～1500	1.1～2.5	低角度单斜	泥岩＋30%砂岩＋灰岩	强径流—弱径流—承压区

1. 大宁—吉县地区

评判一个区块的煤层气基本地质条件，一般从煤层厚度及埋深、煤岩煤质特征入手，认为煤层厚度大，埋藏深度适中，煤岩镜质组含量高，灰分含量低，该区块煤层气基本地质条件相对有利。根据国内外煤层气地质选区条件，结合鄂尔多斯盆地煤层气勘探实际情况，把煤层总厚度不小于10m、单层厚度不小于2m，且越厚越好，煤层埋藏浅于1000m、煤岩镜质组含量大于70%、灰分含量小于20%作为地质条件评价的基本标准。

1)煤层厚度

大宁—吉县地区内煤层总厚度为5～22.8m。5#煤层厚度为2～8.5m，大于

4m 的厚度中心沿寨子—山中—曹井南北一线分布；8#煤层厚度为 2～10m，单层大于 4m 的厚度中心沿山中—窑渠呈三角状展布，大于 6m 的富煤中心处在午城、蒲县南和曹井三地。由两层主煤层的厚度等值线平面展布图圈定区内煤层气资源分布的轮廓，奠定了煤层气资源评价的物质基础。

2）煤层埋藏深度

煤层埋藏深度是影响煤层气勘探的关键参数，煤层埋藏不能过深，也不能太浅。煤层埋藏越深，其储集条件越差。大宁—吉县地区内 10 口井煤层孔隙度、渗透率与埋藏深度的测试成果显示，多数资料点煤层埋深与孔渗条件呈正相关，个别深部数据与之相反，主要与断裂构造发育程度有关。另据该区和邻区的资料显示，当煤层埋藏深度超过 800m 时，煤层渗透率急剧下降（表 8－7）。

表 8－7　鄂尔多斯盆地东南缘煤层孔隙度、渗透率测试表

地区	井名	煤层埋深/m	煤层孔隙度/%	煤层渗透率/($10^{-3}\mu m^2$)
大宁—吉县	A3	1194.6	2.0	0.1
	B01－4	1213.6	1.64	0.02
	A1	981.0	2.97	0.5～1.2
	701	835.15	3.16	0.994～4.3
韩城	韩试 1	661.97	4.28	1.956～3.503
	WL1	377.7	>6.0	1.5～2.5
柳林	煤柳 4	346.8	6.5	0.96～10.72
	煤柳 5	358.6	5.0	2.0～10.0

3）煤岩煤质特征

大宁—吉县地区宏观煤岩类型以光亮型煤为主，半亮型煤居中，暗淡型煤最少。煤岩以宽条带结构为主，部分为无夹矸的简单结构，部分为含夹矸的复杂结构。5#煤层夹矸层的厚度为 0.1～0.5m，8#煤层夹矸层的厚度为 0.5～1.0m，5#煤层夹矸层的厚度小于 8#煤层。煤岩显微组分显示，5#煤层的镜质组含量为 74.6%，8#煤层为 66.2%（表 8－8）。较高的镜质组含量表明该区煤岩沉积处在还原的封闭环境，有利于煤层气藏的形成。煤岩工业分析揭示，5#煤层灰分含量平均为 13%，8#煤层的为 13.3%（表 8－9），两层主煤均具有低灰煤特征。该区内煤岩热演化程度较高，R_o 值为 1.3%～2.2%，煤阶为焦煤、瘦煤、贫煤，两层主煤均具有中—高煤阶特点。总之，该区内煤岩具有低夹矸、低灰分、高镜质组含量和中高煤阶的“两低两高”特征。

表8-8 鄂尔多斯盆地大宁—吉县地区煤岩显微组分成果表

井名	镜质组含量/%		井名	镜质组含量/%		备注
	5#煤层	8#煤层		5#煤层	8#煤层	
A1	71.4	74.6	A10	69.9	73.7926	5#煤平均为74.6% 8#煤平均为66.2%
A2	77.07	84.83	A11	77.7	75.1	
A3	85	73.53	A12	79.5	69.7	
A4	76.04	78.52	A13	73.85	—	
A5	79.11	83.33	A14	88.5	77.6	
A6	20.8	79.9	A15	75.2	86.8	
A7	75.5	84	A16	71.15	43.65	
A8	—	78	A17	90.5	50	
A9	1	74.2	B2-2	82.3	60.4	

表8-9 鄂尔多斯盆地大宁—吉县地区煤岩工业分析成果表 %

井名	灰分含量		挥发分含量		水分含量	
	5#煤层	8#煤层	5#煤层	8#煤层	5#煤层	8#煤层
A1	11.5	11.56	14.9	12.73	1.64	1.87
A2	13.32	15.4	18.28	19.51	1.34	1.29
A3	5.31	10.79	14.78	12.75	1.95	1.94
A4	11.794	11.38	15.25	13.29	1.65	1.70
A5	24.74	14.92	12.49	10.94	2.09	2.12
A6	18.765	—	17.28	15.09	1.43	1.66
A7	8.47	15.72				
A8	—	9.54				
A9	—	14.26	1	13.72	—	1.93
A10	11.1	11.9	14.5	14.17	1.75	1.86
A11	23.51	8.5				
A12	7.65	11.53	—	14.35	1	1.83
A13	7.07	—	19.3	—		1
A14	18.14	17.1	15.6	14.7	—	—
A15	14.08	12.53				
A16	8.65	17.89				
A17	14.55	16.15				
B2-2	9.25	10.26	14.81	13.5	1	1
平均值	13	13.3	15.72	14.07	1.69	1.80

4)煤岩储集性能

煤岩基质孔隙、裂隙系统是表述煤岩储集性能的基本要素，煤岩高孔隙、高渗透分布区是煤层气勘探的理想区域。大宁—吉县地区内 5#煤层内生裂隙十分发育，内生裂隙线密度为 21 ~ 28 条/5cm，煤岩裂隙、孔隙度平均为 1.41%；8#煤层内生裂隙的发育程度不及 5#煤层，内生裂隙线密度为 7 ~ 10 条/5cm，内生裂隙孔隙度为 0.25% ~1.66%，平均为 0.774%。从该区煤层孔隙度测井解释成果表可以看出，两层主煤孔隙度为 1.67% ~4.81%，5#煤层孔隙度略高于 8#煤层；从 10 口井煤层渗透率的注入压降测试成果可以看到，该区煤层渗透率平面变化大，整体随煤层埋藏增大渗透率降低的趋势明显(A1 井、701 井、702 井)，局部埋藏加深的井点渗透率增高与构造密切相关，背斜构造轴部，断裂构造发育区煤层孔渗条件均较好，如 A4 井、13 井位于古驿—窑渠背斜构造轴部，煤层渗透率大于 $18\times10^{-3}\mu m^2$。故该区内 5#煤储集性能优于 8#煤，煤层浅埋藏区(<1000m)、背斜构造轴部是寻找高孔高渗区的有利部位。

5)煤层气资源

煤层气资源是其勘探部署的重要依据。一个煤层气勘探区块，既要有足够大的煤层气资源量，又要有较高的资源量丰度，还要有一定数额的商业煤层气地质储量，综上认为大宁—吉县地区煤层气资源潜力较大。该区内煤层埋深为 300 ~ 1500m、煤层单层厚度不小于 2m 的含煤面积为 $2313km^2$，煤层气资源量为 $6014\times10^8m^3$，资源丰度为 $2.6\times10^8m^3/km^2$(表 8 – 10)。

表 8 – 10　鄂尔多斯盆地大宁—吉县地区煤层气资源量计算成果表

地区	区块	计算面积/km^2	8#煤层埋深/m	煤层平均厚度/m	煤岩密度/(g/cm^3)	煤层平均含气量/(m^3/L)	煤层气资源量/(10^8m^3)	煤层气资源丰度/($10^8m^3/km^2$)	累计资源量/(10^8m^3)
大宁吉县	Ⅰ类	634	800 ~ 1200	14	1.36	16	1931	3.04	6014
	$Ⅱ_1$ 类	716	1200 ~ 1500	12	1.34	17	1957	2.73	
	$Ⅱ_2$ 类	500	600 ~ 1200	12	1.37	15	1233	2.47	
乡宁	Ⅲ类	462	400 ~ 1000	10	1.38	14	893	1.93	

注：此资源量不包括 8#煤层埋深大于 1500m 区域，也未包括吉试 2#—醉关—窑渠、明珠东南的资源量。

尽管该区内煤层气资源量和资源丰度均较高，根据该区块的煤层气勘探和钻井实际分析，当煤层埋深大于 800m 时，煤层渗透率大部分小于 $1\times10^{-3}\mu m^2$，煤层气开发试采周期长，排水降压采气难度大，因而专门对该区块煤层埋深为 300 ~ 800m 的煤层气资源进行计算（表 8 – 11）。计算结果表明，煤层埋藏为 300 ~ 800m 的资源量仅占全区资源总量的 13.3%。

表 8 – 11　鄂尔多斯盆地明珠—乡宁地区煤层气资源量成果表

煤层编号	煤层埋深/m	含煤面积/km^2	煤层厚度/m	煤岩密度/（g/cm^3）	煤层含气量/（m^3/t）	煤层气资源量/（10^8m^3）
5#	300 ~ 800	780.48	4.0	1.34	12	502
8#	300 ~ 800	576.24	3.8	1.32	11	318
合计	300 ~ 800					820

根据上述煤层气富集成藏条件及煤层气富集成藏的基本地质规律，对大宁—韩城地区主力煤层富集成藏有利区进行评选，5#煤层优选出午城—窑渠、蒲县—屯里、紫义—林源—薛峰共 3 个有利区（图 8 – 10），富集成藏的条件主要包括：①处于三角洲平原沼泽有利的聚煤环境，5#煤层单层厚度不小于 4m，煤层层数少于 2 层，且厚煤层的间距小于 5m。②煤岩 R_o 为 1.4% ~ 2.0%，煤阶属于焦煤、贫煤；煤岩显微组分以镜质体为主，含量大于 75%，煤质较均一，煤层夹矸较少；灰分含量小于 10%，水分含量为 3% ~ 4%，利于煤层气吸附；煤岩割理发育，储集性能好，孔隙度大于 3%。③远离甲烷风化带，5#煤层埋深为 500 ~ 1500m。④构造相对简单，地层倾角小于 8°，位于午城—窑渠断裂两侧，煤层渗透性优越。⑤煤层顶板岩性主要为泥岩。⑥地层水主要为弱径流区，煤层气保存条件较好。⑦低角度承压水动力封闭型煤层气藏是其主要的煤层气藏类型。⑧煤层气钻探实测资料显示，该区 5#煤层含气量不小于 $10m^3/t$，有力证明了该区煤层气富集成藏条件的优越性。

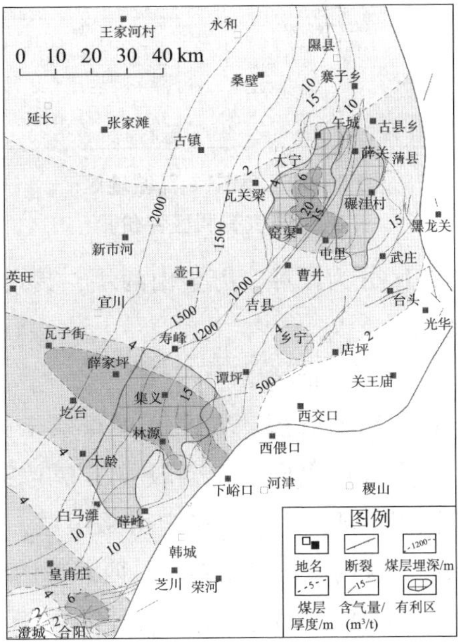

图 8 – 10　大宁—韩城地区 5#煤层气有利区评价

8#煤层优选出午城、窑渠、碾洼村、薛峰西和林源东 5 个有利区

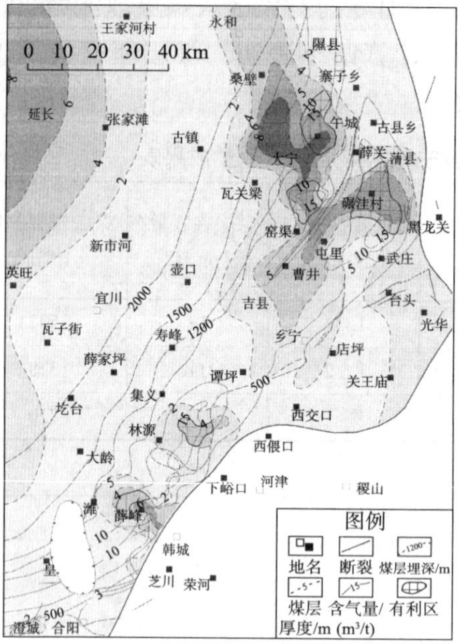

图 8－11　大宁—韩城地区 8#煤层气有利区评价

（图 8－11），煤层富集成藏条件与 5#煤层基本相似，不同的是煤层顶板除了泥岩外，灰岩顶板也较发育，灰岩顶板又被 5～10m 厚的泥岩间接封盖，形成了煤层气与煤成气共存的混合气藏。

2. 延川南地区

延川南煤层气区块位于鄂尔多斯盆地东南缘，构造上属于晋西挠褶带南端、汾渭地堑的西北部，该区北至吉县，东至乡宁县城，南抵河津市，西临宜川，主力含煤层系为二叠系山西组，有利勘探面积为 701km²，煤层气资源量达 849×10⁸m³。延川南区块山西组 5#煤层为北西倾向的单斜构造，中部发育的白鹤、中垛两条北东向断裂将该区分为谭坪、万宝山两块，其余以小型逆断层为主，正断层不发育。具体特征如下。

1）煤层特征

山西组 5#煤层、太原组 8#煤层全区分布稳定，是该区煤层气勘探的主力煤层；其余煤层横向稳定性较差，厚度变化大，可作为煤层气兼探层。5#煤层赋存于山西组下部，为全区稳定可采煤层，煤层厚度为 2.09～8.65m，平均为 5.97m。煤层在区块内总体呈东南厚、西北薄的变化趋势，东南部厚度达 8m，西北部厚度为 2.5m；煤层受沉积相控制，区块中部形成多个聚煤中心，厚度超过 6m，是主力目标煤层。8#煤层厚度较薄，为兼探层；赋存于太原组下部，煤层层位稳定，煤层厚度为 0.79～6.50m，平均为 2.57m，区块内呈四周厚、中间薄的特点，在南部最厚达 5m，中部最薄，不足 1m。该区块煤层埋深总体由西北向东南逐渐变浅。

2）煤质特征

通过对延川南地区煤样进行观察，认为 5#煤层宏观煤岩类型，以半亮型煤为主，其次为光亮型和半暗型煤。宏观煤岩成分以亮型煤为主，夹少量镜煤和暗型煤，偶见丝炭薄层，结构均一。煤样实验分析，认为 5#煤层镜质组含量为 39.7%～81.6%，平均为 73.85%；8#煤层镜质组含量为 46.4%～81.3%，平均为69.47%(表8-12)。较高的镜质组含量表明，该区煤聚集于还原的封闭环境，有利于煤层气的生成。

表8-12　延川南地区煤层的显微组分及工业分析　　%

组分	镜质组含量		灰分含量		挥发分含量		水分含量	
	5#煤	8#煤	5#煤	8#煤	5#煤	8#煤	5#煤	8#煤
最小值	39.7	46.4	4.36	7.61	7.22	7.02	0.6	0.4
最大值	81.6	81.3	27.62	24.74	20.36	16.87	1.62	1.15
平均值	73.85	69.47	16.47	15.11	10.48	10.34	0.98	0.68

该区内钻孔的煤质化验主要指标总体上自东南向西北随着煤层的埋深增大，煤的挥发分含量逐步变小，表现为煤的变质程度不断加深，煤类的水平分带与垂直分带明显(表8-12)。5#煤层灰分含量为4.36%~27.62%，平均为16.47%；8#煤层灰分含量为7.61%~24.74%，平均为15.11%。总体5#煤层具有低灰到低中灰煤的特点。5#煤层挥发分含量为7.22%~20.36%，平均为10.48%；8#煤层挥发分含量为7.02%~16.87%，平均为10.34%，均具有低挥发分煤的特点。5#煤层和8#煤层水分含量均小于2%。均为低灰—低中灰、低挥发分、低含水煤层，均有利于煤层气储集空间的发育。

综上所述，该区内煤岩特征良好，宏观煤岩特征以半亮型煤为主，煤岩以低灰—低中灰煤为主，挥发分含量普遍较低，煤化程度高，煤岩、煤质特征及煤化程度完全满足煤层气地质选区评价的要求。

3)煤岩热演化

延川南地区5#煤层 R_o 为1.99%~2.44%，由东向西、由东南向西北随埋深加大而增高；8#煤层 R_o 为2.03%~2.42%。总体上，该区煤岩演化程度较高，属贫煤，为高阶煤。该区内煤变质程度高，具有很强的生气能力和吸附能力。对于煤层气选区来说，该区内的煤阶与大宁—吉县地区基本一致，非常有利于煤层气勘探，煤层生气量大、割理发育、煤岩储集性能好。

4)煤的物性特征

煤层既是烃源岩，又是储集层。煤储层具有双孔隙结构——基质孔隙和裂隙，且具有自身独特的割理系统。煤的基质孔隙决定煤的吸附能力，裂隙对煤层气的运移和产出起决定作用。

主力煤储层孔隙度为3.0%~6.7%，渗透率为 $0.01\times10^{-3}\sim0.99\times10^{-3}\mu m^2$，平均为 $0.3\times10^{-3}\mu m^2$，其中万宝山构造带渗透率为 $0.013\times10^{-3}\sim0.91\times10^{-3}\mu m^2$，

平均为0.27×10^{-3}μm^2，谭坪构造带为0.17×10^{-3}～0.99×10^{-3}μm^2，平均为0.4×10^{-3}μm^2。根据探井注入/压降测试成果看，5#煤层储层压力在东部谭坪构造带为2.8～4.8MPa，平均为3.9MPa，地层压力系数为0.3～0.6，平均为0.4；西部万宝山构造带为4.5～10.6MPa，平均为8.0MPa，地层压力系数为0.4～0.9，平均为0.7，中垛—白鹤断裂带以西，煤储层压力随埋深增加而增大。

煤层为非均质双孔隙储集类型，煤化作用过程中生成的大量挥发性物质以吸附态赋存在煤的基质孔隙中，气体的产出须先从煤体内表面解吸，通过微孔扩散，流入裂隙系统，最终汇入井筒。因此，裂隙是气体运移的主要通道，其关系到储层的渗透性，并决定开发井的产能。通过煤样观察，认为延川南地区煤层裂隙相对发育，裂缝仅局部被方解石等矿物充填。

通过注入/压降试井，实测煤储层渗透率为0.032×10^{-3}～0.1735×10^{-3}μm^2。受煤层非均质性、气井所在构造部位及测试人员素质、测试手段、资料处理方法、经验等因素的影响，煤层气勘探实测煤层渗透率差别较大，部分测试结果不具有代表性。但仍可根据渗透率的变化趋势分析相对较有利区。

延川南地区煤层渗透性综合研究显示，该区煤层渗透率多小于2×10^{-3}μm^2。从埋深与渗透率的关系看：随着埋深的增加，渗透率逐渐降低。可以通过水力压裂等手段改变外部条件提高储层的渗透率进行后期开采。

5）煤的吸附性能

根据目前延1井排采生产特征反映，随着井底压力的小幅变化，日产气量响应明显，表现为煤层解吸特征，5#煤层解吸压力为3.95MPa，解吸压力高，临储比值也较高，是非常有利的煤层气开发条件。原煤饱和吸附量（V_L）—兰氏体积：延1井为30.84～34.18m^3/t，平均为32.18m^3/t；延2井为30.60～34.30m^3/t，平均为32.18m^3/t。兰氏压力值：延1井为1.86～2.50MPa，延2井为2.53～2.55MPa，说明延川南区块煤层有较强的吸附能力。与大宁—吉县地区对应的5#煤层的兰氏体积平均值（25.06m^3/t）相比，该地区煤层的吸附能力稍高。

6）煤层含气性

根据实测煤层气样品解吸测试数据显示，延川南地区煤层含气量相对较高。其中，5#煤层为6～24.24m^3/t，平均为12.5m^3/t；延3井最高可达24.24m^3/t；8#煤层为5～19.87m^3/t（已完成煤层气井的数据）。平面上，整个区域煤层气含量均较高，其中中部和深部地区含气量升高。纵向上，5#煤层含气量高于8#煤层。

7)煤层气保存条件

煤层气保存条件主要受以下因素影响。

(1)构造条件。

构造不但是煤层气成藏类型和富集的主控因素，而且对煤层埋深、储集性能等均有一定影响。延川南地区构造位置处于鄂尔多斯盆地东南缘，晋西挠褶带与渭北隆起的交会处，区块内构造条件相对简单。目前该区内发育3条规模较大断裂，呈北北东、北东和近南北向展布。西部平台区和东部平台区构造简单，断裂稀少，且断层多为逆断层，逸散量有限，为勘探开发有利区。在目前煤层气探井较少的情况下，构造断裂发育对煤层气含量影响程度尚未形成一定规律。

(2)围岩条件。

延川南地区内主要煤层的顶、底板岩性多为泥岩、砂质泥岩、粉砂岩类，属于封闭性能较好的岩层，利于煤层气的储存。5#煤层顶板以泥岩为主，局部存在砂岩顶板。砂岩顶板主要分布在区块东南部和中部，对煤层气成藏不利；8#煤层的顶板多为灰岩(K2灰岩)，灰岩对煤层气的封盖能力较泥岩、砂岩弱，但区块内石灰岩裂隙、溶洞不发育，多被方解石充填，较致密，具有一定的封盖能力。延川南地区煤系区域盖层条件较优越，多为砂岩、泥岩互层，区域可对比性良好，而且直接覆盖在煤系地层上，起到了良好的封盖作用。

(3)水文地质条件。

水文地质条件对延川南地区主力煤层的煤层气储存影响较大，包括煤系地层中的石炭系上统太原组石灰岩、砂岩岩溶裂隙含水层组和二叠系下统山西组砂岩裂隙含水层组。从现有资料来看，石炭系上统太原组底砂岩裂隙承压含水层组和石灰岩岩溶裂隙含水层组，单位涌水量为0.002～0.208L/(s·m)，属于富水性弱—中等的含水层；而二叠系下统山西组砂岩裂隙含水层组单位涌水量为0.0000108～0.118L/(s·m)，属于富水性弱—中等的含水层。因此，煤系地层中的含水层整体富水性弱—中等，径流比较缓慢，地下水交替作用不强，对煤层气的封盖和富集较有利。

根据延川南区块煤层气富集高产控制因素分析，其中含气量控制着煤层气富集，渗透率控制着煤层气产出，结合煤层气与煤系砂岩气试采效果(表8－13)，将深层煤系气藏划分为自生自储型、内生外储型两种类型，即含气量—渗透率耦合控制富集高产模式(图8－12)。自生自储吸附型以煤层原生裂隙发育区吸附态煤层气藏为主，甲烷气赋存于煤层中，煤层既为生气层，又为储层；内生外储型为煤层顶、底板砂岩圈闭中的常规天然气藏，煤层甲烷气经次生裂隙通道运移至顶底板砂岩气藏中，可与煤层气合采。如延川南区块延 38 井区为局部微凸起，5#煤层次生裂隙较发育，其顶板发育山西组一段砂体，与煤层形成源储一体气藏，平均单井日产气量高于自生自储型气藏。

表 8－13　延川南区块部分井测试产量统计

井号	试气层位	测试产量/(m^3/d)	成藏类型
Y3－1	P_1s^1	5403	内生外储型
Y3－2	P_1s^1	1535	
Y39	P_1s^1	6158	
Y1－1	5#煤	2873	自生自储型
Y1－2	5#煤	4163	
Y1－3	5#煤	1907	
Y1－4	5#煤	4445	

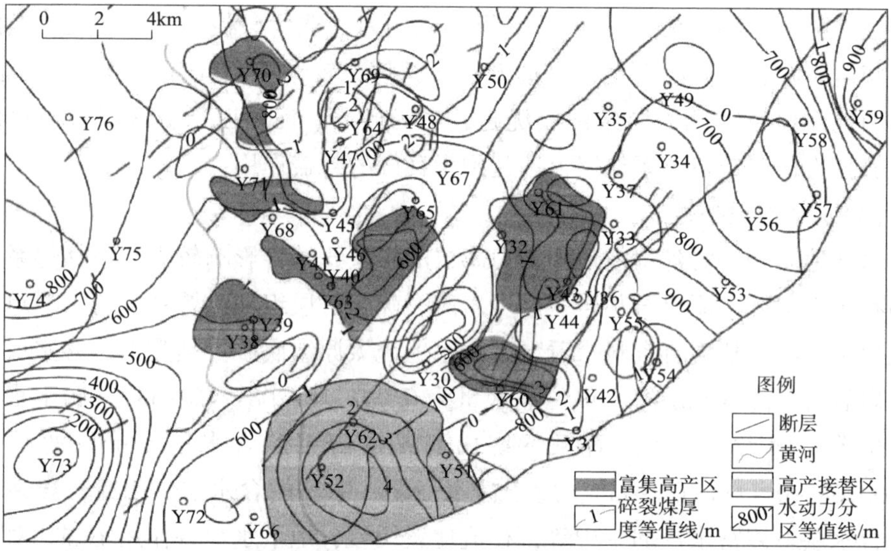

图 8－12　延川南区块煤层气富集高产有利区

8) 与大宁—吉县、韩城区块对比

延川南地区北部、南部分别为大宁—吉县、合阳—韩城区块，两个区块已获得较好煤层气勘探开发先导试验效果。该区块与大宁—吉县区块地质条件相类似，均位于鄂尔多斯盆地东缘，处在同一构造单元，具有较好的勘探潜力。该区块已有煤层气井获取地层压力参数为 3.63～9.36MPa，与大宁—吉县区块地层压力接近；山西组、太原组煤层厚度(1.7～5.1m)与大宁—吉县、韩城区块厚度相近；埋深(898 ~ 979m)与大宁—吉县(300 ~ 1200m)相似；渗透率(0.032×10^{-3} ~ $0.2265\times10^{-3}\mu m^2$)大于大宁—吉县、韩城区块的最小值($0.001\times10^{-3}$、$0.01\times10^{-3}\mu m^2$)；含气量($6\sim17.13m^3/t$)相对于韩城区块较高(表 8 – 14)。

表 8 – 14 大宁—吉县、延川南、韩城地区煤储层条件对比表

区块	埋深/m	厚度/m	地层压力/MPa	渗透率/($10^{-3}\mu m^2$)	含气量/(m^3/t)
大宁—吉县	300 ~ 1200	1.5 ~ 7.2	6 ~ 7	0.001 ~ 11.9	12.5 ~ 22
延川南	898 ~ 979	1.7 ~ 5.1	3.63 ~ 9.36	0.032 ~ 0.2265	6 ~ 17.13
韩城	600 ~ 700	1 ~ 5.93	8.28 ~ 13.67	0.01 ~ 16.17	3.18 ~ 20.72

延川南地区煤层发育层数多、主力煤层厚度大，一般在 5m 左右；煤层变质程度较高，主要为贫煤；含气量高、封盖性好。构造简单的谭坪构造带和万宝山构造带是煤层气勘探的有利目标，与已进入商业开发的韩城和大宁—吉县地区可对比性好，具有较高的煤层气勘探开发潜力。

(二)侏罗系

前面研究表明延安组煤层富集成藏的主要控制因素是煤层生气量及顶、底板封闭保存条件。延安组煤层煤阶以长焰煤和气煤为主，具有一定的生气能力；顶、底板岩性变化大，砂岩顶板出现的频率大(图 8 – 13、图 8 – 14，浅灰色区域为砂岩顶板区，深灰色区域为泥岩顶板区)，可能形成顶板网络微渗滤型煤层气藏，此类气藏煤顶的砂岩水与煤层水串通，一方面使含气量降低，不利于煤层气富集成藏；另一方面增大煤层气开采难度，不利于煤层气勘探开发。

基于前面章节对鄂尔多斯盆地煤层气藏地质规律、成藏条件和高产富集主控因素的详细分析、研究，指出乌审旗地区和庆阳—黄陵地区是延安组煤层气勘探的两个主力区块，其中乌审旗地区延 6 主力煤层可优选出乌审旗以西陕 22 井—陕 176 井区、苏 56 井区、苏 20 井区、苏 92 井区等多个煤层气富集成藏有利区(图 8 – 13)，具有以下特点：①延 6 煤层单层厚度一般大于 4m，主要由单层煤组成，结构稳定，横向连续性好，富煤中心分布范围广，煤层埋深多为 500 ~ 1300m，煤层厚度与埋深匹配良好，有利于煤层气勘探。②煤岩类型以半亮型煤为主，灰分产率多为 5% ~ 17%，属低灰、特低灰煤。③镜质组平均含量为 57.71%，丝质组平均含量为 37.41%，植物组织孔发育，渗透率为 0.5×10^{-3} ~ $1.0\times10^{-3}\mu m^2$，储层物性好。④区块内构造简单、平缓，顶、底板为泥岩，地层水型以 $NaHCO_3$ 型为主，流动滞缓，易形成压力封闭型及承压水动力封闭型煤层气藏。乌审旗地区延 7 主力煤层优选出陕 158 井区、召 28 井区、苏 31 井区、苏20井区4个煤层气富集成藏有利井区(图8－14)，煤层气富集成藏条件与延6煤层相同。

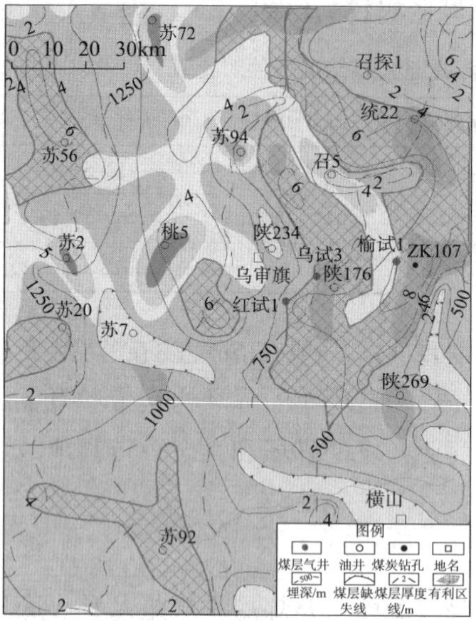

图8－13　乌审旗地区延6主力煤层气有利区评价

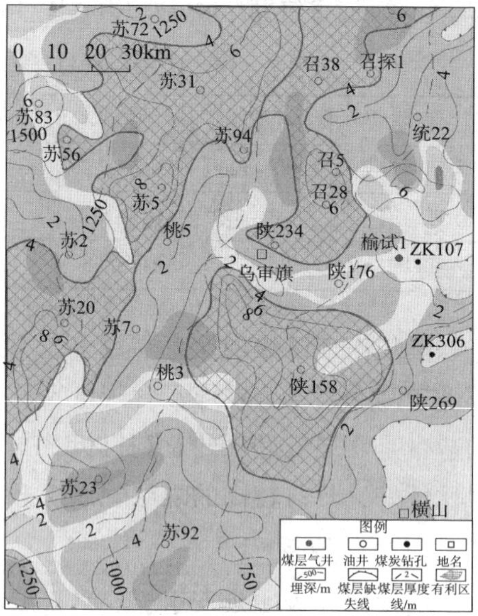

图8－14　乌审旗地区延7主力煤层气有利区评价

与乌审旗地区一样，煤层生气量及顶底板封闭保存条件是控制庆阳—黄陵地区煤层富集成藏的主要因素，但煤阶及主力煤层厚度等成藏因素均好于乌审旗地区，是延安组煤层气勘探最有利的地区。宁县、灵台—长武、彬县北和庙湾4个地区是庆阳—黄陵地区延9主力煤层气富集成藏的有利区(图8－15)，煤层顶、底板均为泥岩，封闭条件好；水文地质条件处于承压区，由于煤层在上倾方向变薄直至尖灭，局部砂岩含水层排水不畅，易产生高压，形成压力封堵型煤层气藏和承压水封堵型煤层气藏；庄70井区及合水西煤层直接顶板为砂岩，煤层顶板砂岩的水体沿煤层裂隙、割理网络微渗滤，起到一定的封闭作用，但该类煤层气藏受外界因素干扰，当压力系统被钻井、压裂因素破坏后，产生顶板砂岩中气体富集而煤中贫气的现象，形成顶板网络状煤层气藏，是常规天然气勘探的优良场所。该区富集成藏条件主要包括：①单层煤层厚度为5～15m，宁县、灵台—长武、彬县北和庙湾4个地区单层煤厚度一般大于10m，成藏物质基础雄厚。②R_o较高，均大于0.7%。③构造形态平缓，局部发育一些小型鼻状隆起；主煤层顶板为泥岩；水文地质条件有利，区块内地层水矿化度均大于20g/L，水型均为$NaHCO_3$型和$CaCl_2$型，煤层气保存条件好。④煤岩、煤质特征良好，镜质组含量大于 50%，灰分含量小于 15%。⑤基质孔隙发育，孔隙类型以偏开放型为主，煤储层物性好。该区煤层气富集成藏的不利因素有：①区块东北部靠近湖泊区，除煤层厚度减薄外，煤顶岩性变化大，庄 70 井区、合水西部聚煤厚度中心煤顶砂岩发育，宁试 1 井钻探延 9 煤层变薄，与该河流冲刷有关。②与国外相比，煤层埋深较大，孔渗条件会受影响。美国粉河盆地虽为低阶煤（$R_o=0.2\% \sim 0.5\%$），但煤层埋深仅为 24 ~ 400m，煤层渗透率高达数十毫达西（1 毫达西 = $10^{-3}\mu m^2$）。

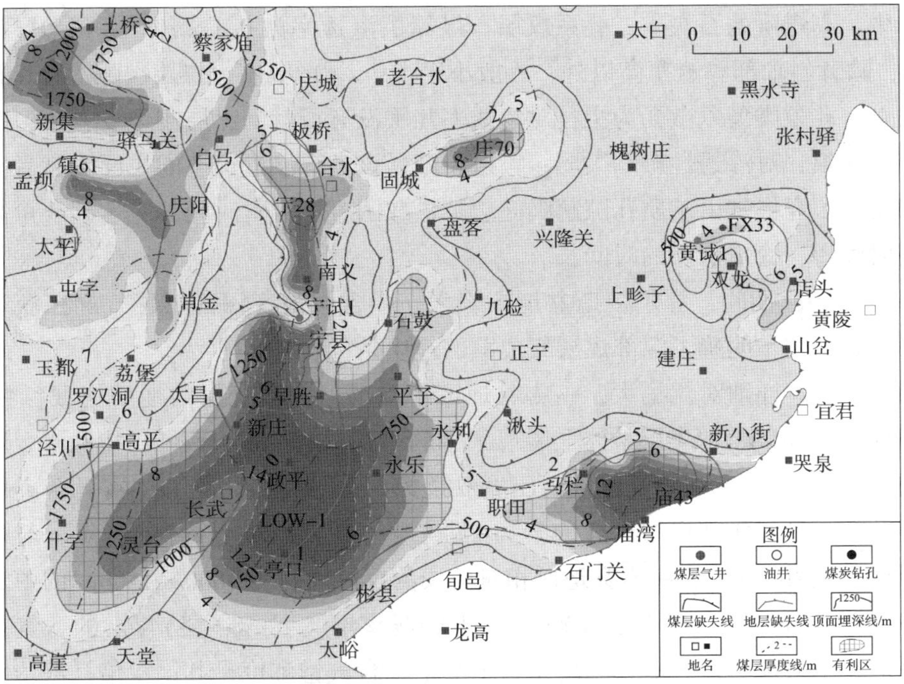

图 8－15　庆阳—黄陵地区延 9 主力煤层气有利区评价

综上所述，延安组煤层气形成的物质基础雄厚，即煤层厚度较大、分布范围广、适合煤层气勘探的面积大，成藏条件有利，但是主力煤层煤阶较低，生气量有限，煤岩、煤质特征不及石炭—二叠系，尽管有较好的勘探前景，同时也有较高的勘探风险。

第三节　中、高煤阶及低煤阶煤层气成藏差异性研究

关于沁水盆地东南部高煤阶煤层气藏与阜新盆地王营—刘家、吐哈盆地及粉

河盆地等低煤阶煤层气藏的成藏特点和成藏差异性，前人已做过大量的工作。基于上述各方面的研究，首次针对鄂尔多斯盆地石炭—二叠系中、高煤阶和侏罗系延安组低煤阶煤层气成藏特征及其差异性进行分析，以期为煤层气进一步勘探提供依据。

一、成藏条件差异性

（一）渗透率不同

中、高煤阶的石炭—二叠系煤层，煤储层渗透率为 $0.1\times10^{-3}\sim11.9\times10^{-3}\mu m^2$，除背斜轴部渗透率高以外，一般小于 $1.2\times10^{-3}\mu m^2$，煤层裂隙发育，孔隙不发育，孔隙类型以微孔为主，对渗透率几乎没有贡献；煤层割理发育，但多被方解石充填，对渗透性影响微弱；构造裂隙是该类煤层渗透率的主要贡献者。该裂隙决定了煤层气由基质孔隙解吸向裂隙扩散困难，吸附时间长，达到产量高峰所需时间短，稳定低产的时间长。

“十三五”期间，鄂尔多斯盆地东缘大宁—吉县地区深部煤层气勘探获得了重大突破，初步明确了深部煤层气成藏的地质条件。

表 8－15 详细对比了大宁—吉县地区中深部(层)8#煤层的地质气藏参数 20 项指标。深部(层)8#煤层整体上展现了“高含气、高饱和”优势和“特低渗、煤体结构好”特征，深部煤层受温度与压力双重控制，具备吸附饱和、富含游离气的优势条件，导致深部煤层产气表现为“见气快、初期产气量高”的特点。与中深部(层)煤层相比[大宁—吉县地区相对较浅的煤层埋深为 1000～1500m 的中深部(层)；中浅部(层)一般是指 1000m 以上的浅煤层]，深部(层)煤层的含气量是其 2 倍、压力是其 2.6 倍、温度是其 1.5 倍、含气饱和度是其 1.4 倍、渗透率低 2 个数量级、矿化度是其 20 倍。

表 8－15　大宁—吉县地区深部(层)与中深部(层)8#煤层地质—气藏特征对比

地质气藏条件	中深部(层)8#煤层	深部(层)8#煤层	深部(层)煤层特征	深部(层)相比中深部(层)的定量关系
埋深/m	1000～1500	2000～2520	埋深更深	
煤层厚度/m	平均 5.49	平均 7.8	厚度相对更大	
含气量/(m^3/t)	6.14～20.84，平均 12.36	18～26，平均 25.2	含气量更高	2 倍
孔隙度/%	平均 3.98	平均 3.13	均属特低孔隙度	低 2 个数量级

续表

地质气藏条件	中深部(层)8#煤层	深部(层)8#煤层	深部(层)煤层特征	深部(层)相比中深部(层)的定量关系
渗透率/($10^{-3}\mu m^2$)	0.005～3.01/1.51(注入/压降试井)	0.053～0.054/0.0535(注入/压降试井)	渗透率更低,属特低渗透率储层	
割理/裂缝	面割理密度为16～18条/5cm,端割理密度为12条/5cm,呈网状	面割理密度为6～10条/5cm;端割理密度为7～15条/5cm,割理呈线状、网状	面割理相对较少,端割理相当	
含气饱和度/%	49.6～86.2/69.5	97.99～100/98.95	含气饱和度更高	1.4倍
烃类气体甲烷占比/%	92.82～98.64/96.48	94.81～96.65/95.43	甲烷占比相当	
等温吸附特征	V_L平均24.9m^3/t,P_L平均2.09MPa	V_L平均28.29m^3/t,P_L平均3.06MPa	V_L、P_L,吸附能力强	
宏观煤岩类型	半亮煤、半暗煤为主	光亮煤、半亮煤为主	光亮煤、半亮煤为主	
煤体结构	碎裂、碎粒煤为主	原生结构煤为主	原生结构煤为主	
煤岩显微组分	镜质组为主,体积分数为60%	镜质组为主,体积分数为85.5%	镜质组含量更高	1.4倍
镜质体平均反射率/%	2.2	2.7	相对较高	1.2倍
煤储层压力/MPa	7.64～7.66	17.02～20.74	煤储层压力更高	2.6倍
地层压力系数	0.61～0.94	0.902～0.936	系数相对更高	
煤储层温度/℃	30.50～51.19	61.3～73.4	温度更高	1.5倍
顶底板特征	顶板以灰岩为主,底板以泥岩为主,含水性弱	顶板以灰岩为主,底板以泥岩为主,含水性弱	相当	
水文地质条件	缓压区—弱径流区	承压区	水动力条件更弱	20倍
地层水特征	水型为$CaCl_2$—$NaHCO_3$型,矿化度4300～12700mg/L	水型$CaCl_2$型,矿化度40158～332006mg/L	矿化度更高	
甲烷碳同位素$\delta^{13}C_{PDB}$/‰	～38.8	～20.9	相对更高	

深部(层)煤层气与中浅部(层)相比,在成因机制、富集规律、赋存状态及开发规律等方面有很大差异,面临许多需要深入研究的理论难题,包括:成藏机

理和赋存状态、高产主控因素、开发动态变化规律、压裂(储层改造)过程中煤岩缝网形成机理、压后孔渗特征变化与气液流动规律等。

延安组低煤阶未成熟煤层气储层基质孔隙发育，对储层渗透性有一定贡献，割理(裂隙)不甚发育，控制储层渗透率主要为构造裂隙；低煤阶成熟煤层气储层渗透率的主要贡献者是割理和构造裂隙；而高煤阶煤层气藏基质孔隙低且多为微孔，割理被方解石等矿物严重充填，构造裂隙是其渗透率的主要贡献者。综上分析，低煤阶煤层气藏的渗透率一般大于高煤阶煤层气藏。

(二)含气量不同

煤层气的吸附量和煤的吸附能力主要取决于煤层热演化程度，因而对煤层气的含气量起着决定作用，煤阶越高，煤层气生气量越大，吸附能力强，因此，石炭—二叠系中、高煤阶煤层气藏含气量高，一般为 5.0 ~ 18m^3/t，最高可达 23.36m^3/t。保存条件对于含气量高也起到了一定的作用，但对于石炭—二叠系煤层气藏的含气量仍普遍高于延安组，主要由煤层的变质程度引起。

侏罗系延安组煤层 R_o 主要为 0.41% ~1.0%，煤阶以长焰煤为主，煤层气藏含气量普遍较低，为 0 ~6.29m^3/t，多小于 5m^3/t。低煤阶煤层气藏的煤层的顶、底板因其成岩作用较弱，致使其封闭能力低于高煤阶煤层气藏，因此，对于低煤阶煤层气藏来说，地层水动力封闭条件显得尤为重要，低煤阶煤层气藏因含气量低，须寻找巨厚煤层的地区来弥补该不足，这样才能形成具有商业开发价值的煤层气藏。

(三)水文地质条件不同

通过对大宁—吉县地区和吴堡地区水文地质条件对成藏控制作用的研究，发现地层水矿化度高，径流能力较弱的相对滞留水区是煤层气聚集成藏的有利场所，但王红岩(2006)指出对于低煤阶煤层气藏存在例外，对褐煤在不同水矿化度的条件下对煤层气的吸附能力进行模拟研究，矿化度高的饱和盐水模拟显示在地层压力降至 1.7MPa 时煤层含气量为 2m^3/t，矿化度低的蒸馏水模拟显示当地层压力达 2.5MPa 时含气量为 2m^3/t，结果表明，矿化度越高，随着压力的降低，压力梯度降低快，造成吸附能力降低，含气饱和度升高，气体大量解吸散失。地质历史时期，地层水矿化度不断增大，对于低煤阶来讲，矿化度高造成吸附量降低，含气饱和度增大，但含气量降低；对于高煤阶煤层来讲，高矿化度则意味着良好的保存条件。由于鄂尔多斯盆地低煤阶煤层气勘探开发没有取得根本性突破，加上水文地质资料有限，这一观点主要借鉴国内前人的模拟实验进行分析，还需更多成功范例验证。

(四)成藏主控因素不同

石炭—二叠系煤层热演化程度高，生气量大，煤层吸附能力强，但煤储层物性较差，煤层形成之后经过多次抬升剥蚀，成藏过程复杂，且煤储层大裂隙系统发育，基质孔隙不甚发育，不利于煤层气吸附解吸，因此，成藏过程中“三史”(构造运动史、沉积埋藏史及热演化生烃史)之间的有效配置是该类煤层气富集成藏的关键；侏罗系煤层气藏储层基质孔隙发育，物性条件较好，但热变质程度低，煤层生气量有限，储层吸附能力弱，含气量普遍低，但巨厚的煤层弥补了含气量的不足，因此，保存条件成为控制该类煤层气是否富集成藏的最重要的因素。

二、成藏过程差异性

石炭—二叠系煤层气成藏过程复杂，根据第七章的分析可知，三叠纪低—中度生气阶段，由于印支构造运动使地壳抬升，第一次生气作用暂时停止；到早白垩世末期，埋深达到最大，二次生烃作用开始，受燕山构造运动的影响，在深成变质作用的基础上叠加了岩浆热变质作用，煤层气大量生成；燕山构造运动后期，鄂尔多斯盆地基本处于抬升剥蚀状态，变质演化基本终止。可见煤层气的形成具有明显的阶段性，到达煤层最大热演化程度后，煤层气生气终止；进入煤层气藏的调整、改造阶段。

侏罗系低煤阶煤层气成藏过程相对简单，煤层在形成后一般只经历了一次抬升，煤层变质作用以区域深成变质作用为主，现今的构造状态和地下水的赋存状态是该类煤层气藏调整、改造的控制因素。煤层气的生成阶段性和持续性并存，埋藏深度最大、最大热演化程度时期决定了热成因煤层气的特征，煤层抬升至微生物能够活动的深度，次生生物气开始生成，并一直持续。

综上所述，通过分析鄂尔多斯盆地石炭—二叠系和侏罗系煤层气的成藏条件和主控因素，建立了鄂尔多斯盆地不同地质背景下高、中、低煤阶 3 种煤层气富集成藏的模式。鄂尔多斯盆地东缘石炭—二叠系煤层完全具备煤层气成藏的条件，富煤中心确定，煤系烃源岩厚度大，热演化程度高，煤岩组分以镜质组为主，生气和储气的物质基础雄厚；成藏过程复杂，“三史”(构造运动史、沉积埋藏史及热演化生烃史)之间的有效配置是该类煤层气富集成藏的关键。北部乌审旗和南部庆阳—黄陵地区延安组煤层气藏形成的煤层厚度较大，分布范围广，煤储层基质孔隙发育及单层厚度均较大的多煤层结构使煤层气藏有较好的勘探前景，但煤岩热演化程度低，煤岩、煤质特征不及石炭—二叠系；成藏过程相对简单，保存条件是控制该类煤层气富集成藏最重要的因素。

鄂尔多斯盆地煤层气富集规律 ★★★

深入分析鄂尔多斯盆地煤层气富集成藏的因素和基本地质规律，指出煤层顶板岩性及水动力条件相互配套是煤层气保存的重要条件，有利的局部构造是煤层气富集成藏的必要条件。煤层气富集成藏的基本地质规律主要包括：①区域含煤区构造高点和低角度构造斜坡是煤层气富集成藏的有利场所。②燕山期构造热事件可促进盆地东缘石炭—二叠系煤层生烃。③泥岩—煤层—泥岩的岩性组合有利于煤层气保存、富集。④封闭好的浅层低煤阶厚煤层可弥补低煤阶煤层含气量的不足，形成具有开发价值的煤层气藏。上述各成藏要素的有机配合才能形成具有商业价值的煤层气藏。将上述理论成果应用于煤层气富集成藏有利区优选，选区结果对鄂尔多斯盆地煤层气进一步的勘探实践具有参考价值。

参考文献

[1]Rightmire C T, et al. Coalbed Methane Resources of the United States[M]. AAPG Studies in Geology 17, 1989.

[2]Flores R M. Coalbed methane : from coal2mine outbursts to a gas resource (Special Issue on Coalbed Methane) [J]. International Journal of Coal Geology, 1998, 35 : 1 -4.

[3]Mastalerz M, Glikson M, Golding S D. Coalbed Methane: Scientific, Environmental and Economic Evaluaion [M]. Boston : Kluwer Academic Publishers, 1999.

[4]Scott A R. Composition and origin of coalbed gases form selected basins in the United States[A]. Proc1993 CBM Symp[C]. Tuscaloosa: The University of Alabama, 1993.

[5]AZMI A S, YUSUP S, MU HAMAD S. The influence of temperature on adsorption capacity of Malaysian coal [J]. Chemical Engineering and Processing, 2006, 45 (5) : 392 -396.

[6]Mastal Erza M, Gluskoter H, Rupp J. Carbon dioxide and methane sorption in high volatile bituminous coals from Indiana, USA [J]. International Journal of Coal Geology, 2004, 60 : 43 -55.

[7]傅学海，秦勇，韦重韬，等．煤层气地质学[M]．徐州：中国矿业大学出版社，2003.

[8]中国煤田地质总局．中国煤层气资源[M]．徐州：中国矿业大学出版社，1998.

[9]王生维，段连秀，张明，等．煤层气藏的不均一性与煤层气勘探开发[J]．石油实验地质，2000，22(4)：368 -370.

[10]秦勇，程爱国．中国煤层气勘探开发的进展和趋势[J]．中国煤田地质，2007，19(1)：26 -29.

[11]张培河．低变质煤的煤层气开发潜力——以鄂尔多斯盆地侏罗系为例[J]．煤田地质与勘探，2007，35(1)：29 -33.

[12]冯三利，叶建平，张遂安．鄂尔多斯盆地煤层气资源及开发潜力分析[J]．地质通报，2002，21(10)：658 -662.

[13]杨华，席胜利，马财林．陕甘宁盆地煤层气勘探选区初步评价[J]．天然气工业，1997，17(6)：18 -21.

[14]王双明．鄂尔多斯盆地聚煤规律及煤炭资源评价[M]．北京：煤炭工业出版社，1996.

[15]孙万禄．中国煤层气盆地[M]．北京：地质出版社，2005.

[16]陈全红．鄂尔多斯盆地上古生界沉积体系及油气富集规律研究[D]．西安：西北大学，2007.

[17]张泓，何宗莲，晋香兰，等．鄂尔多斯盆地构造演化与成煤作用[M]．北京：地质出版

社，2005.
[18]汪正江，陈洪德，张锦泉．鄂尔多斯盆地晚古生代沉积体系演化及煤成气藏[J]．沉积与特提斯地质，2002，22(2)：18－23.
[19]李向平，陈刚，章辉若，等．鄂尔多斯盆地中生代构造事件及其沉积响应特点[J]．西安石油大学学报：自然科学版，2006，21(3)：1－4.
[20]赵俊峰，刘池洋，喻林，等．鄂尔多斯盆地中侏罗世直罗—安定期沉积构造特征[J]．石油与天然气地质，2006，27(2)：159－166.
[21]李思田，程守田，等．鄂尔多斯盆地东北部层系地层及沉积体系分析——侏罗系富煤单元的形成、分布及预测基础[M]．北京：地质出版社，1992.
[22]付锁堂，田景春，陈洪德．鄂尔多斯盆地晚古生代三角洲沉积体系平面展布特征[J]．成都理工大学学报：自然科学版，2003，30(3)：236－241.
[23]桑树勋，陈世悦，刘焕杰．华北晚古生代成煤环境与成煤模式多样性研究[J]．地质科学，2001，36(2)：212－221.
[24]程爱国，彭苏萍，程保州，等．泥炭沼泽体系的建立及其成煤模式[J]．煤田地质与勘探，2000，28(5)：4－7.
[25]李增学，余继峰，李江涛，等．鄂尔多斯盆地多种能源共存富集的组合形式及上古生界沉积控制机制分析[J]．地球学报，2007，28(1)：32－38.
[26]汪正江，陈洪德，张锦泉，等．鄂尔多斯盆地二叠纪煤成气成藏特征[J]．矿物岩石，2002，22(3)：47－52.
[27]唐江林，王生维，杨青雄，等．鄂尔多斯盆地乌审煤田煤层气地质特征与勘探开发前景[J]．煤田地质与勘探，2009，37(2)：22－25.
[28]刘洪林，李景明，王红岩，等．水文地质条件对低煤阶煤层气成藏的控制作用[J]．天然气工业，2008，28 (7) ：20－22.
[29]汤达祯，林善园，王激流，等．鄂尔多斯盆地东缘晚古生代煤的生烃反应动力学特征[J]．石油勘探与开发，1999，21(4)：328－334.
[30]任战利．鄂尔多斯盆地热演化史与油气关系的研究[J]．石油学报，1996，17(1)：17－24.
[31]苏现波，冯艳丽，陈江峰．煤中裂隙的分类[J]．煤田地质与勘探，2002，30(4)：21－25.
[32]付金华．鄂尔多斯盆地煤层气勘探目标评价研究[R]．长庆油田勘探局勘探开发研究院，1999.
[33]高波，马玉贞，陶明信，等．煤层气富集高产的主控因素[J]．沉积学报，2003，21(2)：642－646.
[34]郭莉，段林娣，张春雷，等．煤层显微煤岩类型与裂隙分布的关系[J]．煤田地质与勘探，2005，33 (5) ：9－12.
[35]杜志敏，付玉，伍勇．低渗透煤层气产能影响因素评价[J]．石油与天然气地质，2007，

28(4)：516－520.

[36]叶建平，史保生，张春才．中国煤储层渗透性及其主要影响因素[J]．煤炭学报，1999，24（2）：118－122.

[37]姚艳斌，刘大锰，汤达祯，等．华北地区煤层气储集与产出性能[J]．石油勘探与开发，2007，34(6)：466－470.

[38]杨起，汤达祯．华北煤变质作用对煤含气量和渗透率的影响[J]．地球科学－中国地质大学学报，2000，25(3)：273－278.

[39]张晓东，秦勇，桑树勋．煤储层吸附特征研究现状及展望[J]．中国煤田地质，2005，17（1）：16－23.

[40]姚艳斌，刘大锰．华北重点矿区煤储层吸附特征及其影响因素[J]．中国矿业大学学报，2007，36(3)：308－314.

[41]张庆玲，崔永君，曹利戈．煤的等温吸附实验中各因素影响分析[J]．煤田地质与勘探，2004，30（2）：16－20.

[42]张丽萍，苏现波，曾荣树．煤体性质对煤吸附容量的控制作用探讨[J]．地质学报，2006，80(6)：910－915.

[43]李育辉，崔永君，钟玲文，等．煤基质中甲烷扩散动力学特性研究[J]．煤田地质与勘探，2005，33(6)：22－25.

[44]苏现波，张丽萍，林晓英．煤阶对煤的吸附能力的影响[J]．天然气工业，2005，25（1）：19－21.

[45]陆国祯，张凤威，傅学海．测井解释煤层甲烷含量与煤层结构的研究[J]．煤田地质与勘探，1997，25（3）：54－56.

[46]傅雪海，姜波，叶诗忠，等．用测井曲线划分煤体结构和预测煤储层渗透率[J]．测井技术，2003，27(2)：140－143.

[47]宋岩，柳少波，赵孟军，等．煤层气藏边界类型、成藏主控因素及富集区预测[J]．天然气工业，2009，29(10)：5－9.

[48]刘洪林．煤层气高产富集机制、规律及其预测研究[D]．北京：中国石油勘探开发研究院，2005.

[49]王红岩，刘洪林，赵庆波，等．煤层气富集富集成藏规律[M]．北京：石油工业出版社，2005：96－134.

[50]陈振宏，贾承造，宋岩，等．构造抬升对高、低煤阶煤层气藏储集层物性的影响[J]．石油勘探与开发，2007，34(4)：461－464.

[51]郑重．韩城矿区煤的煤岩特征及煤层气生储因素分析[J]．煤田地质与勘探，2004，32（5）：32、42、52.

[52]孙斌，邵龙义，李五忠，等．大宁地区煤层气成藏控气因素分析[J]．天然气工业，2008，28（3）：40－44.

[53]王勃，李谨，张敏．煤层气成藏地层水化学特征研究[J]．石油天然气学报：长江大学学报，2007，29(5)：66－69.

[54]姚素平，张景荣，胡文王瑄，等．鄂尔多斯盆地中生界煤成烃潜力的实验研究[J]．煤田地质与勘探，2004，32(1)：24－28.

[55]汤达祯，杨起，潘治贵．河东煤田地史—热史模拟与煤变质演化[J]．现代地质，1992，6(3)：328－337.

[56]吴永平，李仲东，王允诚．煤层气储层异常压力的成因机理及受控因素[J]．煤炭学报，2006，31(4)：475－479.

[57]张建博，秦勇，王红岩，等．高渗透性煤储层分布的构造预测[J]．高校地质学报，2003，9(3)：359－364.

[58]王琰，高远，接铭训．煤系地层裂缝裂隙发育带的预测[J]．煤炭学报，2003，28(6)：764－766.

[59]员争荣．构造应力场对煤储层渗透性的控制机制研究[J]．煤田地质与勘探，2004，32(4)：23－25.

[60]王勃，李景明，张义，等．中国低煤阶煤层气地质特征[J]．石油勘探与开发，2009，36(1)：30－34.

[61]汤达祯，王激流，张君峰，等．鄂尔多斯盆地东缘煤的二次生烃作用与煤层气的富集[J]．石油实验地质，2000，22(2)：140－145.

[62]吴财芳，秦勇，傅雪海，等．煤层气成藏的宏观动力能条件及其地质演化过程——以山西沁水盆地为例[J]．地学前缘，2005，12(3)：299－308.

[63]王红岩，刘洪林，孙宇，等．煤层气成藏动态模拟实验技术[J]．石油试验地质，2005，27(2)：590－593.

[64]韦重韬，秦勇，傅雪海，等．煤层气地质演化史数值模拟[J]．煤炭学报，2004，29(5)：914－918.

[65]周宝艳，傅雪海，秦勇，等．河东煤田水文地质条件与煤层气的关系[A]//雷群，李景明，赵庆波．煤层气勘探开发理论与实践[C]．北京：石油工业出版社，2007：70－77.

[66]陈刚，赵庆波，李五忠，等．大宁—吉县地区地应力场对高渗区的控制[J]．中国煤层气地质，2009，6(3)：15－20.

[67]孙平．煤层气成藏条件与成藏过程分析[D]．成都：成都理工大学，2007.

[68]郭建，张志庆，韦重韬．柳林矿区煤层气演化史数值模拟研究[J]．山东科技大学学报：自然科学版，2008，27(1)：27－31.

[69]孙平，王勃，孙粉锦，等．中国低煤阶煤层气成藏模式研究[J]．石油学报，2009，30(5)：648－653.

[70]霍凯中．鄂尔多斯盆地东部煤层气资源预测模型研究[D]．东营：中国石油大学(华东)，2007，5.

[71]赵庆波，李贵中，孙粉锦，等．煤层气地质选区评价理论与勘探技术[M]．北京：石油工业出版社，2009，9.

[72]陈振宏，贾承造，宋岩，等．高煤阶与低煤阶煤层气藏物性差异及其成因[J]．石油学报，2008，29(2)：179－184.

[73]傅学海，秦勇，姜波，等．煤割理压缩试验及渗透率数值模拟[J]．煤炭学报，2001，26(6)：573－577.

[74]刘洪林，王红岩，张建博，等．煤层气吸附时间计算及其影响因素分析[J]．石油实验地质，2000，22(4)：104－107.

[75]赵群，康永尚，王红岩，等．浅层低煤阶煤层气成藏条件分析[J]．西安石油大学学报：自然科学版，2006，21(5)：20－24.

[76]桑树勋，范炳恒，秦勇，等．煤层气的封存与富集条件[J]．石油与天然气地质，1999，20(2)：104－107.

[77]王红岩，李景明，赵群．高变质煤层气成藏特征[J]．天然气技术，2007，1（5）36－40.

[78]陈孟晋，张建博．浅议我国西北低煤阶含煤盆地煤层气的勘探对策[J]．石油勘探与开发，2003，30(1)：18－21.

[79]刘洪林，李景明，王红岩，等．浅议我国低煤阶地区的煤层气勘探思路[J]．煤炭学报，2006，31(1)：50－53.

[80]王宏岩，李景明，李剑，等．中国不同煤阶煤的煤层成藏特征对比[A]//叶建平，范志强．中国煤层气勘探开发利用技术进展[C]．北京：地质出版社，2006：191－196.

[81]刘洪林，李景明，王红岩，等．水动力对煤层气成藏的差异性研究[J]．天然气工业，2006，26（3）：35－37.

[82]马财林，等．鄂尔多斯盆地煤层气勘探综合评价研究[R]．长庆油田勘探开发研究院，2001.

[83]姜好仁，马财林．乌审旗地区煤层气勘探有利区块评价研究[R]．长庆油田勘探开发研究院，2004.

[84]闫霞，徐凤银，张雷，等．微构造对煤层气的控藏机理与控产模式[J]．煤炭学报，2022，47(2)：893－905.

[85]李贵红．鄂尔多斯盆地东缘煤层气有利区块优选[J]．煤田地质与勘探，2015，43(2)：28－32.

[86]田冲，汤达祯，周志军，等．彬长矿区水文地质特征及其对煤层气的控制作用[J]．煤田地质与勘探，2012，40(1)：43－46.

[87]刘晶，常锁亮，刘最亮，等．基于构造要素量化聚类分级的煤层气有利区预测[J]．煤田地质与勘探，2021，49(2)：216－224，233.

[88]王相业，孙保平．鄂尔多斯盆地兴县地区煤层气地球化学特征及成因[J]．煤田地质与勘探，2020，48(4)：156－164.

[89]徐凤银，闫霞，林振盘，等．我国煤层气高效开发关键技术研究进展与发展方向[J]．煤田地质与勘探，2022，50(3)：1－14.
[90]杨秀春，徐凤银，王虹雅，等．鄂尔多斯盆地东缘煤层气勘探开发历程与启示[J]．煤田地质与勘探，2022，50(3)：30－41.